种子 经营与管理

谢海琼　贺再新　编著

中国农业科学技术出版社

图书在版编目（CIP）数据

种子经营与管理／谢海琼，贺再新编著 . —北京：中国农业
科学技术出版社，2014.6（2024.8重印）
ISBN 978 - 7 - 5116 - 1653 - 1

Ⅰ . ①种⋯　Ⅱ . ①谢⋯②贺⋯　Ⅲ . ①种子 - 经营管理
Ⅳ . ①F306.6

中国版本图书馆 CIP 数据核字（2014）第 102785 号

责任编辑　穆玉红　褚　怡
责任校对　贾晓红

出 版 者　中国农业科学技术出版社
　　　　　北京市中关村南大街 12 号　邮编：100081
电　　话　(010)82106626(编辑室)　　(010)82109702(发行部)
　　　　　(010)82109709(读者服务部)
传　　真　(010)82106626
网　　址　http://www.castp.cn
经 销 者　各地新华书店
印 刷 者　北京建宏印刷有限公司
开　　本　787 mm×1 092 mm　1/16
印　　张　14.5
字　　数　340 千字
版　　次　2014 年 6 月第 1 版　2024 年 8 月第 2 次印刷
定　　价　36.00 元

内容提要

　　本书依据市场需求与供给、市场营销与企业管理相关理论，结合种子商品和市场的特性、种业的演变及发展趋势，重点对种子经营与管理的主要环节、种子企业的系统管理、种子进出口及外资种子企业管理、种子生产经营的法律环境等进行了较为系统的探讨和论述。具体内容包括：种业概述、种子商品与种子市场概述、市场营销与企业管理理论、种子市场调查与目标市场的选择、种子市场营销、种子企业的系统管理、种子的生产管理、种子企业的科技管理与知识产权保护、种子进出口和外资种子企业管理、种子（企业）的行政管理与执法、种子生产经营的法律法规等。

　　全书力求将理论性、政策性、指导性、实践性有机结合起来，使读者在了解种业的演变、种子经营管理相关专业基础理论后，对种子的市场调查与预测、种子的生产与营销等课程核心技能有一个较全面的了解把握，并深刻认识到科技创新与管理在种子经营管理中的极端重要性，掌握一定的种子经营管理法律法规的必要性。大多数章节后面安排有案例，意在通过案例的讨论分析，深化对知识的理解，增强读者的实践操作技能及综合解决问题能力等。

目　录

第一篇

基础知识

第一篇

基础知识

第一章 种业概述

学习目标： 1. 了解不同种子的特性；

2. 了解世界种业的产生和演变；

3. 了解世界种业的发展及其对我国种业发展的启示；

4. 掌握我国种业的发展趋势。

关键词： 种子的特性 种业的产生和演变 种业的发展

"民为政要，农为国本，种为农先"，民富则国强，农业兴则国家兴，种业兴则农业兴。纵观世界农业生产发展的历史，每次种子的更新换代对农业生产都是大的推动。20 世纪 40 年代美国杂交玉米品种的选育与推广，使美国一跃成为世界第一大玉米生产国和出口国；60 年代墨西哥国际小麦玉米改良中心的矮秆小麦和菲律宾国际水稻研究所的矮秆水稻品种的育成和推广；70 年代中国杂交水稻的育成与推广，对解决全世界的粮食不足问题起到了相当重要的作用。世界各国的育种工作者正以其执着、奉献、创新和富有成效的工作，保证了农业生产的不断发展及其对种子的需求，持续不断地推动了世界农业科技进步和农业生产力的不断提高。

第一节 种业的形成和发展

种业是与种子经营相关企业或部门的集合体，真正意义上的种业形成应以种子成为商品并以经营主体——种子公司的出现为标志。

一、种业的起源

种子从以食用为目的的果实发展为农业生产最基本的生产资料及进行交易的种子商品，经历了漫长的演变过程。自距今 10 000 年左右的新石器时代，人类发现某些野生谷物会发芽、生长、结籽这一规律，并将其逐渐培养成为农作物，开始最原始的种植业，人类就没停止过对种子的观察、探索、试种。在对种子的不断研究中，人们越来越清楚地认识到种子对于农业生产的重要性。随着农产品市场经济的发展，种子的高附加值也日渐凸显，并出现了专门从事种子经营的商家。

二、种业的形成和发展

1742 年，世界第一家种子公司在法国成立并开始商品种子经营活动。1883 年 6 月，美国种子贸易协会成立，第一次将种子批发和零售整合起来。从种子公司出现到农作物种子发展成为一项产业经历了100余年的历史。

20世纪初，由于孟德尔遗传定律的发现及之后的杂交理论研究与应用，世界种业发展迅速，种子公司数量不断增加，实力不断壮大，实力雄厚的逐步发展成大型跨国种业集团，其中美国的种业发展最具有代表性。现以美国为例，阐述国外现代种业的形成与发展。

（一）种业的形成与发展

美国是世界上最大的农产品生产国，也是世界上最大的种子生产国。它是世界上种子产业发展最早、种子法规比较健全的国家之一。美国现代种子产业发端于19世纪，其种子贸易协会1883年成立时，只有35个会员，目前，种子产业已发展成为年产值几十亿美元的基础产业。美国种子产业的发展经历了4个历史时期。

1. 政府主导时期（1900—1930年）

这一时期是种子产业兴起的初期，缺乏种子市场运营规则。1903—1918年期间，部分州政府与州农业试验站合作，开始组织和实施种子认证计划，生产和销售高质量的种子；1912年颁布《联邦种子进口法》，1919年正式成立国际作物改良协会，促进认证种子的生产、鉴定、销售和使用，制定种子生产、储存和装卸的最低质量标准，制定统一的种子认证标准和程序；到20世纪20年代，各州相继成立"作物品种改良协会"、"种子认证机构"，在政府管理下组织和实施种子认证计划，由公立的农业科研机构或大学培育新品种。

2. 立法过渡、完全竞争时期（1930—1970年）

这一时期通过立法实行品种保护，促进种业市场化。1939年美国第一部《联邦种子法》正式颁布，1970年颁布《美国植物品种保护法》。种子立法为种子市场提供了制度保证，种子经营开始从以公立机构为主向以私立机构为主转变。

3. 垄断经营时期（1971—1990年）

这一时期私营种子公司主导种业。种业的超额利润导致市场竞争更加激烈，实力雄厚的种子公司吸引大量工业资本和金融资本，引入高新技术，使公司朝着科研、生产、销售、服务一体化的大型垄断集团公司方向发展。

4. 跨国竞争时期（1990年至今）

这一时期跨国公司在世界各地如雨后春笋般崛起，美国的种业公司面向国外大力扩张，欧洲的一些跨国公司也开始进军美国种子市场。许多种子公司拥有自己的育种家和丰富的遗传资源，培育出了具有自主知识产权的高产优质作物新品种；拥有先进的加工精选设备和快捷的信息系统、销售网络，创造了高信誉的品牌。跨国公司的育种研究、种子生产、营销与供应视野面向全球，对国际市场垄断的趋势越来越大。实力更为雄厚的财团开始与种子公司互为兼并、收购。21世纪初，美国种子贸易协会会员总数已超过900个，年种子贸易额约57亿美元，占全世界种子贸易总额的1/10左右，年种子出口额约8.5亿美元。如1999年10月，先锋（Pioneer）种子公司与具有400亿美元资产的杜邦（DuPont）生物化学公司合并，成为杜邦集团公司的成员。

（二）种业发展的基本特点

许多国家的种子法规将种子分为农业种子和蔬菜种子两大类，农业种子包括大田作物、草坪和牧草种子，蔬菜种子包括生长在菜园和蔬菜农场，并以蔬菜名称出售的种子；还有一类比较重要的商品种子——观赏植物种子。

世界各国因地理环境、气候、农业科技等条件各异，其种子产业的发展呈现出各自的特色。下面以世界上最大的种子生产国——美国为例，简述世界种子产业发展的特点。

1. 玉米、蔬菜种子主导产品所占比重大

如先锋种子公司玉米（99%）和大豆（1%）种子的营销利润几乎占营业总利润的100%；圣尼斯公司以经销蔬菜种子为主，有20多个种类300多个蔬菜品种。最大的7家种业公司中有5家以玉米种子作为主要产品，其贸易利润占种子贸易总利润的一半以上。

2. 科研是发展的基础

种子企业对研发的投入快速增长，各公司都不惜投入巨额资金，开展新品种选育。与此同时，种子公司还非常重视提高种子科技含量，将生物工程等高新技术引入到科研育种中去。

3. 向先进技术和商业化育种发展

种子生产质量检测能够根据技术的发展及时采用成熟的新技术。如原来种子的纯度主要采用同工酶测定，随着技术的成熟和普及，很多公司已将基因检测确定为种子检测的一项内容。随着竞争的加剧，很多公司已开始在封闭环境条件下独立地选育新品种，育种技术被公司垄断，形成自有的知识产权。

4. 重视品牌的保护和资源的搜集

政府非常重视新品种和品牌的保护，为此颁布了专门的联邦法律。企业也很重视自己公司品种的保护，除了申请法律上的保护外，还采用了一些技术手段保护自己的品种，政府还屡增种质搜集经费，改善国际种质资源交换环境，提高公众的种质资源保护意识。

5. 重视以法治种、质量至上

政府对种子的管理除检疫外，重点是立法，法规的主要内容是保护知识产权和加强政府对种子质量的监督。种子公司还从原种扩繁到商品生产、加工、包装，每个环节都进行严格的质量控制。

三、种子贸易与种业科技竞争

（一）全球种子贸易

国际种子联盟是一个非政府、非营利性的国际种子行业组织，代表世界种子贸易和植物育种的主流，每年通过会议向成员国互通种子市场发展及贸易信息。国际种子贸易联盟估计，截至2008年6月，世界商业种子市场价值大约为365亿美元。市场容量居于前10位的国家依次是美国、中国、法国、巴西、印度、日本、德国、意大利、阿根廷、加拿大，其销售额达到236.5亿美元，占全球商品种子市场销售额的65%。中国的商品种子国内市场销售额大约在 40 亿美元，占世界的 11%，居世界第 2 位。

国际种子联盟的统计表明，1970 年以来，世界种子贸易大约分为两个阶段：1970—1985 年为低速增长阶段，世界种子贸易额从约 8 亿美元增长到 13.5 亿美元；1985 年以后为高速增长阶段，世界种子贸易额迅速增长到 2000 年的 35 亿美元。至 2007 年，出口额前 10 位国家的出口额占全球种子出口总额的比重高达 76%。全球出口的商品种子主要是农作物种子，出口额约为 41.71 亿美元；种子出口位于第二的是蔬菜种子，2007 年出口总额超过 22.27 亿美元。中国的种子出口额约为 0.88 亿美元，比 2000 年增加 0.58 亿美元，约占世界种子出口总额的 1.4%。

（二）全球种业科技竞争

世界种业科技竞争主要体现在以下方面：①育种技术创新竞争。种子产业的科技竞争在于育种技术的竞争，跨国种子公司之所以能在竞争中立于不败之地，主要得益于其强大的技术优势。种业巨头一般把销售收入的 6%~15% 用作科学研究，平均科研投入比率为 10.6%。现阶段种业育种技术的竞争还表现为生物技术育种。相对于传统的选择育种、杂交育种、诱变育种而言，生物技术育种不仅缩短了育种周期，而且能准确地选择目的基因，大大拓宽了作物遗传改良可利用的基因来源。②知识产权竞争。育种技术的激烈竞争伴随着知识产权的竞争，各国种业不仅加快了科研育种步伐，还抓紧时间及时获得掌握品种和基因的权利，知识产权主导权的争夺便是重点之一。根据国际植物新品种保护联盟（UPOV）的统计：（数据更新）2003 年末新品种保护总量居前五位的国家依次是美国、日本、荷兰、法国、德国，这 5 个国家的新品种已合计达 28 427 件，占 UPOV 总量的 46.27%。种业巨头控制着大部分的新品种权，拥有高价值的无形资产，控制着种子产业链条的源头优势。

第二节 我国种业的形成与发展

一、新中国种业的形成与发展

新中国种业的发展离不开近代许多有识之士的辛勤工作与贡献。农业生产的发展与农业科技的进步推动了种子商品化进程的不断提高；经济体制的变革，使种业也表现出不同的商品化和市场化特点。根据种子商品化与市场化程度的不同，可将新中国成立后的种业发展划分为 4 个阶段。

1. 非商品化阶段（1949—1957 年）

新中国成立初期还处于典型的自给自足小农经济，种子基本上由农民"自繁、自留、自用"。1949 年 10 月，农业部粮食生产司设立种子处，工业原料司设立棉作处，分别负责粮、棉、油等农作物种子管理工作。1949 年 12 月，新中国成立后召开的全国第一次农业会议上，把良种作为恢复和发展农业生产的一项重要技术措施提了出来。1950 年 2 月，制定了《五年良种普及规划（草案）》，1956 年 7 月，农业部成立种子管理局。随后，全国各级农业部门成立了种子机构，实行行政、技术两位一体。

这一阶段，我国仅将"良种普及"作为一项重要的农业生产技术措施，在品种上主要依靠筛选较为优良的农家现有品种为主；良种覆盖率为 0.06%，种子商品为 0；种子生产不具备商品的特征。

2. 部分商品化阶段（1958—1977 年）

1958 年 2 月，种子经营业务由粮食部门正式移交农业部门。农业部在总结种子工作经验的基础上，提出了农村用种主要靠农业社自选、自繁、自留、自用，辅之以必要的调剂，简称"四自一辅"的种子工作方针，同时充实了种子机构，种子经营业务逐步开展起来。

1962 年 11 月，国务院出台了《关于加强种子工作的决定》，要求"整顿充实种子站"，"整顿原有的示范繁殖场"，做好选种、留种工作；1972 年 10 月，国务院批转农林部《关于当前种子工作的报告》，要求"建立健全种子机构，加强领导"，"落实种子优级优价政策"，做好备荒种子储备和良种调剂、供应工作。随着农业科研力量的提升，国家科研单位开始选育出新的常规品种，玉米、高粱等部分作物开始使用杂交种。

此阶段的特点是：种、粮生产分开，种子商品率日益提高，尽管交换方式仍然是以物易物，但是作为调剂辅助供应的种子日益体现出其使用价值，体现出商品特性；种子商品及种子专门生产供应单位开始出现，我国种业步入萌芽期。

3. 垄断经营阶段（1978—1999 年）

1978 年 5 月，国务院批转农林部《关于加强种子工作的报告》，要求建立种子公司和种子生产基地，健全良种繁育体系，实现种子生产专业化、加工机械化、质量标准化和品种布局区域化，以县为单位组织统一供种，通称"四化一供"。"四化一供"极大地推动了我国种业的发展，也成为国有种子公司垄断经营的基础。1978 年 7 月农林部成立中国种子公司，随后各省、地（市）、县相继成立种子公司（站），原种场、良种场、科研单位等组成了比较完整的良种繁育和市场经营体系。

1989 年，国务院颁布《中华人民共和国种子管理条例》，把新品种选育、试验、示范、审定、推广及种子生产、经营、质量检验等方面的制度以法规的形式规定下来，并放开了蔬菜和园艺种子市场；1997 年 3 月国务院 213 号令发布了《中华人民共和国植物新品种保护条例》，1999 年加入了世界植物新品种权保护联盟（UPOV），建立起了种子知识产权的保护法律体系，从而奠定了种子管理法制化的基础。

这一阶段种子市场日益完善，交换手段以货币形式占主导地位，种子商品发达程度有了根本性提高，种子加工手段和加工能力大幅度提高；种子管理法制化，种子科研全面展开；非主要农作物种子的计划管制取消；实行市场调节，主要农作物的种子仍然实行计划供应，由国有种子公司垄断经营。

4. 市场化经营阶段（2000 年至今）

2000 年 12 月 1 日颁布实施《中华人民共和国种子法》（以下简称《种子法》），打破了国有公司一统天下的局面，多种所有制形式的种子企业共同发展，种业主体多元化格局基本形成。破除了主要农作物种子垄断专营体制，放开了种子市场，高产优质新品种审定数量增加。确立了品种权的法律地位，品种知识产权受到保护，种子企业逐步发展成为技术创新的主体。实施了国际双边贸易，鼓励发展种子的进出口业务，农民终于可以买到放心种子了。以"种子产业观念、企业主体观念、市场经济观念、依法制种观念"为核心的现代种业体系得以逐步构建。

二、发达国家种业发展对我国种业发展的启示

我国作为世界第一用种大国和第二大种子消费国，有着很大的市场发展潜力。加入WTO后，跨国种业集团以其资金、技术和产业链协同三大优势纷纷进入我国，并主要通过技术创新及知识产权的双重先发战略，固化其技术优势，强化其产业优势，对我国新品种培育与种子企业的经营等产生影响，我国种子市场竞争必将越来越激烈。面对跨国种业集团的强势进入，种业的全面市场化和国际化，我国种业只有充分借鉴世界发达国家发展种子产业的经验，促进自身的快速发展。

1. 建立现代企业制度，构建种业发展长效机制

一是让种子企业真正成为市场主体。明晰种子企业产权，建立法人治理机制，打破国有种子公司国家独资局面；建立竞争机制、激励机制和创新机制，通过资金、技术入股，优化资源配置；通过全方位技术合作组建跨地区、跨行业股份制种子企业集团，拓展国内国际市场。二是要走开放之路，营造开放竞争的良好环境。种子龙头企业，要切实加快改革步伐，优化资本结构，增强制度创新、技术创新和管理创新，建立起企业发展长效机制。

2. 利用竞合优势，优化资源配置，加大种业科技开发

在种业做大做强和国际化过程中，应提倡以引进为主，建立大型种子生产基地及种子贮存、周转库，实现制繁种的专业化、标准化；围绕投资、技术、研发等开展针对性合资合作；在合作中扬长避短，优化资源配置，拓宽发展空间，增强实力，迅速提高自己。

3. 强力推进科技创新，增强种业发展核心竞争力

面对跨国公司的先发优势，我国种子公司必须形成自己的核心技术，拥有自主知识产权，加大种业研发投入，构建种子新科技创新机制。加大科研育种投入，使新品种以最快的速度推广，加快实现农作物品种育繁推一体化，建立以大型种子企业为主体的种子创新体系，以多出品种、出好品种拓展新商路，推动我国种业的快速、可持续发展。

4. 强化种子品牌意识，确保种子优质精品和科技含量

种子企业一要不断推出名、优、新、特品种，创立品牌。二要加速优质、高产、抗性强的种子选育、开发和引进，抢占国际种子市场和科技制高点。三要严格按照种子生产程序的技术要求和种子法规生产经营，通过检测、精选加工、标识、标准化包装等各个环节，层层把关，确保种子纯度，不断提升种子的品级。

5. 重视种质资源的搜集与创新，注重保护知识产权

种质资源是种子企业获得第一品种能力的基础，种质资源的搜集、评价是新品种选育的重要前提和基础。种子产业不但要持之以恒重视种质资源的搜集与管理，还要注重知识产权的利用和保护，维护企业的合法权益。

实例：美在奥谱隆

湖南奥谱隆科技股份有限公司是从"杂交水稻发源地"孕育和发展起来，全力打

造"产、学、研"相结合,具备全国"育、繁、推"一体化经营及进出口业务许可资质的农业高科技企业。"杂交水稻之父"袁隆平院士为公司题名并担任技术顾问。公司注册资本1亿元,2012年获准建立"院士专家工作站",2013年被评为"中国种业信用骨干企业"。

公司已通过ISO9001:2008质量管理体系认证,系农业部种子管理市场信息采集点,中国种子协会理事单位,湖南种子协会常务理事单位,湖南省农业产业化龙头企业,湖南省重点上市后备企业,湖南省创新型(试点)企业,被评为"中国种子协会企业信用评价AAA级信用企业"、"湖南省质量服务诚信承诺示范单位"、"湖南省质量信用AA级企业"、"怀化市龙头企业基地建设先进单位"。

公司紧紧围绕现代农业发展需求和种业发展趋势,充分发挥行业主体作用,坚持以人为本,以科研为核心竞争力,以市场为导向,深入实施创新驱动战略引领自身发展。公司组建精强实干、创新进取、富有活力和凝聚力的一流团队,累积投资3 200多万元创办奥谱隆作物育种工程研究所,拥有45 000多份水稻选育种质材料,承担30余项国家和省、市级农业科技攻关重点项目,成功突破"高档优质食用稻选育"和"籼、粳、爪亚种间远源杂交"核心技术,拥有40多个具有完全知识产权和独立开发经营权的三系、两系亲本及不同熟期优质高产杂交水稻和玉米新品种,育成10多个产量潜力直逼1 000公斤/亩*的广适型优质抗病超级稻。公司建成35 000亩稳定安全的良种繁殖基地,年生产和销售优质杂交水稻与玉米种子600万公斤;创新"土地流转规模化制种模式"和实现"良种直销ERP系统远程管理";具备为不同生态区域持续提供具有高科技含量及市场应用前景的丰富品种群的卓越研发与经营能力。

公司以"发展杂交水稻、造福世界人民"为美好愿景,牢固树立"让天下人都有饱饭吃"的社会责任感和使命感,严格践行"种子质量无小事、农民利益大于天"的司训,认真恪守"用奥谱隆种,播全天下福"的经营理念,努力实现袁隆平院士的"禾下乘凉梦",积极推动产业资本和知识资本的有机融合,倾心打造"奥谱隆科技"品牌实现可持续发展,致力于将最优质的种子惠及到最广阔的农村中去,确保农民增产增收,为推进我国农业产业化发展,保障中国乃至世界粮食安全做出更大的贡献!

根据上述内容试分析:

1. 由"奥谱隆科技"的发展历程可看出它具有哪些特色?

2. 你认为"奥谱隆科技"在较短的时间内就成长为"中国种业50强骨干企业"的原因有哪些?

本章小结

农业是人类赖以生存的最古老产业,种子是农业生产与发展的源头,在传统农业向现代农业的演进过程中,种子,尤其新品种的推广,对农业生产的飞跃发展起着至关重要的作用。种业是与种子经营相关的企业或部门的集合体,自1742年世界第一家种子公司在法国成立并开始商品种子经营活动,到农作物种子发展成为一项产业,经历了

---

* 1公斤=1千克,1亩≈666.7平方米,全书同

100 余年的历史。

美国是现代世界上最大的种子生产国，也是世界上种子产业发展最早，种子法规比较健全的国家之一。其现代种业发展经历了"政府管理时期（1900—1930 年）；立法过渡时期（1930—1970 年）；垄断经营时期（1971—1990 年）和跨国公司竞争时期（1990 年至今）"四个阶段。世界种子产业发展有 5 个特点：①玉米、蔬菜种子主导产品所占比重大；②科研是发展的基础；③向先进技术和商业化育种发展；④重视品牌的保护和资源的搜集；⑤重视以法治种、质量至上。世界发达国家种子产业的发展对我国新品种培育、种子企业的经营等方面产生影响。

借鉴世界发达国家发展种子产业的经验，今后一个时期发展我国种子产业，要着重解决好以下几个问题：①建立现代企业制度，构建种业发展的长效机制；②利用竞合优势，加大种业科技开发和优化资源配置；③科技创新，推动种子产业发展核心竞争力；④强化种子品牌意识，确保种子优质精品和科技含量；⑤重视种质资源的搜集与创新，注重保护知识产权。并采取一定的策略应对国际种子产业的竞争，不断提高我国种业的国际竞争力。

复习思考题

1. 试分析比较中、美两国种业的产生及其发展过程特点。
2. 试分析全球种业竞争态势，探讨中国种业发展对策。
3. 阐述发达国家种业发展经验对我国种业发展的启示。
4. 论述我国种业应对国际竞争的策略。

第二章 种子商品与种子市场

学习目标：1. 掌握种子商品的特殊性，种子市场的概念、类型与特点；
　　　　　　2. 了解不同类型种子企业的经营环节；
　　　　　　3. 了解科技对种子市场的推动力；
　　　　　　4. 了解种子用户的类型、特点及其购种动机与行为；
　　　　　　5. 掌握种子的需求与供给、种子的需求弹性与供给弹性的相关概念；
　　　　　　6. 理解掌握种子需求弹性和供给弹性的相关计算，并将之用于具体的种子需求弹性和供给弹性分析。

关键词：种子商品的特殊性　种子商品的经营环节　种子商品的市场类型　种子市场的科技推动力

　　从市场经济角度看，种子是一种特殊的商品，现代种子的生产已经从农业生产活动中分离出来，形成了相对独立的生产和经营体系。当前种子不仅是农业生产经营的必需品，是农业科技最重要的载体，还是一个国家农业生产的安全保障，同时也是发达国家控制发展中国家农业的重要手段。

第一节 种子商品

一、种子商品及其特性

（一）种子的概念

　　关于种子的概念，不同领域的专家给出了不同的阐述。从农业生产角度看，种子是植物用于繁衍后代和生产播种的一切材料的总称。它包括植物学意义的种子、与种子类似的果实、用于繁殖的植物器官和组织以及胚状体人工种子等。

　　《种子法》是这样界定种子的："本法所称种子，是指农作物和林木的种植材料或者繁殖材料，包括籽粒、果实和根、茎、苗、芽、叶等。"对于许多农作物来说，种子既是生产的起点，又是生产的终点。

（二）种子的分类

　　种子分类的依据和方法不同，种子的分类也不一样。下面介绍 4 种主要的种子分类。

1. 根据法律规定和市场进行划分

《种子法》规定了农作物包括粮食、棉花、油料、麻类、糖料、蔬菜、果树（核桃、板栗等干果除外）、茶树、花卉（野生珍稀花卉除外）、桑树、烟草、中药材、草类、绿肥、食用菌等作物以及橡胶等热带作物，并将农作物种子分为主要农作物种子和非主要农作物种子。

2. 形态学分类

依据种子的形态可将种子分为真种子、果实和营养器官。

3. 根据种子生产过程和制种技术划分

依据种子生产过程中种子的不同用途和质量要求，可将种子划分为原原种（育种家种子）、原种和良种；根据制种技术不同和获得种子的遗传特性可将农作物种子分为杂交种子和常规种子，其中杂交种子又可进一步细分为单交种、双交种和三交种等。

4. 根据市场流通和推广时期划分

依据种子是否进行流通，可将种子分为商品种子和自用种子；依据种子进入市场的顺序和推广状况又可将种子划分为投入期种子、成长期种子、成熟期种子和衰退期种子。

种子的分类还有一些其他的分法，如根据种子繁殖的世代可将种子分为 F_1、F_2，甚至 F_3 代种子等；根据农作物播种季节可将种子划分为春、夏、秋播种子等；还可以根据种子的产地进行分类。

（三）种子商品的特殊性

种子作为商品，除具备一般商品的特征外，还具有与种子商品的研发、生产、贮藏、运输、销售等有关的特征特性，即种子的商品特殊性。

1. 种子商品具有生命特性

种子的生命性主要表现在种子的休眠、种子的呼吸代谢和种子寿命等方面。种子的生命特性直接影响着种子营销过程中的贮存和运输，间接影响着种子市场选择及其分销。

2. 种子商品具有短期实效性和地域限制性

种子只有在适宜的水分、温度等环境条件下，其内在优良性状才能得到正常发挥和显现。一方面，由于不同作物种类和品种对生态条件的适应性不同，不同地区具有生产某种或某些种子的相对区域优势。例如，马铃薯种薯主要在我国的东北等地生产，玉米制种主要集中在我国北方几个省份；另一方面，品种种子还有一个地区适应性问题，不是所有的品种在所有的地方都适用。因此，在推销时间的选择、销售区域的划分上都必须考虑这一特点。

3. 种子商品具有技术承载的密集性

随着现代生物技术与农业科学的相互融合与渗透，育成的品种在品质、产量、抗性等方面与传统品种比，都有许多大的突破，即种子商品承载的技术越来越多，但不同品种、不同质量的种子外在农艺性状十分相似，不易区分；另外，种子的内在品质包括发芽率、纯度、水分等在交易发生时也并不能立即被检测出来，也即种子潜力的发挥和使用者价值的实现必须借助与之配套的栽培技术、管理技术、加工工艺等的共同作用。这对企业种子商品的促销方式、手段以及技术服务等提出了特殊要求。

4. 种子商品具有生产周期长，科技附加值高的特性

一个品种的育成，除要花费大量的科研经费外，一般至少要经历 7~8 年以上的时间，甚至是研究者一生的艰辛。2000—2004 年全国推广面积最大的玉米品种"农大 108"，是中国农业大学许启风教授一生的科研成果结晶。

5. 种子商品具有产品研发风险大的特性

要育成一个综合特性好的一流品种难度是很大的，在具备丰富的育种材料、充足的研发经费、正确的育种思路和方法以及认真细致的工作条件下，还不一定能育出理想的品种，这是育种工作的挑战性、机遇性和艺术性；对于开发商来说，这就变成了产品研发的高风险性。

6. 种子商品具有市场需求弹性小的特性

通常情况下，一个地区某种作物的播种面积是相对稳定的，短期内不会有太大变动。因此，市场对种子的年需求量也将维持在一定范围内，变动较小。

7. 种子商品具有供给的不稳定性

所有农作物的生产受自然条件的影响都较大，如旱灾、连阴天气、早霜等会造成商品种子严重减产或失去商品性；另外，受到上一年种子供求关系信息的影响，同一作物品种也会出现年际间供应量的变化。

8. 种子生产和销售具有很强的季节性

农作物生产较严格的季节性必然带来种子营销的强烈季节性。种子的这一特点要求经营者抓住购、销的黄金季节，集中人力和物力，搞好种子的收购和供应工作。

9. 种子的生产与经营具有一定的政策风险

种子商品生产和经营还存在政策风险，如国家政策对高产与优质品种要求的转换，转基因品种的政策限制等。

10. 种子的生产与经营还受到种子国际贸易的监管

种子作为农业最基本的生产资料，是一个国家农业安全保护的根本保证，从战略角度看，国家对种子的国际贸易必定进行监管。

二、种子商品的经营环节

种子商品经营包括品种的研发、示范推广、良种生产、种子收购、种子加工与贮运、种子销售以及售后服务等环节。不同类型的种子企业具有不同的种子经营方式，其经营环节也略有差异。

（一）种子商品经营的完整环节

种子企业在种子商品经营过程中一般要经历：市场调查，确定新品种选育或引进目标，培育或购买目标品种，对未审定的品种及时参加区试和申报审定或品种保护的工作，新品种示范推广，选择制种基地，营销方案决策，与客户订立供销合同，种子生产，种子收购，种子质量检验，种子加工及包装，种子储运，客户验收、封样及种子质量检验，售后服务，按供销合同催款、结款，订立下一年的供销合同以及种子售后的技术服务和信息反馈等 18 个具体环节。不同类型的种子企业一般都会根据其企业特色对各环节有所取舍和侧重。

（二）不同类型种子企业的经营环节

依据我国种子法对种子企业的划分，对生产型种子企业和经营型种子企业的经营环节特点分别加以介绍。

1. 生产型种子企业

生产型种子企业主要包括以下 11 个环节：①市场调查；②与下游经营型种子企业订立种子生产或订购合同；③制定并向当地主管部门申报种子生产计划；④选择、落实制种基地；⑤种子生产；⑥种子收购；⑦种子质量检验；⑧种子加工及包装；⑨种子储运；⑩按供销合同催款、结款；⑪与下游经营型种子企业订立下一年的合同。

2. 经营型种子企业

经营型种子企业的经营环节有 18 个，分别是：①市场调查；②确定引进新品种类型和特点，并积极与有关科研单位商谈；③购买目标品种；④推动未审定的品种及时参加区试和申报审定的工作；⑤根据自己的市场判断和原有的试种信息，对新品种进行进一步示范推广；⑥营销方案决策；⑦与客户订立供销合同；⑧选择制种基地；⑨监督上游生产型种子企业的种子生产过程，主要是面积核实和质量监控；⑩监督、协助上游生产型种子企业的种子收购；⑪与上游生产型种子企业一起，进行成品种子质量检验，就双方共同认可的合格种子或质量指标签字、封样验收；⑫根据本企业的要求协助和监督上游生产型种子企业进行种子加工及包装；⑬与上游生产型种子企业共同进行种子发运；⑭下游客户对种子进行质量检验和验收，双方就共同认可的种子质量指标签字、封样；⑮跟踪了解各下游客户的销售情况，及时在不同的客户间进行调配；⑯按供销合同催款、结款；⑰订立下一年的供销和生产合同；⑱种子售后的技术服务。

第二节 种子市场

一、种子商品的市场

1. 市场的概念及含义

狭义的市场是买卖双方进行商品交换的场所；广义的市场是指为了买和卖某些商品而与其他厂商和个人相联系的一群厂商和个人。

经济学意义上的市场包括以下 4 方面的含义：①市场是商品交换的场所，即进行买卖的地方，这是从空间意义上界定的市场；②市场是流通领域。商品生产者在商品的再生产过程中要经过购买、生产和销售三个阶段，当商品生产进入第三个阶段时，我们将之称为商品进入了流通领域。在这一阶段商品将完成从商品到货币的转换。商品进入流通领域，也就是进入了市场；③市场是有支付能力的需求。市场对于商品供应者来说，就是价值实现问题，商品的价值要实现必须有需求，且这种需求必须是有支付能力的需求；④市场是商品交换关系的总和。市场是交换的范畴，不仅体现商品与商品的关系，更重要的是它还体现商品交换过程中人与人的关系。

从市场营销角度理解，市场包含 3 个主要因素：有某种需要的人、为满足这种需要的购买能力和购买欲望。也即具有某种特定需求且具有购买能力的人群。

2. 种子市场的概念和特点

种子市场即种子买卖双方进行种子交易的场所,也即具有种子需求且具有购买种子能力的人群。

种子用户有购买动机和使用某品种的习惯,真正采取购买行动而成为某一品种的使用者,还要有一定的购买力作经济保证。种子用户的收入是影响种子购买力的最重要因素。纵观我国种子商品化和种子市场的发展进程,无不与农民实际收入水平的提高息息相关。收入水平的提高能促进农民使用商品种子、优质种子,加快品种的更新换代;反过来,优质新品种的采用又能增加农民收入。

二、种子商品的市场分类

1. 市场的分类

从不同的角度,可将市场划分为不同的类型。经济学将市场分为 4 种基本类型:完全竞争市场、完全垄断市场、垄断竞争市场、寡头垄断市场。其中,垄断竞争市场又称作不完全竞争市场,在垄断竞争市场条件下,超额利润在短期内存在,而在长期内不存在。中国种子市场是典型的垄断竞争市场。

从短期来看,种子培育者或新品种企业可以因品种差别形成垄断地位获得超额利润,这类似于完全垄断。但从长期来看,超额利润的存在吸引着新的种子供应者加入,以及刺激假冒伪劣种子的出现,因而超额利润会消失,这又类似于完全竞争。中国种子市场成垄断竞争形态,有利于新品种的大量涌现及其更新换代,有利于满足不同消费者对品种的要求,有利于技术创新和资源的优化配置。

2. 种子市场的分类

从市场营销的角度,可将种子市场分为以下多种类型。

根据购买种子的用途或目的,可分为终端市场(种植户)和中间市场(经销商);根据对新品种的接受快慢,可分为活跃市场、保守市场;根据购买力不同,可分为强购买力市场、弱购买力市场;根据经营地域,种子市场可分为周边市场、地区性市场、全国性市场;根据市场发育程度不同,可分为空白市场、不成熟市场、成熟市场;根据对企业产品的信任度,可分为固定市场、潜在市场;根据对品种需求多寡,可分为单一市场、综合市场;根据对价位的选择,可分为高端市场、中端市场和低端市场。

三、种子商品的市场价值与发展空间

商品在市场上的竞争力,依赖于单位价格的商品性能,即性价比。种子商品价值体现在种子商品的性能和种子价格两方面,种子商品的性能与种子的使用性能(如增产潜力、品质和抗逆性改进等)和种的商业性能(如种子净度、饱满度、色泽、包装、销售和服务质量等)有关。种子的市场价格由种子的生产价格(包括品种选育的技术成本和种子生产的直接成本)、种子的流通费用和经营者的利润组成。要提高商品种子的市场竞争力,首先要选育出符合市场需求的优良新品种,这是提高种子市场竞争力的根本,其次是相对低成本地生产出高质量的优质种子,同时要加强种子的采后处理包装等以提高种子商品的商业性能，再加上健全的销售和技术服务网络。

截至 2008 年 6 月，国际种子贸易联盟估计，世界商业种子市场价值大约为 365 亿美元。市场容量居于前 10 位的国家依次是美国、中国、法国、巴西、印度、日本、德国、意大利、阿根廷、加拿大，其销售额达到 236.5 亿美元，占全球商品种子市场销售额的 65%。国内种子市场需求容量和增长潜力很大，据预测，2030 年我国人口将达到 16 亿，因人口的增长，到 2030 年将增加粮食需求 4 900 万吨，种子市场蕴藏着巨大的需求和商业机会。

从国际市场来看，由于我国种子的国际竞争力差，国际市场的占有率还很低。2009 年种子进口额仅为 1.49 亿美元，占全球种子进口市场的 1.95%；种子出口额仅为 1.40 亿美元，占全球种子出口市场的 1.83%。国际市场的开拓还有待加强。

另外，随着新品种的出现，特别是早熟品种大量育成，以及保护地面积的扩大，复种指数的增加，种子的需求量还会有较大的增长。还有我国农作物种子价格偏低，种子价格有巨大的增长空间。以玉米为例，美国种子价格是商品粮价格的 30 倍，而我国的种粮价比是 4 ~ 7 倍；又如保护地专用番茄品种，从荷兰、以色列等国家进口的番茄杂交种种子，每千克约 10 万元人民币，每粒市场价格约 0.3 ~ 0.6 元，而国内的番茄品种每粒种子仅 0.01 元左右。种子单价的增长空间在几倍至几百倍不等。全球转基因作物栽培面积的迅速扩大也为种子商品的发展提供了更广阔的空间。

四、种子市场的科技推动力

1. 科学技术是种子市场发展的源泉和竞争核心

种子市场本身是一个系统工程，涉及农业、工业、商业和经济学等各个方面，种子市场各个环节的发展都离不开科学技术。新品种选育，从系统选育到杂交育种，进一步发展到细胞工程和分子育种等，无不体现着科技的进步；种子加工、包装、包衣剂的发展，也带动了一批新兴产业的出现。科技对种子市场的推动力主要表现在以下几个方面。

（1）科技的发展可以不断提高品种的生产能力。种子是不可代替的生产资料，决定种子市场竞争力的关键是品种。随着生产方式、生产技术和社会需求的变化，生产者和消费者对品种的要求也在不断变化，且越来越高，品种的更新也不断加快。为了提高育种效率和水平，农作物新品种选育和繁殖技术得到迅猛发展，在常规育种的基础上，世界各大著名种子企业已将细胞工程育种和分子育种等高科技应用于农作物品种的选育。有实力的种子企业均在种子公司内部设立了研发部门，每年投入大量资金进行新品种选育，并且与有实力的科研单位联合选育或以分成方式分享选育与推广成果，实现品种的育繁销一体化。

科技进步使新品种的生产能力大幅度提高，使用新品种能使生产者明显提高收益，从而不断增加种子市场的需求，科技的进步刺激生产者购买种子的欲望是种子产业发展的重要支撑和保障。

（2）种子质量控制技术的迅速发展是提高种子市场竞争力的基本保证。优良的品种必须通过种性优良的优质种子体现出来，国内外种子质量检验技术发展迅速，除已有的物理、化学方法外，已逐步向借助先进检验仪器进行生物化学和分子水平检验的微量、快速、准确的方向发展。这为不断提高种子的市场竞争力提供了基本的保证。

（3）种子贮藏加工技术的不断发展，大大延长了种子的寿命，增强了种子的商品属性。在种子加工方面，除了精选分级以外，已研制出内含杀虫剂、杀菌剂、肥料的包衣剂，并正在研制通过植物激素、微量元素处理的包衣剂。种子加工机械也已逐步实现自动化。所有这些都使种子的商品属性得到了极大的增强。

2. 科学的种子经营与市场管理理论可大大提高种子市场的市场效益

种子经营包括专业化的种子产业集团在种子经营单位运行的各个环节，如品种引进与确定、种子生产、加工销售、售后服务等。种子市场管理中，种子市场目标的确立、预测、营销、财务管理、人员构成等均需要有关经济学、管理学等方面的科学技术知识才能保证企业和市场的正常运行，所有这些学科方面的理论创新都将直接影响种子市场的综合效益。

3. 科技进步有助于规范种子市场

科技的不断进步通过提高种子产品的核心价值，提高种子行业的准入门槛，刺激种子企业间形成良性竞争等方式达到规范种子市场的目的。

第三节　种子市场的需求与供给

种子用户购买种子，种子企业销售种子，形成了种子的需求和供给。种子企业在制定市场营销策略时必须研究种子用户的需求和竞争者的市场行为，掌握市场的需求规律、供给规律及其变化规律，才能根据市场变化制定产品、价格等营销策略，提高市场营销效率，在激烈的市场竞争中实现企业利润最大化。

一、种子用户购种行为分析

购买种子的任何组织或个人称之为种子客户，种子客户可分为中间商和用户两大类。中间商购买种子是为了从种子经营的中间环节获得经济效益，他们不是种子的直接使用者。

种子用户是指种植户，即最终使用种子的组织或个人。种子用户是种子经营的最终端，是种子市场需求的真正主体，也是种子产品价值取向的最终决定者。种子用户的消费倾向决定了中间商经销种子商品的选择。

（一）种子用户的类型及特点

1. 种子用户的类型

自 1983 年 1 月《当前农村经济政策的若干问题》确立了联产承包责任制在农村工作中的地位，农户一直是种子用户的主体，后虽在鼓励农地合理流转政策指导下出现了一定数量的种植大户或各种形式的承包户，他们承租村或村民小组的部分土地，从事各种种植业，但归根结底他们也属于农户，只不过是规模稍大而已。所以，目前我国的种子用户主要为包括种植大户和承包户的农户。

2. 种子用户的购种特点

我国的种子用户主要是农户，根据农民的知识水平、经营规模及农业生产的特殊性，农民在购买种子时具有如下特点。

（1）常规品种留种比例高，杂交种和蔬菜种子通过市场满足用种需求。种子用户对不同作物或品种的用种习惯存在一定的差异，为有计划地开展种子营销活动，必须了解农户的用种习惯。种子用户的用种习惯主要有：①粮食作物等常规作物品种留种比例高，但也不排斥新品种。②杂交种和蔬菜种子基本通过市场来满足用种需求。种植蔬菜的效益因比大田作物高，菜农基本通过市场满足用种需求，且对新品种的接受能力很强。

（2）数量少、次数多、随意性强。我国农业生产以家庭为基本承包单位，土地承包规模较小，承包户较多，居住相对分散，自由活动性较大。他们每次购种的数量少，购种的总次数多，且一般不会事先预定，带有较大的随意性。

（3）对优良品种的认知滞后、专业知识欠缺。随着科学技术的进步，种子产品的更新换代加快，广大农户由于受传统习惯影响，加之承受风险的能力较弱，往往求稳心理占主导地位，对新品种的认识、新技术的接受有滞后现象。要使农户接受种植新品种，往往要通过示范种植比较效益的显现，才能为农户所接受。同时，农户一般很难把握种子的品种品质和播种品质，往往根据种子的外观性状、包装、图案和销售人员的宣传决定是否购买，受个人感情和印象支配，易受各种促销手段的影响。

（4）季节性强、购种时间相对集中。农业生产的季节性决定了种子销售的季节性，同时农民购种时间相对滞后，有的农民往往是到播种时才背着锄头去购种，时间非常集中。

（二）种子用户的购种动机和购种行为类型

1. 种子用户的购种动机

中间商购买种子是为了从种子经营的中间环节获得经济利益，种植户购买种子是为了在农业生产中获得最大的比较收益。农户是最典型的现实主义者，要种什么类型的作物，购买什么品种，可接受的价格等都是通过比较来进行决策的。

2. 种子用户购种行为的概念和类型

种子用户购种行为是指种子用户为满足农业生产的需要而购买种子的行为。

按种子用户的购种动机、性格特点和行为方式，可将种子用户购种行为分为以下7种类型。

（1）理智型。受理性购买动机支配，以认真分析、仔细比较为主要特征的购种行为。这类购种者购买行为冷静、慎重，善于控制自己的情绪，受种子价格、包装、广告宣传等影响较小。

（2）冲动型。受感情购买动机支配，购种者没有预定的购买目的和固定的购买模式，大多数是在外界因素刺激下引起的购种行为。这类购种者易受现场情景激发而购买，以个人的直观感觉为主，容易冲动。

（3）习惯型。受信任购买动机支配，按个人的习惯和对不同品种、品牌的偏好而产生的一种购种行为。这是由于购种者长期种植某一作物品种或某一企业的种子，对其产生了安全感和信赖感，从而在每次购买种子时，一般无须花费较多时间进行选择，习惯性地到某一经销商处购买某一种子企业的种子或某一作物品种的种子。

（4）价格型。受理性购买动机支配，对种子价格比较敏感，往往以价格作为决定是否购买的主要依据的购种行为。价格型又分两种情况：一种是廉价型，以追求低价为主要目标，这在很大程度上与购种者的经济条件和消费习惯有关；另一种是高价型，以选择高价种子为特征。这类购种者认为，同类种子价格越高，增产增收的潜力就越大。

（5）跟随型。受从众购买动机支配而产生的购种行为。这类购买者的购买行为易受当地种植能手的影响，俗语有"村挨村，户挨户，种田就看示范户"，农村的科技示范户和科技致富带头人种植的农作物及其品种对周围农户影响很大。

（6）想象型。受感情购买动机支配，并结合自己的丰富想象而产生的购种行为。这类购买者感情比较丰富，想象力强，善于联想；注重种子的包装、色彩、名称、产地，并与自己的想象联系起来，以丰富的想象力衡量种子的价值，但这类购买者注意力容易转移，易受种子销售人员宣传的影响。

（7）不定型或疑惑型。受多种购种动机支配而产生的购种行为。这类购种者顾虑多、疑心大、行为谨慎、犹豫不决，多数没有固定偏好，购买心理不太稳定，时常出尔反尔、甚至中断购买，即使购买了也会担心受骗。

（三）种子用户购种行为的产生过程

种子用户的购种行为是由一系列相互关联的活动构成的购种过程。在实践中，种子用户的购种决策，早在购种行为发生之前就已经开始，且在购种以后并没有完结。种子用户的购种行为产生的过程，一般可以分为 6 个阶段：形成需求、产生购种动机、搜集种子信息、选择比较、购种决策、种后评价。这 6 个阶段环环相扣，循序渐进，并且每一个阶段中都有购种行为的特点及其影响因素。

1. 形成需求

种子用户的购种需求是其内因和外因共同作用的结果。用户因采用自留种或老品种而导致种植产量较低，或改变种植目标等，是种子用户产生购种欲望的内在因素。有了内在的购种欲望，还需一定的外在刺激，外在刺激是指外界的客观因素，如科技示范户引进良种后增产显著，农业科技人员的良种宣传，供种单位的促销信息等。当这种刺激变为种子用户的一种渴求时就形成了购种需求。充分了解种子用户对种子的现实与潜在需求，以及这种需求的程度和这种需求会被哪些诱因所触发，以便设计诱因，增强刺激，唤起购种需求。

2. 产生购种动机

种子用户购买某品种种子的需求到一定强度后，就会产生购买这种种子的心理冲动，即购种动机，购种动机的形成通常经过 3 个阶段：①种子用户对种子的注意阶段，注意是指种子用户对优良品种种子的价值和种植方法等的反应过程；②种子用户对种子的情感阶段，情感是指种子用户对注意的种子是否感兴趣和是否满意，以及感兴趣和满意的程度；③种子用户对种子的购买意志形成阶段，意志是指种子用户有目的地准备搜集某种种子的信息，并打算购买的心理状态。注意、情感、意志这 3 个阶段相互影响，彼此渗透，共同构成种子用户的购种动机。种子企业研究和掌握种子用户购买动机的形成过程，在动机形成的各个阶段采取相应措施，有利于本企业种子的生产和销售。

3. 搜集种子信息

当种子用户由于购种需要的存在而产生购种动机之后，就会考虑到哪里购种，买什么品种。为解决这些问题，就必然要搜集种子的有关信息。种子信息资料的来源主要有以下几方面。

（1）生产实践经验。它是指种子用户在以往农业生产、生活中的实际感受以及耳闻目睹。这是种子用户获取有关信息的基本来源，根据生产生活经验，种子用户做出购种决策。

（2）相关群体。指周围的农户、亲戚、朋友、乡村领导、农技人员提供的信息等，这些信息也会对购种者产生一定的影响。

（3）市场营销。从种子市场上推销人员、营业员、种子展览陈列、种子包装、品种介绍及购种农民等提供的各种信息资料中，种子用户会收集各种对自己有价值的信息。

（4）公众传媒。指报刊、杂志、广播、电视等大众传播媒体提供的信息资料。

在这一阶段，种子企业一方面应该千方百计地做好良种的广告宣传，唤起种子用户的购买兴趣。另一方面要努力搞好种子的陈列设计，主动热情地介绍良种的特征、特性，适应区域，种植技术，种子包装，售后服务，使种子用户迅速获得信息资料，把注意力集中到企业销售的品种或企业上来，为下一步购买打好基础。

4. 选择比较

购种者获得一定信息后，还需对搜集的有关种子信息资料进行分析、整理、比较。不同的购种者，评价种子的标准不同，但种子的质量和价格是他们十分重视的因素。一般来讲，种子用户会根据自己的土地决定购买什么品种，即品种品质，然后再观察该品种的播种品质、询问该品种的价格。该阶段是种子用户决定购种的前奏，对引导购买有决定意义。因此种子企业要尽可能提供优质良种，做到货真价实，并提供优良的购种条件，促其做出购种决策。

5. 购种决策

种子用户经过选择、比较后，如果对某种种子形成一定偏爱，便会做出购买决定，但购种决定的做出并不等于购买。种子用户在购买过程中，还可能受到某种因素的影响，而放弃此处到他处购买。例如供种单位工作人员的服务态度不好，种植指导解说不清等，都有可能使客户流失。

决定购种阶段是满足种子用户购买过程中的关键阶段。在这一阶段中，供种单位要通过提供各种服务和促销措施，如技术指导、赊销、送种上门或有奖销售等，消除购种者的疑团，促使其迅速做出购买本企业种子的决定。

6. 种后评价

种子用户购买种子种植后，会根据该品种的长势及收成做出评价，或听取他人的评价。购种者的购后感受和购后行为可以分为3种情况：①很满意，即所购种子长势好、投入产出比高。这样就会加强购种者对该品牌种子的爱好。一方面能坚定其今后继续购买该品牌种子的信心，另一方面购种者还会积极向周围农户、亲戚、朋友推荐；②不满意，即该品牌种子完全没有达到购种者预期目标，使购种者心里产生严重的不协调，决定今后不再使用该品牌种子，并在不同场合表达自己的不满观点；③介于前两者之间的基本满意，但距预期目标还有一定距离，在这种情况下，购种者会重新修订其对该品牌种子的认识，极有可能会动摇购种者今后继续购买该品牌种子的信心。因此，种子售出后，种子企业的工作并没有结束，供种单位还应千方百计做好售后种植技术的指导服务工作，良种良法配套，使良种稳产高产，以取得种子用户的满意和信赖，为下次购种奠定良好的基础。

二、种子需求与种子市场需求弹性分析

种子用户的需求是在一定时期内（一般为一个生产周期），在一定支付能力条件下，种子用户通过市场购买满足需要的种子数量。需要指出的是，首先购种需求总是以购买欲望为前提，如果没有购种欲望，即使具备很大的支付能力也无法形成需求。其次，需求总是包括有支付能力的需求，没有支付能力保证的需求只能是欲望或需要。综上所述，只有购买欲望与支付能力二者同时具备才构成需求。

（一）种子用户的需求特征

种子用户对种子需求与对其他商品需求一样具有多种特征，种子用户的需求特征主要表现在：

1. 多层次性和多样性

我国地理分布辽阔，气候差异大，生态类型多样，自然地理因素导致种子需求的差异。农民从事农业生产购买种子，受多种因素的制约和影响，在同一地区、同一村庄，甚至在同一家庭，在决定购买时，往往都是不一致的。以玉米为例，有人喜欢大穗型，有人喜欢密植型，有人喜欢黄色，有人喜欢白色，有人喜欢不同的专用型等，因而造成一定的层次性或复杂性。就农民本身而言，需求目的不同也会造成具体需求的差异。从目前我国农村的实际情况来看，农户对种子的需求目的有 3 种类型或 3 个层次。第一是维持生产型。农户不重视农业收入，对种子没有过分要求，维持简单再生产就可以。第二是发展生产型。农民对农业比较重视，懂得种子在农业生产中的重要性，喜欢使用优良品种、新技术，在一般价格情况下，愿意购买良种。第三是高效农业生产型。这部分农民具有一定的文化知识和技术特长，接受信息快，能优先使用产出率高、经济效益好的新品种、新技术，这部分农民对新品种的要求也愈来愈高。

不同的种子用户，在经济收入、文化程度、生活方式、兴趣爱好、技术特长等方面存在着差异，他们在选择品种时也各不一样。有人喜欢种植大田作物，有人喜欢种植经济作物，有人喜欢高产，有人喜欢优质，有的是水肥地，有的是旱薄地，他们会根据自己的实际情况和市场行情决定自己种植的作物和品种。

可见，种子用户对商品种子、品种的选择具有多层次性和多样性，在种子营销中要充分考虑农户的这些需求差异，采取相应的营销策略。

2. 流行性和时间性

流动性即在农业生产中的某一时期，由于某种作物品种在某些方面表现突出，深受农民欢迎，形成一定的热潮，并且持续一定时间。例如，在推广"郑单 958"玉米品种

时，由于该品种属于高产密植型，开始在一些高产区种植较多，随着种植面积的扩大和种子推广部门的促销，农民对"郑单958"的特征特性、栽培技术了解的越来越多，因而种植该品种的农民也大幅度增加。

时间性体现在两个方面，一是受农业季节性的影响，种子购买有一定的季节性，一般呈抛物线状，且有一个明显的高峰。农民把种子过早买回家，往往不具备保管条件，保管不善，容易霉变或遭虫鼠损害或混杂，导致种子发芽率下降。过迟，种子销售结束，买不到所需种子，对生产有较大影响。二是种子使用的时间性，一个品种会随着时间的推移，由新品种变成老品种，其增产潜力也会发生变化。如国审小麦品种"豫麦10号"在1990年前后由于高产、抗病，种植区域不断扩大，但随着时间的推移，抗病性降低及新品种不断涌现，该品种种植面积逐渐减少。

3. 可引导性和发展性

种子购买需求的产生，往往与客观外界的影响有很大的联系。经济政策的变动，农副产品的供求状况，行政手段的干预，农技服务部门的指导，广告宣传的诱导等都可以使农民购买种子的需求发生变化和转移，也就是说农民的购种需求是可以引导的。同时，种子用户需求是不会静止在一个水平上的，总是呈阶梯式前进。一方面农民总是希望农作物高产品种更高产，一种消费需求满足后还会产生新的需求。另一方面，育种单位会根据生产的变化选育适合变化了的生态和经济条件的新品种。所有这些都说明了种子需求的可引导性和发展性。

4. 替代性和连带性

可替代性强是指农民可能只知道他熟悉的品种，而对于一些新品种或其他有相似性状的品种了解甚少，在不具有农民所需要的品种时，通过销售人员介绍、推荐，农民可能购买与他所期待购买品种具有相似特性的品种。同时种子消费与其他商品的消费需求一样具有连带性，当农民前往种子公司购买种子时，既有一种主要打算，也有一种次要打算，即主要目标是购买某一种作物品种种子，也可能附带再买一点小宗作物品种的种子，如蔬菜种子等。

（二）种子市场的需求弹性分析

1. 需求规律与弹性

种子市场需求符合一般商品的需求规律。即在其他因素不变的条件下，需求量与种子的价格成反方向变化，即价格降低，需求数量增加；价格升高，需求量减少。在理解需求规律时需要注意：第一，需求与价格的反方向变化，是以其他因素不变为前提的，如果这一条件不存在，情况就会发生变化。第二，需求规律解释的是一般商品或劳务的价格与其需求量之间的关系，对于某些特殊商品并不一定适用，例如，古董、珠宝之类就是这样。

弹性本是物理学的概念，意指一物体受作用于外力会引起的一种伸缩反应。经济学把它借用过来则是指某一经济变量对另一变量变动的反应程度。具体到需求弹性，是指影响需求诸因素的变动对需求量的影响程度。商品需求弹性的大小，通常用弹性系数来表示，需求弹性系数是需求量变动的比率与某因素变动的比率之比。用公式表示为：

需求弹性系数 = 需求量变动比率 ÷ 某因素变动比率

需求弹性主要有需求价格弹性、需求收入弹性、需求交叉弹性以及派生需求弹性等，下面介绍常用的前三种。

2. 需求价格弹性

（1）需求价格弹性的概念及其计算。需求价格弹性通常简称为需求弹性，它是指某一商品的需求量对价格变动的反应程度。它可以用需求变动的百分比除以价格变动的百分比求得。如果用 E_{dp} 代表种子的需求价格弹性，用 P、ΔP 表示价格与价格增量，Q、ΔQ 表示需求量和需求增量，则 $\Delta P/P$ 为价格变化的相对量，$\Delta Q/Q$ 为需求量变化的相对量。由定义得出需求价格弹性为：

$$E_{dp} = -\Delta Q/Q \div \Delta P/P = -\Delta Q/\Delta P \times P/Q$$

例如，某种子市场小麦新品种子价格为 2.80 元/kg 时，需求量为 120 万 kg，市场价格降为 2.50 元/kg 时，需求量为 140 万 kg，求该小麦种子的需求价格弹性（准确地说是价格在 2.50～2.80 元变动区间的需求弹性）。

$$E_{dp} = -（140 - 120）/120 \div （2.50 - 2.80）/2.50 = 1.39$$

这就是说，小麦种子的销价每降低1%，需求量就增加1.39%。

（2）需求价格弹性的类型。从理论上说，需求价格弹性的大小有5种情况，即需求完全无弹性、需求缺乏弹性、单位需求弹性、需求富有弹性和需求完全有弹性。在实际种子市场中以下几种情况比较常见。①需求缺乏弹性，指需求量的变动比率小于价格的变动比率，即 $E_{dp} < 1$。如玉米、水稻等杂交种子，由于使用越代种子会造成严重减产，所以，对杂交种来说，无论其价格怎么变化，农民对它的需求量变化都不是很大。②需求富有弹性，指需求量的变动比率大于价格的变动比率，即 $E_{dp} > 1$。如名、新、特、优种子，当价格降低时，需求量会大幅度增加，价格上涨时，需求量就会明显减少。③单位需求弹性，指需求量的变动比率等于或接近价格的变动比率，即 $E_{dp} \approx 1$，在生产实践中，处于稳定期的种子需求大多属于这种类型。

3. 需求收入弹性

（1）需求收入弹性的概念及其计算。需求收入弹性（简称收入弹性）是指当价格保持不变时，种子的需求量对农户收入变化的反应程度。它是需求量变化的百分率与收入变化的百分率之比。如果用 E_{di} 代表种子的需求收入弹性，Q、ΔQ 表示需求量和需求增量，用 I、ΔI 表示人均收入和人均收入增量，则 $\Delta I/I$ 为人均收入变化的相对量，$\Delta Q/Q$ 为需求量变化的相对量。由定义得出需求收入弹性公式为：

$$E_{di} = 需求量变化百分比/收入变化百分比 = \Delta Q/Q \div \Delta I/I = \Delta Q/\Delta I \times I/Q$$

例如，某乡农户人均收入与小麦品种用量变化情况如下（户均耕地5亩，稻麦两熟），1982 年的人均收入为 300 元，户用种量为 6kg，上一年的人均收入为 250 元，户用种量为 5.5kg，则 1982 年的需求收入弹性为：

$$E_{di} = 需求量变化百分比/收入变化百分比 = \Delta Q/Q \div \Delta I/I = 0.09/0.2 = 0.45$$

（2）需求收入弹性的类型。需求收入弹性的大小理论上也有5种情况，即收入完全无弹性、收入缺乏弹性、收入单位弹性、收入富有弹性和收入完全有弹性。在实际种子工作中一般有四种情况。①收入完全无弹性。指收入增加后购种量并无增加，$E_{di} = 0$，即当收入达到一定水平后，种子全部商品化，但由于土地数量的有限性，并不因为收入的增加而增加用种量。②收入缺乏弹性。指购种量的变动幅度小于收入的变动幅度，$E_{di} < 1$，如小麦、大豆等一般常规种子，由于耕地面积的限制，种植面积在一定时期内不会有较大变化，随着农民收入的增加，农民对这些种子的购种量增幅不大，即小于收入的增加幅度。③收入单位弹性。指购种量的变动幅度等于或接近收入的变动幅度，购种量与收入基本呈同比例变动，$E_{di} \approx 1$。④收入富有弹性。指购种量的变动幅度大于收入的变动幅度，$E_{di} > 1$，即当收入达到较高水平时，人们有能力把增加的收入投入到农业生产用于购种。

4. 需求交叉弹性

种子是一类商品，有一些品种的性状具有相似性，所以它们之间具有替代性。一个品种种子的价格变动会对两种或两种以上品种的种子需求量产生交叉影响。一个品种价格变动后，另一个品种需求量的反应程度，就是种子需求交叉弹性。其系数等于一品种需求量的变动百分比除以另一品种的价格变动百分比。如果用 E_{dc} 代表种子的需求交叉弹性，用 P_x、ΔP_x 表示一品种的价格与价格增量，Q_y、ΔQ_y 表示另一品种的需求量和需求增量，则 $\Delta P_x/P_x$ 为价格变化的相对量，$\Delta Q_y/Q_y$ 为需求量变化的相对量。由定义得出需求交叉弹性为：

$$E_{dc} = Y 品种需求量变动的百分比/X 品种价格变动的百分比 = \Delta Q_y/Q_y / \Delta P_x/P_x = \Delta Q_y/\Delta P_x \times P_x/Q_y。$$

若 $E_{dc} > 0$ 则说明 Y 品种对 X 品种具有替代性，交叉弹性值越大，替代性越强；若 $E_{dc} < 0$，则说明 Y 品种对 X 品种具有互补性，交叉弹性的绝对值越大，互补性越强；$E_{dc} = 0$，则说明两品种无关联。

例如：河南省某地温麦 6 号价格 2.00 元/kg 时，温麦 8 号销售量为 20 万 kg，当温麦 6 号价格提高到 2.4 元/kg 时，温麦 8 号销售量为 25 万 kg，试问其交叉弹性是多少？

解：温麦 6 号的价格变动率为：$\Delta P_x/P_x = 0.4/2.00 = 0.2$

温麦 8 号的销售量变动率为：$\Delta Q_y/Q_y = 5/20 = 0.25$

则温麦 8 号对温麦 6 号的需求交叉弹性系数 E_{dc}：$0.25/0.2 = 1.25$

由此可以说明温麦 8 号对温麦 6 号的替代性强。

研究需求弹性的意义在于种子企业在制定价格时，要注意种子的价格与需求量的关系，还要注意农民的收入变化与需求量的关系，同时一定要考虑同类品种的价格，如果 A 品种价格订的较高或进行提价时，农民就会放弃 A 品种，而购买具有相同性状的 B 品种，从而减少 A 品种的销量。

（三）种子市场需求的影响因素

1. 种子用户的科技文化素质

种子用户的科技文化素质影响其获取种子信息和识别信息的能力、决策能力、对新品种的接受能力、种植技术水平，最终影响到种子用户的种植效益和对种子的进一步需求。种子用户科技素质的提高不是一朝一夕所能达到的，也不是一个部门或一个企业力所能及的。不仅种子供应者在种子营销活动中要注意种子用户的科技文化素质培养，各级政府部门、各类农村中介服务机构，尤其是农业科技推广机构也要把提高种子用户的科技文化素质作为"科技兴农"的首要任务。

2. 种子因素

种子品种品质在农业生产中的作用要通过种子投入后的一段时期才能体现出来，显现在种子用户眼前的首先是种子的外观，种子用户购种动机产生的第一阶段也是对种子外观的直接注意。因此，在种子还没有被广大用户正式接受之前，种子自身的形象一定程度上影响农户对种子的选择。种子外观要有吸引力，才能使用户满意，如籽粒饱满、纯度高、光泽度好、包装美观大方的种子能给种子用户留下良好、深刻的印象，常常在用户的备选意向中排在前位。

3. 种子供应者因素

种子供应者不仅仅是单纯的种子提供者，其在广大用种农户心目中的形象与种子一同受到用户的关注。单位形象反映了种子提供者在社会和种子用户中的地位，是其良种培育能力、技术水平、经营能力、公关能力、信誉和服务水平的综合体现。良好的单位形象是一项无形资产，在种子的营销中能起到事半功倍的效用，日益为种子企业所重视。

4. 政策、法规因素

主要是指国家和地方政府有关农业政策、法令、规定等对种子用户购买行为产生的影响。在社会主义市场经济条件下，政府的主要职能是宏观调控，更多的是采取经济手段，如价格、税收、贷款利率等鼓励或限制某些农产品的生产，从而影响农户对种子的需求种类、需求数量、需求时间的长短。

5. 经济因素

经济因素包括两个方面：一是地区的经济发展水平。经济发达地区的农民收益一般比较高，对农业投入的热情大，信息灵通，对商品种子的需求多，自留种的比例小。经济落后地区，农户收益一般比较低，对商品种子的需求较发达地区要少，自留种子的数量偏多。二是种植业与非种植业及不同作物之间比较效益的差异。当种植业效益提高时，农户在购买种子方面的投入就会增加，同样，当某种作物较其他作物有明显的效益时，该作物的优良品种一般会畅销。

6. 科学技术与科技推广体制因素

首先，种子是科学技术的物质载体，科技水平的提高，促进种子更新速度加快，提高种子商品化的程度。一般来说，种子生产中对科技的依赖越强，种子的商品化程度就越高，如常规种子可以自繁，杂交种子则需要有亲本才能制种，且杂交种制种需要一定的制种技术，而人工种子技术含量更高，消费者使用的人工种子都是商品种子。其次，种子用户"科技兴农"意识和自身科技素质的提高，也会促进其对新品种或优质种子的需求。另外，科技推广体制的逐渐畅通，新品种增产增收作用的培训、示范，服务水平的改善，对种子的需求市场的扩大均会有一定的积极作用。

7. 社会因素

社会因素主要指影响种子用户购种行为的个人或组织，即种子用户的相关群体。相关群体包括亲戚、朋友、种植大户、科技示范户、邻居、农业科技工作者、科技推广机构、各种农民组织等。

种子用户在生产和生活中要经常与这些群体发生各种各样的联系。相关群体不同程度地对种子用户的用种行为产生影响。如亲朋邻居对种子情况的了解和认识及使用情况、种植大户和科技示范户使用种子发挥示范作用大小、农业科技工作者和科技推广机构对种子的宣传介绍和用种培训及其在种子用户中的威望、作为农户依赖对象的各种农民组织等都会影响农户的种子需求和具体的用种行为。

三、种子市场供给及弹性分析

在种子市场上，我们既要熟悉种子用户，调查分析他们需要什么作物，什么品种，各个品种的需求量是多少；又要熟悉种子企业内部各企业间的情况，参与种子生产经营的企业有哪些，种子生产经营有哪些特征，属于什么类型，种子的供给、价格的相互影响及其弹性是否具有规律性，了解和掌握这些内容对于组织生产和营销，制定价格都具有非常重要的意义。

（一）种子市场供给主体的特征与类型

所谓种子供给，就是指一定时期内（一般为一个生产周期或一年），种子企业通过市场供给一定范围内用于生产的种子数量。种子供给是在某种价格条件下，生产者愿意生产、销售者愿意出售的种子数量。从一定时期来考察，如果生产者或销售者认为价格不合适或其他原因不愿出售而暂时贮存的种子不属于供给。供给是一个动态的变化过程，有其自身的规律性，研究种子供给的变化及其规律对于种子企业何时供种，如何定价以及制定经营策略是非常重要的。

1. 种子市场供给主体的特征

（1）独立性、自主性。在社会主义市场经济条件下，种子供给主体拥有生产经营自主权，自主地作出经营决策，独立地承担决策的经济风险。现在的种子企业已经不是计划经济时期的国有种子公司，不再具有承担特定地区供种的任务或义务，地方政府不应也无权干涉种子企业的经营决策与合法经营的各种营销措施。

（2）平等性、竞争性。种子供给主体在市场中的地位是平等的相互竞争的关系。种子企业所享有的权利和义务是平等的，任何种子企业不能拥有特殊的权利；同时种子企业彼此之间的关系又是竞争的，尽管种子价格由市场形成，市场机制保证各种种子和生产要素的自由流动，由市场对资源配置起基础的作用。但市场是无情的，在市场经济大潮中各个种子企业会采取不同的竞争手段，即通过价格、质量、售后服务等方法去争取本企业在市场中占有较大的份额，获取比其他种子企业更多的利益。

（3）开放性、规范性。《种子法》颁行后，符合种子生产、经营条件的种子企业有了广阔的发展空间。企业的种子可以在该企业注册规定的范围内自由流动，地方政府不得以任何借口干扰、阻挠任何种子企业、特别是非本地种子企业的合法种子商品在本地流通。同时，市场经济又是法制经济，种子市场需要一系列法律、法规和标准来规范种子企业的行为，保证为农业和农民提供高质量的种子。作为种子企业，一定要自觉遵守有关种子及相关法律、法规和标准，严格自律，保证农民使用到合格、放心的种子。

（4）服务性、营利性。种子供给主体同其他商品的供给主体一样，都是通过满足消费者的愿望，提供消费者所需要的商品和售后服务，使消费者得到最大限度的满足和享受。只有这样，消费者才乐意把口袋中的钞票掏出来，从而使种子企业实现盈利的目标。但任何企业都不得以任何不合法的手段，特别是不得以损害农民的利益来获得利益。

2. 我国种子市场供给主体类型

我国种子市场供给主体多元化格局基本形成。2000 年，全国县级以上种子公司有2 700多家，委托代销公司 55 000 多家。《种子法》实施以来，政策壁垒被彻底打破，种业的丰厚利润引得各路资本纷纷投入种业，种子企业如雨后春笋般地迅速成长。据统计，到 2012 年底，全国注册资金 1 亿元以上的种子企业达 91 家，3 000 万元至 1 亿元的种子公司约 470 家，500 万 ~ 3 000 万元的种子企业约 1 857 家。种业主体呈现多元化，有改制的股份制种子公司，有新兴的民营种子公司，有科研院所所开设的种子公司等多种供给主体。

（二）种子供给特征及供给弹性分析

1. 种子的供给特征

（1）季节性。农业生产的特点，决定了种子供给的季节性，种子企业在播种前期销售即将播种的作物种子，所以种子企业必须在播种前选择销售的作物和品种，备好种子，根据农民需要确定合适的包装等。并利用播种前的短暂时间将生产或购进的种子销售出去。

（2）地域性。农业生产是在自然条件下进行的，与各地的光、温、气、热、水等生态因素和经济条件密不可分，农作物品种具有一定的区域适应性，一定的品种只适应某一区域、某一条件下的地块，种子经销单位必须熟悉当地自然、经济状况和品种特性，作出正确的决策。

（3）风险性。种子销售与其他商品最大的区别就在于种子是有生命的商品且具有季节性和地域性，如果生产或购进的数量较多，当季销售不完，剩余的种子要么在一定条件下保存，要么转为一般商品粮。特别杂交种子的种子转为商品粮，生产或销售企业就要承担较大的损失。所以，种子企业一定要选择适销对路的品种，把握好生产或购进的数量，减少损失，降低风险，争取较大的利润。

（4）服务性。种子是特殊的农业生产资料，关系到农民下一年或下一季的收成。作为种子企业必须遵守种子法律法规，不生产、销售未经审定的品种，不销售不合格的种子，把农民的利益放在重要位置，把自己的利益建立在农民丰产丰收的基础上。同时，经销商必须用优良的售前、售中和售后服务去吸引用户，通过种子用户的满意获得相应的收益。

2. 种子的供给弹性分析

种子市场的供给也符合一般的供给规律，即在其他因素不变的条件下、种子的供应量与种子的价格呈同方向变化。即价格升高，生产商或销售商所愿提供的种子越多，价格越低，生产商或销售商愿意提供的种子越少。

（1）供给弹性的概念。供给弹性是指供应量对价格变化的反应程度。供给弹性的大小通常用供给弹性系数来表示。供给弹性系数是供应量变动的比率与价格变动的比率之比，即价格升或降 1% 时，供给量增加或减少的百分比。用公式表示为：

供给弹性系数 = 供给量变动的百分比/某因素变动的百分比

当变动的因寒是价格时，是价格升或降1%时，供给量增加或减少的百分比。如果用 E_{SP} 代表种子的供给弹性系数，用 P、ΔP 表示价格与价格增量，Q、ΔQ 表示供给和供给增量，则 $\Delta P/P$ 为价格变化的相对量，$\Delta Q/Q$ 为供给量变化的相对量。由定义得出供给价格弹性为：

$$E_{SP} = \Delta Q/Q \div \Delta P/P = \Delta Q/\Delta P \times P/Q$$

例：某地种子市场玉米杂交种种子原价为 9.0 元/kg，种子供应量为 150 万 kg，市场价格升为 10.0 元/kg 时，种子供应量增至 170 万 kg，求该地玉米杂交种种子的供给弹性系数。

$$E_{SP} = \Delta Q/\Delta P \times P/Q = 20 \div 1.0 \times 9.0 \div 150 = 1.2$$

也就是说玉米杂交种种子价格增加1%，市场种子供给量增加1.2%。

（2）种子供给价格弹性的大小。根据种子供给弹性系数的大小，可将种子供给价格弹性分为以下几种情况。

①供给缺乏弹性。指供给量变化的比例小于价格变动的比例，即 $0 < E_{SP} < 1$，如果 $E_{SP} = 0$ 时，则表明此时种子的供给情况为供给完全无弹性，这是一种特例。如新选育审定刚进入市场的新品种，就是这种类型，新品种刚选育成功，种子数量有限，即使种子价格上涨，也不能刺激新品种上市量的增加，由于种子生产周期较长的原因，只有待来年或下一个周期，种子数量才可能有大的增长。②单位供给弹性。种子供给量变动的比例等于或接近价格变动的比例，即 $E_{SP} \approx 1$，在种子推广一段时间后的相对稳定期，种子的供给一般呈现这种状况。③供给富有弹性。种子供给量变动的比例大于价格变动的比例，$E_{SP} > 1$。如已经推广种植一些年份以后的自花授粉作物的种子，如果该品种价格上升，将驱使种子生产商将高产示范田的该品种的种子作为商品种子来销售，以满足种子市场的需求，从而获得相应的经济利益。

（三）种子市场供给主渠道

种子市场供给的渠道有多种。由于计划经济下，以县为单位统一供种的体制沿袭，县城种子企业或经销商成为我国种子供应或销售主渠道的核心环节。据农业部资料，至 2006 年 8 月，县（市）农业部门所属种子公司 1 950 家，其中，已与农业行政部门脱钩的 301 家，占 16%，绝大部分仍然政企不分。在县（市）农业部门所属的 1 950 家种子公司中，事业性质的 1 236 家，占 64%。各种跨地区经营的种子企业都在很大程度上依赖县域种子企业或经销商的销售网络见下图。

种子市场供给采取的形式也较多，如供销式、联合式、联营式、兼并式等。在种子市场多样的供给渠道中，乡镇种子门市部因其以本乡镇农户为服务对象，以种子零售为主，兼营农药、肥料、植物生长调节剂等农业生产资料；对当地生产、各种作物品种及有关农资非常熟悉，注重种子的质量及个人的信誉等种子经营特征，正成为种子企业市场争夺的焦点，在种子市场中发挥着不可忽视的作用。

四、种子需求弹性和供给弹性在生产实践中的应用

（1）从种子的生产特点来看，种子的供给是富有弹性的，而种子的需求是缺乏弹

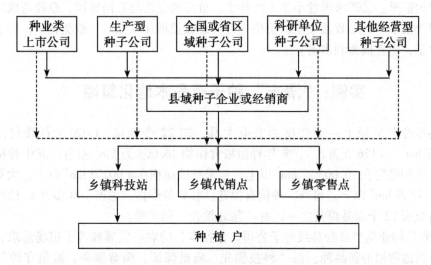

图　我国种子市场供给主渠道示意图

性的。作为大型的生产商，从种子生产周期的角度考虑，要适当多生产一些种子，以防供种缺货。从经销商角度考虑，由于土地的刚性限制等因素的制约，因需求缺乏弹性，种子过剩就有转为商品粮的危险，在购种时应采取留有余地的策略。

（2）对新育成的高产、优质类品种，因基础种子数量少，会出现供给弹性低，需求弹性高的现象。作为种子企业一方面可采取高价政策，另一方面，要采取迅速扩张的经营策略，增加繁种面积，扩大繁殖系数，迅速生产新品种的种子，满足农民对新品种的需求。

（3）对于自花授粉类作物种子以及其他经过几年种植的作物品种的种子，一般供给弹性较大，需求弹性较低。对于这类作物品种的种子，要根据以往和当时的市场状况决定种子生产量和种子购进量，防止生产量或购进量较大而造成种子积压，给企业造成不必要的损失。

（4）经济发达地区，农民受教育程度较高，接受新鲜事物的能力和科学种田水平较高，能充分认识到种子和科学技术的作用，种子支出占总收入的比重较小，这些地方的种子需求一般表现为需求无弹性或缺乏弹性，市场的种子价格无论怎样变化，农民依然购买种子，需求量几乎不受影响。经济欠发达地区，经济、文化、科技等方面相对落后，家庭收入少，种子支出占总收入的比例较高，农民对价格变化的反应比较敏感，种子需求多表现为富有弹性。所以，种子企业在种子定价时，一定要考虑地区的经济条件和科技、文化水平。使种子企业的种子既能销售出去，群众又能接受种子的价格。

（5）根据种子需求弹性大小制定相应的价格策略，当种子价格变动时，种子需求弹性的大小与价格变动所引起的出售种子所得到的总效益的变动密切相关。需求弹性的大小对销售量或总收益的影响分两种情况：①需求弹性大于1的种子，价格的变动与总销售额、总收益成反方向变化，即价格下降，种子销售量增加，总收益增加；价格上升，种子销量减少，总收益减少。如对新、奇、特、优种子可采取适当降价的方法进行促销来增加销量。②需求弹性小于 1 的种子，价格的变动与总销售额、总收益成同方向变化，即价格下降，总收益减少；价格上升，总收益增加。如对一般类种子，特别是杂交种类种子，不宜搞薄利多销。

实例："滑丰"种子商品本地化策略

滑县是豫北平原上一个传统的农业大县，辖 22 个乡镇，1 020 个行政村，耕地 11.775 万 hm^2*（176.5 万亩），常年种植粮食作物 16.008 万 hm^2 左右，其中种植优质专用小麦面积稳定在 10.005 万 hm^2 以上，玉米种植面积在 4 002万 hm^2 以上，大豆种植面积在 0.47 万 hm^2 以上，另外，种植有棉花、甘薯等作物。总产 100 多万 t. 位居全国百强，为全国 12 个商品粮县之一，有"豫北粮仓"的美誉。

"滑丰"种业是滑县的县级种子公司，依据本县的农业发展和种子市场需求，研发引进适合当地种植的新品种，以"科技领先、质量保证、满意服务、诚信守约"的宗旨和"立足滑县、面向全国、强强联合、互惠双赢、共创种业辉煌"的营销理念，打造"滑丰"品牌，实现年经营额达 7 500万元，年利润达 600 多万元。目前，滑丰种业已成为集科研、生产、销售、服务为一体的农业高科技企业。

因地制宜，培育自主品种　滑丰种业于 1997 年成立了科研部，针对当地的农业资源条件，进行适宜本地种植的各种农作物品种的研发，专门成立了科研育种中心，在科技示范园划出了新品种培育区；在海南投资 150 万元建成占地 2.67hm^2 的科研试验站；在甘肃、新疆等地建立了 670 多 hm^2 的玉米制种基地；同时积极与省科技学院、教育学院、农业科学院联合，借智发展。目前培育出并已经通过审定的品种有"滑豆 20"、"滑丰 986"、"滑丰 6 号"、"滑丰 8 号"、"滑丰 9 号"、"滑玉 10 号"等大豆和玉米新品种，另外有 20 多个新品种正在参加国家和省级试验。

成立种子协会。统筹生产管理　滑丰种业成立了种子协会，并在 21 个乡镇设立 21 个分会，采取"龙头＋协会＋基地＋农户"的运作模式在种子繁育基地（村）设立 100 个村级合作会，带动农民 2 万余户，建立繁种基地 0.667 万 hm^2，每年增加繁种农户经济收入 3 000万元。通过制种协会的层层管理，实现良种生产经营的"七统一"，即：统一供应用于繁育的种子、统一生产、统一田间检验、统一收购、统一加工、统一调剂、统一销售，从而确保了种子的质量。2004 年 7 月滑丰种业通过了 ISO 9001：2000 国际质量管理体系认证。

构建三级网络，示范推广新品种　为让农民群众更直观、更便利、更快捷地认识和了解农作物优质新品种，加快新品种推广步伐，滑丰种业投资上百万元，建立了科技示范园，在 21 个乡镇供种站都设立新品种展示田，在 300 多个重点村设立了新品种示范点，示范总面积达 40 多 hm^2；形成了县有公司、乡有供种站、村有示范点的三级示范网络，同时在县外重点销售区也相应设立了示范田和示范点。为优质专用品种的推广奠定了良好的基础。

＊ 1hm^2 = 10 000m^2。全书同

实施良种化工程，开拓大市场　滑丰种业大力实施"11331良种化工程，即"依托一个龙头，创建一个协会，开展三级示范，构筑三层网络，打造一个品牌"，推进良种入户。各级供种网点，实行统一价格、统一包装，统一管理，以规范的管理，优质的服务，赢得了广大农民群众的认可，县内供种份额达90%以上。同时，积极拓展县外市场，在省会郑州设立1个分公司，并在省内外建立销售中心300多个。目前，滑丰种业年产值1.3亿多元，种子销售数量和营业额都比几年前增加10倍。

滑丰种业凭着过硬的管理、优质的服务、一流的种子、良好的信誉来维护品牌形象。2005年9月"滑丰"牌种子被授予"首届中原农民信得过十大农资品牌"、"河南省名牌产品"，2006年滑丰商标又被评为"河南省著名商标"。

根据上述内容，试分析：

（1）"滑丰"种业的品种市场本地化策略体现了种子商品的哪些特点？

（2）品种研发、质量管理、品牌建设在种子市场拓展中的地位和作用。

本章小结

从市场经济角度来看，种子是一种特殊的商品，它除了具备一般商品的特征外，还具有与种子商品的研发、生产、贮藏、运输、销售等有关的特征。即：①生命特性；②短期实效性和地域限制性；③技术承载的密集性；④生产周期长，科技附加值高；⑤产品研发风险性大；⑥市场需求弹性小；⑦供给不稳定；⑧生产和销售具有很强的季节性；⑨一定的政策风险；⑩国际贸易的监管。种子商品经营包括品种的研发、示范推广、良种生产、种子收购、种子加工与贮运、种子销售以及售后服务等环节。不同类型的种子企业具有不同的种子经营方式。经济学将种子市场分为四种基本类型：完全竞争种子市场、完全垄断种子市场、垄断竞争种子市场、寡头垄断种子市场；市场营销按"市场发育程度不同"等角度，将种子市场分为"空白市场、不成熟市场、成熟市场"等多种类型。

科技对种子市场具有较强的推动力，具体表现在：①科技的发展可以不断提高品种的生产能力；②种子的质量控制是提高种子市场竞争力的基本保证；③种子贮藏加工技术、种子贮藏条件直接影响种子的寿命，而加工处理技术影响种子的商品性；④种子经营与市场管理等需要较强的科技推动；⑤科技进步有助于规范种子市场，科技进步将刺激企业间的竞争。

复习思考题

1. 名词解释

种子市场　种子用户的需求　需求弹性　供给弹性　种子供给

2. 阐述种子商品的特殊性。

3. 试述生产型种子企业和经营型种子企业在经营环节上有什么不同。

4. 简述种子市场有哪些主要的分类。

5. 简述种子商品的市场价值与发展空间。

6. 阐述科技对种子市场的推动力。

7. 阐述种子用户的购种特点。

8. 简述种子用户购种行为的分类和产生过程。

9. 简述种子用户的需求特征。

10. 简析种子市场的需求弹性。

11. 影响种子市场需求的因素有哪些？

12. 简析种子市场的供给弹性。

第三章 市场营销与企业管理理论

第一节 市场营销及营销组合理论简述

人们通常可以通过 4 种方式获取自己所需要的产品，即自给自足、强取豪夺、乞讨和交换。当人们决定以交换方式来满足需要或欲望时，就产生了市场营销。

一、市场营销的内涵

1. 市场营销的演变

市场营销作为企业的自觉实践源于 17 世纪日本三井家族的一员。20 世纪初期，"市场营销"首次作为大学课程名称出现在美国。1904 年，克鲁希（W. E. Kreusi）在宾夕法尼亚大学讲授"产品市场营销"课程；1910 年，拉尔夫·斯达·巴特勒（Ralph Starr Butler）在威斯康星大学讲授"市场营销方法"课程。

就"市场营销"定义而言，最具影响力的当属美国市场营销协会（AMA）在不同时期所作的定义。

1960 年，美国市场营销协会（AMA）把市场营销定义为："市场营销是引导产品或劳务从生产者流向消费者所实施的企业活动"。

1985 年，该协会对市场营销的定义作了首次修正，即"市场营销是计划和执行关于商品、服务和创意的观念、定价、促销和分销，以创造符合个人和组织目标交换的一种过程"。

2004 年，美国市场营销协会又将此概念更新为："市场营销既是一种组织职能，也是为了组织自身及利益相关者的利益而创造、传播、传递客户价值，管理客户关系的一系列过程"。新定义较旧定义的特点表现在两个方面：①着眼于顾客——明确了顾客的中心地位；②肯定了市场营销的特质——继续肯定了市场营销是一个过程。另外，进一步肯定了市场营销的目标，即市场营销不仅要以组织的利益为目标，而且要兼顾到和它相关关系的各种组织的利益。

2. 市场营销的两个核心概念——交易和关系

（1）交换与交易

所谓交换是指通过提供某种东西作为回报，从别人那里取得所需物的行为。交换的发生必须具备 5 个条件：①至少有两方存在；②每一方都有被对方认为有价值的东西；③每一方都能沟通信息和传递物品；④每一方都可以自由接受或拒绝对方的产品；⑤每一方都认为与另一方进行交换是适当的或称心如意的。

交换是一个过程，如果双方在进行谈判，并趋于达成协议，就意味着他们正在进行交换，一旦协议达成，交易行为就发生了。交易是交换活动的基本单元，是由双方之间的价值所构成的行为。一次交易包括 3 个可以量度的实质内容：①至少有两个有价值的事物；②买卖双方所同意的条件；③协议时间和地点。

（2）关系与关系市场营销

关系是指市场营销者为促使企业交易的成功而与其顾客、分销商、经销商、供应商等建立起的长期互信互利的联系与交往。它是市场营销的核心概念之一，它促使市场营销者以公平的价格、优质的产品、良好的服务与对方交易，同时双方之间还需加强经济、技术及社会各方面的联系与交往。

关系市场营销指企业与其顾客、分销商、经销商、供应商乃至竞争者等相关组织或个人建立、保持并加强关系，通过互利交换及共同履行诺言，使有关各方实现各自的目的。企业与顾客之间的长期关系是关系市场营销的核心概念，保持并发展与顾客的长期关系是关系市场营销的重要内容。

关系市场营销情况强调顾客的忠诚度，企业的回头客比率高。与之相对应的是交易市场营销，交易市场营销强调市场占有率，企业的注意力主要集中在吸引潜在顾客，而对已购买本企业产品的老顾客很少顾及。

交易市场营销虽然能使企业获利，但企业更应着眼于长远利益，与顾客建立关系，进行关系市场营销。

二、企业营销理念的演变

企业营销理念是企业进行营销活动时所遵循的指导思想，它是一种基本的经营态度或思维方式。根据企业所处的社会生产力与市场环境的不同，我们可将企业营销理念划分为由低向高发展的 5 个阶段。

（1）生产观念（Production Concept）。生产观念是企业营销活动最古老的观念，产生于 19 世纪 20 年代，当时社会呈卖方市场状态。在这种观念支配下，企业只关心生产，企业的经营特点是努力提高生产效率，增加产量，降低成本。

（2）产品观念（Product Concept）。持产品观念的企业或经营者认为，产品销售情况不好是因为产品的质量、性能或款式等不好，只要企业生产出好的产品，就不愁销路。

（3）推销观念（Selling Concept）。持这种观念者认为企业产品的销售量总是和销售队伍能力与促销成正比。

以上三种营销理念都是"以自我为中心"或"以生产为中心"的营销观念。

（4）市场营销观念（Marketing Concept）。市场营销观念是买方市场条件下，以消费者为中心的营销观念。在这种观念下，企业以消费者的需要为生产和经营目标，重视市场调研，寻找消费需求的空缺区域，并集中一切资源和力量，千方百计地去适应和满足这种需求。

（5）社会营销观念（Social Marketing Concept）。社会营销观念是一个以市场营销为基础，在满足自己目标市场需求的同时，考虑长期利益目标，把顾客利益和社会利益同时纳入自己决策系统的营销观念。它强调要将企业利润、消费需要、社会利益三方面统一起来，是对市场营销观念的重要补充和完善。

三、营销组合理论及其发展

无论是以生产为中心，还是以顾客为中心，企业要实现成功经营都必须将市场、顾客需求、产品、产品价格、销售渠道、促销手段、关系等进行整体的考虑和统筹。这是营销组合理论产生的背景。

1. 4P 理论的提出和发展

传统营销把营销活动的因素分为可控因素和不可控因素，市场营销环境是不可控因素。1964 年，美国哈佛大学尼尔·鲍敦（N. H. Bordon）教授提出了市场营销组合概念，指市场营销人员综合运用并优化组合多种可控因素，以实现其目标的活动总称。这些可控因素后来被美国学者伊杰罗姆·麦卡锡（E. J. McCaty）归并为 4 类，即产品（Product）、价格（Price）、渠道（Place）、促销（Promotion），简称"4Ps 理论"或"4P 理论"。麦卡锡认为这 4 个可控因素是市场营销组合策略的主要架构。

4P 营销组合以产品、价格、渠道、促销为四大支柱。其理论基础是，如果企业以正确的价格，以适宜的促销方式在正确的地点销售正确的产品，那么市场营销计划将是有效和成功的。随着市场经济的发展，学者们从不同观点出发，对 4P 理论进行了补充。如在原有 4P 的基础上增加了 3 个"服务性的 P"：从业人员（People）、物质环境（Physicalevidence）、营销过程（Process）的服务营销 7P 框架；增加了政治权力（Political Power）和公共关系（Public Relation）的 6P 说；另外还有 10P 说，11P 说，8P 营销理论等。

尽管以 4P 理论来指导企业营销实践存在明显的缺陷，但是，4P 理论指导下的营销组合，实际上仍是许多企业营销的基本运营做法。即使在今天，几乎每份营销计划都是以 4P 的理论框架为基础拟订的。

2. 4C 理论

1990 年，美国北卡罗来纳大学广告学教授罗伯特·劳特朋（Robert Lauterborn）提出了与传统营销的 4P 理论相对应的 4C 理论。即消费者的需求与欲望（Consumer's Needs and Wants）——要生产消费者想要买的而不是企业能生产的产品；消费者愿意付出的成本（Cost）——要了解消费者为满足其需要与欲求所愿意付出的成本；购买商品的便利（Convenience）——应当思考如何给消费者方便以购得商品；沟通（Communication）——企业应该重视与顾客的双向沟通，建立基于共同利益关系之上的新型的企业、顾客关系。

4C 理论完全把行为科学中"人"的内涵充分融化在消费者身上，是完全的以消费者为中心的营销观念，它彻底完成了经营理念由生产领域向消费领域的转移，是一种主动创新的营销模式。4C 理论的营销主张重视消费者导向，其精髓是由消费者定位产品。即企业必须完全从消费者的角度安排营销组合策略。

3. 4R 理论

4R 理论由美国学者舒尔茨（Don. Schultz）提出，它阐述了全新的营销四要素，即关联（Relevance）、反应（Response）、关系（Relationship）和回报（Returns）。

（1）关联（Relevance）即企业通过有效的方式在业务、需求等方面与顾客建立关联，形成一种互动、互助、互需的关系。

（2）反应（Response）即提高市场反应速度。指站在顾客的角度及时倾听他们的希望和需求，并及时答复和迅速做出反应。

（3）关系（Relationship）即重视关系营销的作用。现代市场营销中，企业占领市场已从短期行为转变为与顾客建立长期而稳固的关系，让交易变成责任，使顾客变成朋友。

（4）回报（Returns）是营销的源泉。对企业来说，市场营销的真正价值在于其为企业带来短期或长期的收入和利润的能力。

4R 理论以竞争为导向，体现了关系营销思想。即通过关联、关系和反应，提出了如何建立关系，长期拥有客户，保证企业长期利益的操作模式。

4. 4V 理论

随着高科技产业的迅速倔起，营销组合理论从 4P、4C、4R 发展到以培育企业核心竞争力为目的的 4V 营销组合，即差异化（Variation）、功能化（Versatility）、附加价值（Value）和共鸣（Vibration）四要素，并以此获取更大的利润。

（1）差异化（Variation）。即差异化营销，就是企业凭借自身的技术优势和管理优势，生产出性能、质量优于市场上现有水平的产品，或是在销售方面通过有特色的宣传活动、灵活的推销手段、周到的售后服务，在消费者心目中树立起良好的形象。

（2）功能化（Versatility）。是指根据消费者需求的不同，提供不同功能的系列化产品，消费者可以根据自己的习惯与承受能力选择其具有相应功能的产品。

（3）附加价值（Value）。是指高技术附加价值、品牌或企业文化附加价值与营销附加价值在价值构成中的比重显著上升。世界顶尖企业之间的产品竞争已更明显地表现在产品的第三个层次——附加产品的竞争，争相追求产品的高附加值。

（4）共鸣（Vibration）。是指企业持续占领市场并保持竞争力的价值创新给消费者或顾客带来的"价值最大化"，以及由此所带来的企业"利润极大化"。

4V 营销组合理论的主要内容就是，确立企业创造顾客就是创造差异的观念，重视产品功能的弹性化和产品的附加价值，为消费者提供高附加值的产品和效用组合。

从 4P、4C、4R 到 4V，反映了营销观念在市场发展中不断补充、融合、碰撞、深入、不断整合和完善的趋势。这些不同的营销理论不是简单的取代关系。企业应根据所处的经营环境和自身的具体情况选择合适的营销理论来指导市场营销实践。

第二节 企业管理的系统理论

企业管理就是在变动的环境中谋求企业内物质的、生物的、社会因素的协调平衡，并使之能与外界较好地适应。企业管理通常为哲学家或经济学家视为复杂的社会技术经济系统。从系统的观点考察和管理企业，有助于提高企业的效率，使各个系统和有关部门的相互联系网络更加清晰，从而更好地实现企业总目标。

一、企业是一个社会系统

企业是整个社会大系统中的一个子系统，是利用人力资源从事商品生产、市场流通和经营管理的经济组织。在组织活动过程中，通过人、物资、资金、信息的交流，通过商品供应市场，企业与社会建立起复杂的联系。

企业又以劳动收入弥补劳动支出，从而获得最大附加价值，这构成了企业的内部成员利益和企业外部社会利益。

二、企业系统的特征

企业是一个特殊系统，它具有一般系统的性质和特征，即集合性、相关性、层次性、环境制约性、整体性、动态性；企业还具有目的性和反馈性的特点。

企业系统的整体性质和功能取决于系统内部的结构和联系，同时又会受到外界环境的影响和制约而处于不断运动和变化状态。由此，企业管理活动应注重企业构成要素的性质、数量、比例、空间排列与时序组合，以及企业系统间发生的物质、能量、信息的传递和交流。

三、企业组织系统与功能

美国管理学家卡斯特（F. Kast）和罗森获威克（J. E. Rosenzing）提出了组织系统的一般模型。他们认为，任何一个组织都是由对应的环境超系统及内部5个分系统构成，并各自承担一定的职能。它们分别是：研发子系统，承担科研、设计、培训等职能；生产子系统，承担加工、装配、合成等职能；销售子系统，承担广告、推销、发运及售后服务等职能；生产和生活服务子系统，承担采购、维修，提供动力、保卫及生活服务等职能；管理子系统，承担计划、组织、控制等职能。

四、企业系统的要素及联系

企业各要素间存在着生产技术、经济与社会文化等多种联系。这些联系通过人员流、信息流、物流和资金流等形式表现出来（见下图）。

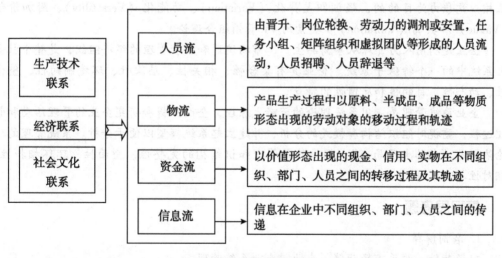

图　企业各要素间联系

五、企业系统管理

企业系统管理是应用系统理论的范畴、原理，全面分析和研究企业的管理活动和管理过程，重视对组织结构和模式的分析，并建立起系统模型以便于分析。系统管理的理论依据是"整体大于局部"，倡导的是管理知识结构的完整性、全面性、环环相扣性、相对性与多元性。

本章小结

市场营销作为企业的自觉实践源于17世纪日本三井家族的一员，20世纪初期首次作为大学课程名称出现在美国。与市场营销有关的两个核心概念是交易和关系，并因此形成了关系市场营销和交易市场营销。关系市场营销指企业与其顾客、分销商、经销商、供应商乃至竞争者等相关组织或个人建立、保持并加强关系，通过互利交换及共同履行诺言，使有关各方实现各自的目的。关系市场营销情况强调顾客的忠诚度，企业的回头客比率高。与之相对应的是交易市场营销，交易市场营销强调市场占有率，企业的注意力主要集中在吸引潜在顾客，而对已购买本企业产品的老顾客很少顾及。

企业营销理念是企业进行营销活动时所遵循的指导思想，根据企业所处的社会生产力与市场环境的不同，我们可将企业营销理念划分为"生产观念、产品观念、推销观念、市场营销观念和社会营销观念"由低向高发展的5个阶段。

企业要实现成功经营都必须将市场、顾客需求、产品、产品价格、销售渠道、促销手段、关系等进行整体的考虑和统筹。在此背景上形成了：以产品、价格、渠道、促销为4大支柱的4P营销组合理论；把行为科学中"人"的内涵充分融化在消费者身上，完全的以消费者为中心的，基于消费者的需求与欲望、消费者愿意付出的成本、购买商品的便利、沟通的4C理论；基于关联（Relevance）、反应（Response）、关系（Relationship）和回报（Returns），以竞争为导向，体现关系营销思想的4R理论；以培育企业核心竞争力为目的的，强调即差异化（Variation）、功能化（Versatility）、附加价值（Value）和共鸣（Vibration）4要素的4V营销组合理论。

企业是利用人力资源从事商品生产、市场流通和经营管理的经济组织，是整个社会大系统中的一个特殊子系统。企业具有集合性、相关性、层次性、环境制约性、整体性、动态性、目的性和反馈性的特点。

企业系统管理是应用系统理论的范畴、原理，全面分析和研究企业的管理活动和管理过程，重视对组织结构和模式的分析，并建立起系统模型以便于分析。系统管理的理论依据是"整体大于局部"，倡导的是管理知识结构的完整性、全面性、环环相扣性、相对性与多元性。

复习思考题

1. 名词解释

市场营销　关系市场营销　企业　企业系统管理

2. 简述市场营销理念的发展阶段。

3. 简述营销组合理论及其发展。

4. 试述4R理论和4V理论的区别。

5. 阐述企业系统的特征和功能。

第二篇

核 心 技 能

第二篇

芬芳心语

第四章 种子市场调查与目标市场的选择

学习目标：1. 掌握种子市场细分的原则与依据；
    2. 理解掌握种子市场调查的方法与步骤；
    3. 了解种子市场预测的内容与方法；
    4. 了解种子经营决策的类型与方法；
    5. 理解掌握种子目标市场的选择策略。
关键词：市场细分原则 市场调查 市场预测 目标市场选择

种子市场调查是种子经营管理过程中必不可少的重要环节，它是种子生产经营活动的起点，并贯穿于整个种子营销过程。做好种子市场的调查与预测工作，对后续的种子目标市场的选择、种子经营决策、经营计划制定、经营合同签订和市场营销计划的确定等都具有非常重要的意义。

第一节 种子市场细分

每一个企业只有识别一部分顾客的详细需求，并集中为这部分顾客提供优质的产品和服务，才可能获得顾客的满意，保持企业的竞争优势。因此，种子企业首先应对整体种子市场进行细分。

一、种子市场细分的含义及作用

1. 种子市场细分的概念

种子作为一种特殊商品，种类繁多，且作物生产具有严格的地域性和明显的季节性，因此，种子市场也必须进行市场细分。所谓种子市场细分，就是根据不同的农作物种类、生态区域和品种特征，把所有的种子用户（整体市场）划分为若干个种子需求相同或相似的使用者群体。

2. 种子市场细分的作用

（1）种子市场细分是规范种类繁多的种子市场的需要。为了方便种子市场管理，我们将种子需求相同的用户群称为种子分市场。例如，按作物种类可将种子市场分为大田农作物种子市场、蔬菜种子市场、花卉种子市场和园林苗木市场等。

（2）种子市场细分是种子在品种差异化营销上的必然要求。随着消费水平的提高，人们对农产品的质量和多样性提出了更高的要求，千差万别的需求必然产生各不一样的供给和各具特色的营销。如能在营销策划前先对市场进行细分，则可总结规律，节约营销成本。

（3）种子市场细分是种子企业选择目标市场，获得最佳经营业绩的基础。企业的目标市场营销过程主要由市场细分、选定目标市场和企业市场定位3个阶段组成。从企业角度看，对于先进入市场的种子企业，为了减少经营成本、维持和扩大市场都必须进行市场的细化分析；对于将要进入市场的种子企业，进行市场的细化分析，可以找到原有大企业的市场盲点或薄弱点，以最小的成本进入市场，可以说，种子企业进行市场细分的根本目的是为了找准顾客，选择最有利可图的目标市场。

二、种子市场细分的依据与原则

（一）种子市场细分的依据

一种产品的整体市场之所以能够细分，是由于用户的需求存在着明显的差异性。经过研究发现，用户需求的差异性是由多种因素造成的，这些影响因素亦称为市场细分变量。消费者市场的细分变量主要有地理变量、人口变量、心理变量和行为变量4类，它们是种子市场细分的依据。

1. 地理细分

地理细分就是企业按照消费者所在地理位置、地理环境、气候特点、人口密度、耕地面积等地理变量细分种子市场。处在不同地理位置的消费者对企业产品各有不同的需要和偏好。

例如，同样是种植番茄，处于城市近郊的种植户喜欢果色鲜艳、皮薄、口感好的品种；处于离城较远，或偏远地区，或外销型基地的种植户就需要果型和大小均匀、色艳、耐贮运的品种。

通过这种方式细分市场的企业应考虑将自己有限的资源尽可能投向力所能及的、最能发挥自身优势的地区市场中去。

2. 人群细分

人群特征变量包括年龄、性别、教育水平、收入水平等因子。在确定种子市场人群特征因子（如年龄、教育水平、收入水平）后，根据主要因子的组合将市场细分为若干个子市场，通过对各子市场农户数、相应密度、竞争程度的分析，就可以估计出每一个子市场的潜在价值，然后选择本企业的一个或几个目标市场。

3. 心理细分

心理细分就是根据种子消费者的生活格调、个性、购买动机、价值取向等心理特征来细分市场。如对老品种依赖程度的不同，接受新企业的难易程度就不同。心理细分是企业广告和宣传策略研究的重要内容。

4. 行为细分

行为细分就是企业按照消费者购买或使用某种产品的时机、消费者所追求的利益、使用者情况、消费者对某种产品的使用率或使用量、消费者对品牌的忠诚度、消费者待购阶段和消费者对产品的态度等行为来细分市场。购买行为是市场细分的重要标准。它包括时机细分、利益细分、使用程度、忠诚度、态度细分等。

（二）种子市场细分的原则

长期实践经验告诉我们，要想合理、有效、实用地进行市场细分，必须遵循以下几条基本原则。

（1）明确种子市场细分对象。种子市场细分以最终消费者——种植户为对象和基本单位，不涉及中间商。

（2）细分市场的需求特征必须是可以衡量的。即存在明显的差异，这差异最好是可以量化的或易于分类的。要达到市场细分标准的可衡量性，必须保证所确定的细分标准清楚明确，容易辨认。

（3）细分市场必须是企业可以进入的。即要求结合企业的资源、能力进行分析，以减少无效劳动。首先，必须保证细分后的市场是值得种子生产经营单位占领的；其次，种子生产经营单位有足够的资源去占领所确定的细分市场。

（4）细分市场必须使企业可以获得效益。即细分后的市场，其规模不仅要保证本单位在短时期内获得较高的经济效益，还必须有一定的发展潜力，保证细分后的市场能适应本单位扩大发展的要求。

（5）细分市场应该是相对稳定的。种子生产经营单位在进入所确定的细分市场后，能否取得预期的经济效益取决于该细分市场是否有一定程度的稳定性。如果市场变化太快，则细分市场的研究结果可能是过时的。也就是说，种子生产经营单位一定要掌握种子品种投入市场的速度，延长其生命周期以获取更多的经济效益。

第二节 种子市场调查

种子市场调查是准确、及时地获取种子市场信息的重要手段，只有得到准确的市场信息，才能对种子市场进行正确地预测，从而为营销计划、营销策略和经营方案的最终确定提供可靠依据。

一、种子市场调查的概念和意义

种子市场调查是以种子市场及市场营销所涉及的一切因素为对象，运用科学的方法，有计划、有目的地对种子市场信息、情报进行系统地搜集、记录、整理和分析的活动。

种子市场调查在种子营销中具有重要意义。第一，通过市场调查可以准确了解种子市场的种子总供应量和总需求量，借以预测种子市场的供求量，为制定制种计划提供参考。第二，根据种子市场调查的分析结果，安排种子的生产与调入。第三，通过种子市场调查分析，可以提高种子公司的管理水平，增加经济效益。

二、种子市场调查的内容和方法

（一）种子市场调查的内容

种子市场的调查内容主要包括市场环境、市场需求情况、品种使用信息反馈、品种使用对象、品种市场供应情况、市场竞争形式等。

1. 市场环境调查

市场环境调查包括：①政治环境调查。主要包括政府已颁布的或即将颁布的农业生产政策和法规，国家和地方农业发展规划，与种子生产经营有关的价格、税收、财政补贴、银行信贷等方面的政策，对种子工作的支持力度等。②经济环境调查。主要包括农民的收入水平、产业结构、技术发展水平等。③社会环境调查。主要包括农民的价值观念、传统习惯和文化教育程度、对农业新技术的接受和采用状况、农业社会服务体系的建立情况及其健全程度等内容。④自然地理环境调查。主要包括该地区温、光、水、土地资源等环境条件。

2. 市场需求情况调查

种子市场需求是指种子消费者在一定时期、一定市场范围内能够购买的种子数量。其调查内容主要包括以下方面。

（1）市场需求量。即了解本地区、国内甚至国际上农业生产现状与动向，了解一定地区范围内作物的生产状况。

（2）市场需求结构。市场需求结构是指种子需求总量中各类作物，如玉米、水稻、蔬菜等种子所占的比重，以及每一作物中不同品种子所占的比重。种子需求结构的调查，应着重从农作物的种植结构、品种结构、种子价格、农民的种子购买力等方面进行调查。

（3）市场需求趋势调查。即对种子需求的发展趋势进行调查，了解未来种子市场的作物种类和品种需求趋势。

（4）市场份额调查。即本公司与竞争对手同一品种的市场占有份额调查。

（5）种子外贸出口需求情况调查。调查内容包括外贸出口品种的种类、数量、价格等。

3. 购种者的调查

（1）购种者类型调查。即调查在本公司及所属各销售点购买种子的单位或用户情况，农民个体户和种田大户各占多少比例。

（2）购种者对种子价格的敏感性调查。包括种子价格的涨落对用户购买行为、购买决策等的影响，购种者对不同种子心理接受的理想价格。

（3）购种者的购买欲望和购买动机的调查。主要包括影响购买者决策的主要影响因素，是计划购买还是宣传购买，购买者对本公司所销售种子的态度。

（4）购种者购买习惯的调查。即种子用户经常光顾哪些种子经营单位，喜欢购买哪些种子，集中购买的时间、地点，形成购买习惯的原因等。

4. 品种使用和评价的调查

主要调查：①本公司所销售种子的特征特性、适应范围和配套栽培技术的普及程度。②农民对本公司所销售品种的评价、意见及要求，对售后服务的满意程度，本公司所销售品种与其他单位所销售品种相比较的优缺点。③种子包装是否安全、便于携带和运输。④种子的包装和商标是否美观、便于记忆和分辨。⑤本公司所销售种子在生产中的产量表现和质量状况。

5. 种子市场供给情况的调查

（1）市场供给量的调查。主要调查各类种子的生产量和供给量。生产量可根据种子收获面积与平均单产确定，从生产量中扣除生产者的自留部分及加工损失部分，所剩的部分加上种子进口量或从外地调进量及上一年社会种子贮存量，即为种子市场供给量。

（2）市场供给结构的调查。包括总供给量中各类作物种子的比例，同类作物中不同品种种子的比例等。

6. 种子流通渠道的调查

种子流通渠道是指种子从生产者向消费者转移过程中所经过的流通环节和组织。主要调查 3 个方面的内容：①种子流通渠道的类型。了解种子从生产者到消费者转移过程中，一般经过哪些类型的渠道，如直销、代销、经销等。②各种流通渠道所处的地位与作用。一般用其种子经销量来衡量。③各类种子销售网点的设置和变化情况。种子购销网点的设置与种子流通速度密切相关。

7. 种子市场竞争情况的调查

种子企业要在竞争中求生存、求发展，必须对竞争对手进行调查。调查的主要内容包括以下方面。

（1）竞争对手的基本情况。需要了解的基本概况包括：数量、地理分布、隶属部门或行业、经营的品种和数量、获得种子的途径、经营者的基本素质等。

（2）竞争对手的竞争能力。主要调查竞争对手种子生产规模、市场占有率、经营品种、质量、价格、包装和广告宣传，也要调查竞争对手的技术装备，还要调查竞争对手的种子经营服务内容、特点和方式、资金及生产经营种子的新动向等。

（3）潜在的竞争对手。调查同行业中将要出现的新竞争对手，以及原竞争对手的发展情况和变化趋势。

（4）价格情况。主要调查价格策略对种子销售量的影响以及在品种的不同"经济生命周期"所采取的定价原则。

（5）服务质量。了解市场对各种子企业种子的质量、包装、运输、售后服务等方面的要求和意见。

8. 种子销售方式的调查

即根据地区特点对各种推销方式的效果进行调查。

（二）种子市场调查的方式方法

1. 种子市场调查的方式

种子市场调查的方式一般有普查、重点调查、典型调查和抽样调查等几种。

普查是对全部研究对象进行逐个调查，能获得全面的资料和数据，准确性高，但工作量大，所需时间较长；重点调查是在调查对象中选取一部分重要单位进行调查，能以较少的人力物力，较快地获得所需资料，但代表性较差；典型调查是通过选取某些典型单位进行调查，典型单位要根据调查目的而选择，一般典型调查所调查的单位较少，调查内容比较灵活，有利于研究新问题，但调查是依据调查者的主观判断来确定，精确性较差。抽样调查是在调查对象总体中随机抽取一些公司来进行调查。具体的抽样方式有简单随机抽样、等距离抽样、分层抽样及分群抽样等方法，调查结果的准确性与抽样的代表性密切相关。

2. 种子市场调查的方法

种子市场调查的方法很多，常采用的方法有询问法、观察法和实验法。

其中询问法可分为走访调查、信函调查、电讯调查等方法。观察法是指调查者亲临现场对调查对象的行为与特点进行观察、记录并收集有关资料的调查方法。实验法是从所涉及调查问题的若干因素中，选择几个因素加以实验，然后对实验结果做出分析，研究是否值得大面积推广的一种调查方法。它可分为纵向对比实验、横向对比实验及随机比较实验等。资料分析法也称间接调查法或室内调查法，即对过去的统计资料和现实的动态统计资料在室内进行分析的调查方法。

三、种子市场调查的程序和步骤

为了保证市场调查结果的准确性和可靠性，在市场调查时必须按一定的程序进行（见下图）。

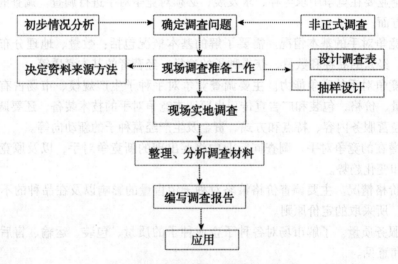

图　种子市场调查的一般程序示意图

1. 确定调查问题

在进行种子市场调查时，首先要确定调查的问题。调查问题主要有两类：一是在种子经营过程中出现的急需解决的问题；二是对近期决策有较大影响的问题。为了找到问题之所在，通常要先进行初步情况分析和非正式调查。

初步情况分析所得到的资料不必过于详细，重点收集对所研究问题有参考价值的资料。

非正式调查又称试探性调查，是针对初步分析中出现的问题进行的非正式的座谈或走访，它可以提高正式调查的准确性和把握性。

2. 现场调查的准备工作

当调查问题确定之后，在正式进行实地调查之前，应为调查做好充分的准备工作。

调查的准备工作主要包括以下几个方面的内容。

（1）确定资料的来源和收集方法。确定收集哪些方面的资料，到哪些单位去收集，调查的地区、时间和方法等。

（2）设计调查表。调查表设计的好坏直接关系到调查的质量，非常重要。调查表有自由对答式、选择式和序列式等类型。

自由对答式调查表不拟定现场答案，只列出被调查者可以自由发表意见的问题，由调查者向被调查者提问。该方法的优点是可得到事先估计的答案和材料，缺点是对得到的材料进行分析整理比较麻烦。选择式调查表即对所要调查的问题列出若干个不同的答案，请被调查者从中选择。该方法的优点是，答案明确，调查时间较短，调查结果容易分类，其缺点是，被调查意见范围受到限制。序列式调查表即从所列举的几项调查项目中，由被调查者根据自己的判断决定优劣顺序。该方法的优点是比较简单，又能表明被调查者对各品种的给分顺序，但不能表明这样评价的理由。每种类型各有其优缺点，应根据调查的目的等理性选择。同时还应兼顾必要性、可行性、准确性、客观性和艺术性。

3. 现场实地调查

现场实地调查即根据预先设计的方式到实地向被调查者进行咨询，收集有关资料。在进行正式调查前，首先要做好有关人员的培训工作。培训内容主要有：调查的目的和要求，调查表的说明，回答讨论中大家提出的问题等。另外，还要选择好调查对象。

4. 整理分析调查资料

在调查工作完成后，必须对资料进行整理和分析。资料的整理分析包括分类、校对、编号、列表等。

5. 编写调查报告

种子市场调查的一个很重要的程序就是要编写调查报告，调查报告可以是综合的，也可以是针对某一问题的专题报告。其主要内容包括调查进程概况、调查目的与要求、调查结果与分析、结论与建议、附录等。

6. 调查结果的应用与追踪

调查的目的是为了应用，对调查所得的结论应在实践中加以校验。

第三节　种子市场预测

所谓预测，就是对客观事物未来发展状况的预料、估计和推测。即运用科学的方法，分析研究调查所收集的种子市场情报，预测未来一定时期内市场对商品需求的变化及其发展趋势，从而为企业确定计划目标、制定营销策略提供科学依据。种子用户的需求处于动态环境中，企业决策部门应经常对通过调查等途径获得的有关情报和资料进行综合分析，对未来或未知的经营前景进行科学分析和推测。

一、种子市场预测的概念和作用

（一）概念

种子市场预测是种子企业运用各种信息和预测技术，对影响市场供求的各种因素及其变化进行分析和推断，以确定种子商品供求未来变化和发展趋势的活动。

（二）作用

（1）种子市场预测是选择最优决策和制订计划的基础和前提。通过预测，能为决策提供多种可以互相代替的发展方案，并对每一个方案和每一个提议中的策略、措施等进行评价论证，确定各种方案可预料的消耗和效益，各种措施可带来的影响和效益，从而为择优决策提供充分科学依据。

（2）种子市场预测可确保种子生产、经营按计划进行。建立在调查基础上的市场预测，可以及时把握农业生产对种子品种、质量及数量的新要求，及时采取对策，组织生产和种源，保证市场对种子的需要。

（3）种子市场预测可提高种子企业的市场竞争力。通过市场预测，可了解和预测其他同行的经营状况与发展趋势，适时地制定和修正自己的计划，增强竞争能力。

（4）种子市场预测可提高经营管理水平和经济效益。科学预测能够对种子公司未来的产、供、销等活动提供依据，增强预见性，减少盲目性，从而提高经营管理水平和经济效益。

二、种子市场预测的内容

从宏观方面看，预测主要研究种子供求变化趋势及诸多因素对种子市场供求的影响与影响程度。从微观方面看，预测主要研究市场供求变化对种子企业经营发展的影响。从种子市场经营的观点看，种子企业的市场预测包括以下4个方面的内容。

1. 种子市场的需求量预测

种子市场需求量预测是指在一定时期、一定市场范围内农民对购买某一作物种子的总数量的预计。

2. 种子市场的潜在需求预测

种子市场潜在需求是指在一定时期、一定市场范围内、一定条件下，某种子的市场需求最高可能的增长量。对农作物种子的潜在需求做出准确预测，可以使企业更好地适应未来市场发展的需求。

3. 种子市场销售量预测

种子市场总销售量取决于某一地区各种作物的种植面积、作物的田间布局、种植习惯、农民的品种更换意识等因素，还需考虑作物种类和种子生产量，本企业的种子与竞争对手的同类种子相比较，有无价格、质量等方面的优势。

4. 品种生命周期预测

即加强与育种单位和育种家的联系，了解并关注各类作物育种的动向。了解各类作物品种、生产试验及品种审定情况，掌握新品系的配套栽培技术和繁育技术，以便及早组织有苗头新品种的种子生产和经营。另外，还需进一步对新品种的特征特性进行了解，明确其优缺点，并与生产要求相结合，预测新品种的生命周期。

三、种子市场的预测方法

种子市场预测的常用方法有定性预测法和定量预测法两种。

（一）定性预测法

定性预测法即凭借预测者的知识、经验和对各种资料的综合分析能力，主观判断未来事物的发展趋势。其结果完全依赖于预测者的经验，一般不易得出特别准确的定量数据。在非定量因素占多数且缺少详细可靠数据情况下，定性预测不失为一种有效的方法。

常用的定性预测法有客户跟踪调查法、专家调查法、经验分析法和综合判断法4种。

（二）定量预测法

定量预测法即依据比较完备的历史统计资料，运用数学模型和统计方法对种子市场未来发展趋势进行定量预测。采用定量预测法必须具备3个条件：一是要有比较完整、准确的历史统计数据和市场调查资料；二是所预测问题的发展变化趋势较为稳定，即事物的发展变化有一定的内在规律；三是所预测的问题能用数量指标表达。定量预测法包括因子推算预测、时间序列分析预测和相关分析预测。

其中因子推算预测即通过调查得到一个基本市场因子，然后利用该因子及与该因子有关的资料逐步推算。时间序列分析预测包括简单算术平均数法、加权平均数法、移动平均法、增长比率法和指数平滑法。回归分析预测即研究各种相互联系因素之间的数量关系，进而根据变量之间的相互关系，利用其他变量的已知数值来判断所预测的变量数值，常用回归方程预测。雇用专业咨询公司进行市场预测代价较大，但市场预测水平较高。

四、种子市场决策

在市场调查和市场预测的基础上，种子企业领导必须对本企业要采取的经营策略作出决策。

（一）种子经营决策的概念和作用

种子经营决策是对种子经营活动进行的决定，是指在种子经营活动中，为实现某一特定目标，从若干个为达到同一目标的预选方案中选择最优方案的过程。

其作用为：第一，正确的经营决策是种子企业经营活动健康发展的保证。第二，种子经营决策是整个种子经营管理的工作核心。正确的决策能为种子企业管理工作规定目标，决策所确定的经营方针，也是管理活动应当遵循的准则，使各项管理工作得以统一步调，有序进行。第三，种子经营决策是种子企业开拓发展的基础。正确的经营决策可以创造更高的经济效益，从而使种子企业积蓄雄厚的资金和人才，建立牢固的经济基础和良好的发展条件。

（二）种子经营决策的方法

种子经营决策的内容很多，涉及微观经济管理的各个环节和各个方面。按其对未来有关条件的把握程度与后果不同，可以分为3种基本类型。

1. 确定型决策

确定型决策也称为肯定性决策，就是在已经了解和掌握未来可能发生情况的前提下所做出决策。也就是说，决策的目标和达到目标的各种可行方案实施后能产生什么样的结果都是十分明确的。

2. 非确定型决策

非确定型决策也称非肯定性决策，指只能预测可能出现的各种自然状态，但对各种自然状态未来发生的概率不能肯定情况下所进行的决策。在进行非确定型决策时，经常采用"最大期望值"、"最小期望值"、"最大（最小）利益损益值"、"后悔值"等方法。

3. 风险型决策

风险型决策是指未来事件发生的条件状况不能肯定，但对其发生的可能性却能作估计的情况下的决策。这种决策的期望值可根据已知概率进行计算。

第四节 种子目标市场选择

一、种子目标市场选择的含义和作用

（一）种子目标市场选择的含义

种子目标市场就是企业通过市场细分所选定的、准备以相应的种子和劳务去满足其需要的某一个或数个细分市场。在市场细分的基础上企业根据自己的资源条件、经营能力选择一个或数个子市场作为自己的目标市场，这样的营销活动，就称为确定目标市场或市场目标化。

（二）种子目标市场选择的作用

种子目标市场选择是为种子企业进行市场定位，制定相应的营销组合策略，以使种子企业有目的地进行品种研发、产品设计、价格政策、促销及广告策略等决策，最大限度避免经营的盲目性，获得生存和发展的空间。通过种子目标市场的选择，可以使企业获得以下3方面的效果。

（1）在市场细分的基础上选好目标市场，有利于企业发掘自己的资源，取得较好的经济效益。

（2）企业选择目标市场，可以使产品、渠道、促销、定价等方面更符合目标市场的需求。

（3）选定目标市场有利于企业随时根据目标市场环境因素的变化调整策略，并可针对目标用户不断变化的需求，不断推出新品种。

二、种子目标市场选择的步骤

根据国内学者郭杰曾提出的市场细分"七步法"，可知种子目标市场选择的步骤主要包括以下4步。

第一步，在市场细分的基础上寻找每个细分市场上具有的需求特征，作为进一步细分的标准。将生产经营单位的实际条件同各细分市场的特征进行比较，剔除种子生产经营单位无条件拓展的市场，选出最能发挥本单位优势的细分市场。

第二步，初步确定本企业的开发子市场。并尽量用形象化的方法为细分市场定名。

第三步，进一步研究子市场的不同需求与购买行为待征。再次检查各个分市场是否符合本单价实际情况，对各个分市场进行必要的合并和分解，使之形成更为有效的目标市场。

第四步，决定市场细分的大小以及市场需求的潜力，确定目标市场。

以上是一般的种子目标市场选择步骤，种子企业在具体应用时，可根据种子市场的实际情况及发展变化做出相应调整。

三、种子目标市场的选择的策略

种子企业选定了目标市场和范围以后，对已经选中的目标市场要采取一定的营销策略，以达到企业预期的目的，这就是目标市场营销策略。目标市场的选择策略一般有以下三种。

（一）无差异性营销策略

无差异性营销策略又称市场整体化策略。它注重不同细分市场所有用户共同的需求，采用单一的营销策略。

这种方法的优点是营销成本低，缺点是企业的商品和营销手段针对性不强，对市场反应不灵敏。一般适合在产品具有广泛需求，市场是同质的，且企业具有广泛的分销渠道和大规模单一生产线的条件下采用。不太合适农业生产服务的种子企业。

（二）差异性市场营销策略

差异性市场营销策略又称市场细分策略。这一策略认为，市场的需求具有差异性，主张对不同的市场设计不同的产品，采取有差别的市场营销策略。

采取这种策略，可以争取到长期稳定的消费者需求，也可以获得利润最大化；但生产和管理费用可能相应增加，营销成本大。此外，差异性营销策略也表现在同一品种针对不同市场，销售不同包装、不同加工和档次的种子。

（三）密集性市场营销策略

密集性市场策略又称集中市场营销策略。这一市场策略就是企业在细分市场的基础上集中全部力量，选择一个或少数几个细分市场作为自己的目标市场而开展营销活动。一般刚进入种子行业的中小种子企业或老种子企业针对空白和薄弱市场，采取这种经营方式。

采用此种策略的优点在于能够有效使用企业资源，集中优势占领某一市场，企业可以最大限度地降低营销成本，而且也有利于提高产品质量和企业声誉；缺点是经营风险较大，因为所选目标市场范围较窄，一旦发生突然变化，可能使企业陷入困境、甚至倒闭。

密集性营销策略是我国种子市场发育早期许多企业采用的方式，也是新的种子企业以"短、平、快"方式进入市场的有效手段，但该方式需要超一流的品种。企业要长期发展，在抢占市场成功后，必须尽快实现向差异性营销策略的转变。

四、种子目标市场的覆盖模式

种子目标市场的覆盖模式主要有 5 种。

1. 单一市场集中模式

企业选择单一子市场，实行集中性市场营销。即企业决定只生产某一产品，专门供应和满足某一消费群的需求。规模较小的种子企业通常采用这种模式。

2. 产品专门化模式

企业生产一个品种，向各子市场销售，供应不同的消费群。企业采用此种市场覆盖模式，主要目的是在不同的消费群中树立某种产品的形象，扩大该产品的品牌知名度。

3. 商场专门化模式

企业针对一个市场，专门为满足一个消费群的需求而生产经营他们所需要的各种产品。

4. 选择性专门化模式

企业选择若干个子市场为目标市场，也就是企业生产各种产品，供应给不同的消费群。大多数种子企业都采用这种模式，因为它可以分散企业的市场风险。

5. 覆盖整个市场模式

企业全面进入整体市场，即为所有消费群提供各种不同类型的产品，满足不同的需求。这是大型种子公司经常采取的目标市场覆盖模式。

五、种子企业选择目标市场的标准

种子企业目标市场的选择是否恰当是影响企业成败的关键。目标市场选择标准总体上说，包括：①要求市场需求具有一定的规模和发展前景，即市场上存在着未被满足的需求，有充分的发展潜力，而且具有一定的规模。②选择的子市场对企业有较大的吸引力，即市场上具有一定的购买力，竞争者尚未完全控制市场，而且企业自身的实力可以进入市场。

一般还可以从下列因素中考虑子市场的吸引力：①细分市场中是否存在着替代品；②细分市场的竞争情况；③市场中购买者的购买能力和选择能力是否在提高；④企业的资源状况和企业的营销目标。

六、种子企业目标市场的定位

简单地理解，种子目标市场定位就是种子企业根据种子市场特点和自身特点确定本企业目标市场的过程。如北京奥瑞金种业股份有限公司通过对玉米种子市场的分析，了解到南方的玉米种植面小、单产低，同时，又是玉米产品的主要消费区，因而，在创业初期将本企业的主要目标市场定位于南方玉米品种的研发和经营上。

种子企业进入市场以前，必须根据所生产种子的质量好坏对价格进行合理定位，以使企业增加销量，获得最大的经济效益。种子企业只有不断地生产或开发出更有增产潜力的高质量品种，并提供更好的服务或采用更好的促销手段，才能在激烈的市场竞争中赢得信誉，占有一席之地。

（一）种子企业目标市场定位的方法

（1）初次定位。初次定位是指新成立的企业初入市场，企业新产品投入市场，或产品进入新市场时，企业必须从零开始，运用所有的市场营销组合，使产品特色确实符合所选择的目标市场。

（2）重新定位。重新定位是指企业变动产品特色，改变目标顾客对其原有的印象，使目标顾客对其产品新形象有一个重新的认识。

企业在重新定位前，需考虑两个因素：一是企业将自己的品牌定位从一个子市场转移到另一个子市场时的全部费用；二是企业将自己的品牌定在新位置上的收入有多少，而收入取决于该子市场上购买者和竞争者情况，以及在该市场上销售价格能定多高。

（3）对峙定位。对峙定位是指企业选择靠近现有竞争者或与现有竞争者重合的市场位置，争夺同样的顾客，彼此在产品、价格、分销及促销等方面差别不大。尽管这种定位有时是一种危险的战术，很多企业认为它是一种能激励自己奋发向上的可行的定位尝试，一旦成功就会取得巨大的市场优势。这种定位决策要考虑的因素有：种子生产技术和质量水平；市场潜力与市场容量大小；企业的生产经营实力；产品价格调整的可能性等等。

（4）回避定位。回避定位是指企业回避与目标市场上竞争者直接对抗，将其位置确定于市场"空白点"，开发并销售目前市场上还没有的某种特色产品，开拓新的市场领域。采用这种定位策略要考虑的因素是：存在足够数量的消费者；种子生产技术可行，经济合理；企业有一定的开发与经营能力等。

除此之外，市场定位的方法还有：根据属性和利益定位，根据价格和质量定位，根据产品档次定位，根据竞争局势定位，以及多种方法组合定位等。

（二）种子企业目标市场定位的过程

种子企业目标市场定位是一个明确其潜在竞争优势，选择相对竞争优势以及显示独特竞争优势的过程。

1. 明确潜在竞争优势

要明确潜在的竞争优势，企业必须首先了解如下所述3个方面问题。

①目标市场上的竞争者做了什么？做得如何？②目标市场上足够数量的顾客最需要什么？他们的欲望满足得如何？③本企业能够为顾客做什么？企业通过了解这些情况并结合本企业的实际，明确自身现有的、可发展的、可创造的竞争优势，从而与竞争者区分开来。

2. 选择相对竞争优势

假如企业已很幸运地发现了若干个潜在的竞争优势，企业必须选择其中几个竞争优势，建立起市场定位战略。一些有吸引力的品牌的主要特征有"最好的质量"、"最优的服务"、"最低的价格"、"最先进的技术"等。企业选择的某一特点必须满足几个条件：①能给目标顾客带来高价值的利益；②能被顾客感知；③购买者有能力支付；④竞争者不能够复制；⑤企业能从中获利等。

3. 显示独特竞争优势

市场定位之后，企业就必须采取切实步骤把理想的市场定位传达给目标消费者。企业所有的市场营销组合必须支持这一市场定位战略。如果企业决定的市场定位是更高的质量和服务，那么它首先必须传达这个定位。

实例：影响种子用户购种行为的市场调查分析

　　丰乐种业的科技人员，通过对安徽省寿县的 27 个乡镇中前往种子经销处购种农户的购种行为进行随机抽样调查和分析，为企业在广阔的农村市场进行营销策略的制定和政府部门制定相关政策提供理论依据。本次调查活动对每个乡镇的调查问卷为 40 份，调查问卷总共计 1 080 份，有效问卷 832 份。种子用户行为的市场调查内容和结果（表），并对结果分析如下。

　　（1）农户的知识结构。小学及其以下的农户占 53.1%，初中及初中以下的农户占 92.7%，可以说，绝大多数农户是文盲、半文盲，这说明在一些地方，农民整体的文化素质偏低。因此，种子企业在科技推广、编制宣传资料和促销时，要注意贴近农户，用词要通俗易懂，要重视新品种的示范推广工作。

　　（2）家庭收入主要来源。在农户的家庭收入来源中，种植业占了 71.7% 的比例。由此可知，目前农村大部分农户的经济收入还是靠种植业，但从事农业生产的效益较低，农户种田的积极性不高，在种子方面的投入就会减少，这样会形成一种"恶性循环"，不利于农业生产和种子企业的发展。家庭收入靠"打工"的占 29.3%，居第二位。由于打工人数的增加，农村劳动力中性别与年龄结构的变化不利于农业新技术、新品种的普及和推广，更不利于农业、农村产业结构的调整。因此，种子生产经营单位，要及时调整品种结构，为农民提供适销对路的优质良种和优质服务，真正使农民从种田中获得良好收成和效益。

　　（3）农户对新品种的试种态度。调查表明，农户对新品种的试种是持接受态度的。愿意对新品种（包括愿意和少量试种）试种的农户占了 72.3%，这反映了农户的求新欲望较强。新品种在推广过程中，试种是展示新品种的最好方式，也是种子销售中最佳的促销方式之一。因此，种子企业要重视新品种的试验、示范和试种工作。在试种过程中一定要加强指导，确保农民试种成功，因为农民对试种持观望态度，成功与否无所谓，但对种子企业则不同，若试种不成功，则会对企业的产品销售、新品种推广、企业形象等方面造成一定的负面影响。因此，种子企业要重视新品种试验、示范体系的建设，扩大高新产品的试种范围和数量，这样一方面可以加速企业新品种的推广速度，另一方面也可指导农户正确使用新品种，使农户正确掌握新品种的栽培方法，提高农民的种植水平。但是，仍有 27% 的农户对新品种不愿意试种，这就要求种子企业在进行新品种研究的同时，要加强新品种的试验和示范工作，通过示范作用，让农民逐渐了解、认识并接受新品种。

表 种子用户行为的市场调查内容和结果

调查项目	项目分类	统计数	各类在相应调查项目中所占比例（%）
农民文化程度	小学（文盲）	437	53.1
	初中	326	39.6
	高中	54	6.6
	高中以上	15	1.07
农民家庭收入来源（注：此项为多选）	种植收入	590	71.7
	打工收入	241	29.3
	经商收入	70	8.5
	其他收入	10	1.2
农民对试种的态度	愿意	239	29.0
	少量试种	355	43.3
	不愿意	228	23.9
农民能接受的程度（"汕优63"比市场平均价高出额）	0.4 元/kg	240	28.9
	0.8 元/kg	206	24.8
	1.2 元/kg	75	10.7
	1.6 元/kg	312	35.6
农户购买种子的信息来源和依据	经验	547	66.5
	农技员介绍	191	23.2
	亲友介绍	95	11.5
	广告	70	8.5

农户对良种价格敏感度 2000—2001 年度'汕优63'的市场平均零售价为 7.0 元/kg。大部分的农民认为：他们信得过的、质量可靠的名牌产品的价格比市场平均价高10%仍可接受，价格高点无所谓，关键是质量好。这说明种子的需求价格弹性低，农民在一定的价格范围内并不偏注于低价产品。因为种子是农民增产增收最重要的生产资料，若农民购买的种子质量不好，其他生产要素投入再多也不会有好的效益，所以，农户在购种时，他们愿花高价，购买放心的种子。虽然销售中价格是很重要的因素，但在种子销售中完全依靠低价来提高市场占有率是不明智的，种子企业在品种定价策略上应充分考虑这一点。

农户购买种子的倍息来源和依据 由上表可以得出，农民购种的信息来源和依据主要根据自己的往年经验，占66.5%，这说明农民对品种和品牌的忠诚度相当高，因此，种子企业在注重企业形象宣传的同时，一定要注重种子质量。依据农技员介绍的占23.2%，说明农技员在农民心目中的地位还是很高的，所以要注意结合、并争得农业推广部门的支持。另外，说明种子企业在代理商，特别是乡镇零售网点的选择上，应注意考虑经销商是否具有一定的专业知识和专业技能。依据亲友介绍的占11.5%。因此，企业要注重产品质量和服务质量，最大限度地让顾客满意，这样顾客才会向亲友介绍，也就是1：13：18原理，即顾客用某一品牌产品，好，他会向13个人推荐，不好，他会向18个人介绍。广告宣传的占8.5%，根据盖洛普咨询公司的统计，农产品的销售70%的因素是靠产品本身，只有30%是靠广告宣传，调查结果正好验证了这一结论。在信息传递迅速、快捷的今天，一个新品种的推广必须借助于现代传媒，利用广告这一现代传播手段迅速扩大新品种的影响，引导农民选用新品种。所以种子企业在销售种子时，一定要为农民提供真正优良的种子，同时注意利用现代传播媒介进行广告宣传（刘宝元等，2001）。

根据上述资料，试分析：

（1）种子用户购种行为的特点及其影响因素。

（2）根据你家乡的情况，试设计"影响农户购买种子的信息来源和依据"调查表，进行调查，并撰写调查报告。

本章小结

种子市场细分是指种子企业根据种子消费者需求的差异，按照一定的标准，把整体市场划分为若干个子市场。地理、人口、心理和行为是种子消费者市场细分的四大变量。种子企业进行种子消费者市场细分的根本目的是为了找准顾客，有针对性地开展市场调查和预测，最终选择最有利可图的目标市场。进行市场细分时，必须遵循"明确细分对象，细分市场的需求特征必须是可以衡量的，细分市场必须是企业可以进入的、相对稳定的、可使企业获得效益的市场"等基本原则。

对种子市场进行细分后，种子企业需根据自身优势等选择一至多个细分市场开展一系列的调查。调查前须明确调查的内容和程序，然后运用相应的方式方法开展深入而有针对性的调查，并对调查的结果进行整理分析，编写成调查报告，为种子企业进行市场预测提供具体详尽的第一手资料。

运用定性和定量两种预测方法对需求量、潜在需求量、销售量以及品种的生命周期等方面进行预测后，种子企业的领导会对本企业所要采取的经营策略作出决策，种子目标市场的选择、营销策略的确定、市场竞争优势定位等都是其必须考虑的问题。

复习思考题

1. 名词解释

种子市场细分　种子市场调查　种子市场预测　种子经营决策　种子目标市场

2. 简述种子市场细分的作用。

3. 阐述种子市场细分的依据和原则。

4. 简述种子市场调查的意义。

5. 阐述种子市场调查的内容与方法。

6. 阐述种子市场调查的程序和步骤。

7. 简述种子市场预测的作用。

8. 阐述种子市场预测的内容和方法。

9. 简述种子目标市场选择的步骤。

10. 简述种子目标市场选择的策略。

11. 简述种子目标市场覆盖的主要模式。

12. 简述选择目标市场的标准。

13. 论述种子目标市场的定位。

第五章　种子的生产管理

学习目标： 1. 理解掌握种子生产基地建设的模式、原则和程序；

2. 了解种子田间生产及管理的相关知识；

3. 理解掌握种子收购管理每一个环节的相关内容；

4. 理解掌握种子加工、储存和运输等流通环节的相关知识；

5. 了解种子生产质量管理体系及其建立的相关知识；

6. 了解掌握种子质量认证的一般知识，基本程序与重要意义。

关键词： 种子基地管理　种子生产过程管理　种子流通管理　种子生产质量管理

种子生产是指从种子基地选择到种子发运过程的一切经营活动，它是整个种子经营过程中的主要环节。种子生产管理包括种子繁育、保纯、种子基地建设与管理、种子生产过程、收购、加工、包装、贮存与运输等环节的管理。每个环节都是实现种子商品使用价值的重要环节。

对种子生产进行规范管理，建立质量管理体系和保证体系，是种子质量在机制和制度上的保证，也是种子企业能够长久地保证种子质量、获得持续的强竞争力的重要手段。

第一节　种子生产基地建设与管理

种子生产基地是以生产种子为目的，具有一定规模、组织良好的生产用地，它需满足种子生产对气候、土壤、水利设施等自然条件的需求和种子生产的特殊需求，并配备可以满足种子生产需要的专业技术人员。

一、种子生产基地建设的意义

种子基地是种子生产经营的基础。建立稳固的、适宜种子生产的种子生产基地，有利于稳定种子生产和提高种子的产量、质量；有利于种子质量控制与管理，加速种子质量标准化的实现；有利于进行规模生产，降低种子生产成本；有利于种子生产、加工、销售管理和种子储备金的重点投入与管理，组织统一供种，平抑种子市场，向种子经营集团化方向发展；有利于新品种的试验、示范和推广，促进新品种的开发与利用，形成育繁销一体化；有利于国家有关种子工作方针、政策和种子法规的贯彻与执行，控制社会分散制种，净化种子市场，实现种子管理法制化。

二、种子生产基地建设的形式

良种生产基地的形式可分为两种：自有良种繁育基地和特约良种繁育基地。

1. 自有良种繁育基地

这类基地主要是种子企业通过国家划拨、企业购买土地使用经营权或通过长期租赁获得土地使用权建立起来的，包括国营原种场、国有农场以及异地良种繁育基地。一般自有良种繁育基地面积不大，但经营管理体制完善、设备设施齐全、技术力量雄厚，适合生产原种和亲本种子，在种子生产中起着举足轻重的作用。

2. 特约良种繁育基地

特约良种繁育基地指种子生产企业根据企业自身的种子生产计划，选择符合种子生产的区域，通过合同约定形式把农民承包经营的土地用于种子生产，使之成为种子生产企业的良繁基地。其特点是：受合同约束，是在种子公司与种子生产者共同协商的基础上，通过签订合同或协议来确定良种繁育的面积、品种、数量和质量等；种子生产者按种子公司计划进行专业化生产，并接受种子公司的技术指导和质量监督。

特约良种繁育基地适合大量种子生产，是国家良种生产的主要形式，但此类基地设备条件较差，生产技术水平较低，管理难度较大。按管理模式、生产规模可把特约良种繁育基地分为3种类型：县乡村统一管理的大型种子生产基地、联户特约繁育基地和专业户特约繁育基地。

其中，县乡村统一管理的大型种子生产基地。此类基地通常以自然生态区为基础，把一个自然生态区或一个自然区域内的若干县、若干乡、若干村联合起来建立专业化的种子生产基地。基地内以种子生产为主，领导组织力量强，群众积极性高，技术力量雄厚；适合生产量大、技术环节较复杂的作物种子，如杂交玉米、杂交水稻种子。

联户特约繁育基地是由自愿承担种子生产任务的若干农户联合起来建立的中、小型良种繁育基地。它生产规模小，适合承担种子生产量不大的特殊杂交组合的制种、杂交亲本种子以及所需要的迅速繁殖的农作物新品种种子生产任务；要求联户负责人精通种子生产技术和防杂保纯措施，责任心强。

专业户特约繁育基地适于承担一些繁殖系数高、种子量不大的优良品种或特殊亲本种子的生产。因此，它要求农户熟悉种子生产技术，栽培技术水平高，同时种子公司也可选派技术人员进行指导和监督。

三、种子生产基地建设的模式与原则

1. 种子生产基地模式

（1）"经营企业+生产企业"紧密结合。指经营企业与合适的生产企业成产销一体的合作企业。

（2）"企业+基地"。指企业建立稳定的大面积种子生产基地，这种模式一般在常规种子生产中采用。

（3）"企业+基地+农户"。这是中国大中型种子企业采用最多的模式。

（4）"企业+农户"。它适合于种子生产量少，或需防亲本或原种流失的亲本种子生产。

（5）"经营企业＋生产企业"松散结合。指经营型企业就同一品种与多家生产型企业合作，根据双方关系和种子质量、价格确定当年的采购量。这是有稳固市场的企业，特别是一些欠发达地区的县级种子公司通常采用的模式。

（6）"全国性企业＋地方性企业"结合。指市场针对全国性企业，利用当地种子企业进行种子生产，它需要地方企业有较强的质量意识和精干的技术队伍。

种子企业可根据自身的特点和需要考虑生产基地的模式。不同类型作物，同一作物不同类型品种，同一品种的原种与杂交种生产应采取不同的模式。

2. 种子生产基地建设的原则

（1）统筹建设原则。种子企业应根据总体经营规模及所经营种子的种类统筹安排，分类建设符合各种不同用种目的的种子生产基地。

（2）质量与效益协调的原则。建立种子生产基地在确保满足质量要求的前提下，要兼顾效益，尽量把成本降到最低。因此，建立种子生产基地，首先应考虑所选择的基地能否满足种子生产对质量的要求，然后再考虑成本。

（3）互惠互利、共担风险原则。即兼顾企业利益与农民利益，做到企业、农民互惠互利。

四、种子生产基地建设的程序

种子生产基地要按计划制定建设程序，保证种子基地顺利建成，一般应遵守以下步骤。

（1）基地建设情况的调查分析。首先，主要调查研究预选基地的自然、生产和社会经济条件。

（2）建立种子生产基地可行性报告。即具体分析建立种子生产基地的目的意义、规划、实施方案、经济效益分析等因素，组织专家论证其可行性。

（3）对拟建的种子生产基地进行详细规划。即根据良种推广计划和种子公司对种子收购量及基地自留量确定基地的规模和生产作物品种的类型、面积、产量以及种子生产技术规程。

（4）组织实施。即按照种子生产基地建设实施方案，组织相关部门分工协作、各行其责、保质保量、按期完成并交付使用。

五、种子生产基地的管理

种子生产基地的管理包括技术管理和行政管理，完善种子生产基地的技术管理，要制定统一的技术规程，建立健全的技术岗位制，实行严格的奖惩制度，建立健全的技术培训制度，提高种子生产者的技术水平，树立质量第一的观念。种子生产基地一般的管理模式是，较大面积的种子生产基地应建立制种管理小组，主管制种的负责人负责大区制种的计划指导、管理协调，种子基地宏观调控和重大问题处理等工作。制种镇、乡建立有分管农业的组长，各制种村负责人为本村种子生产的负责人和责任人。

第二节 种子生产过程管理

种子生产过程包括从种子播种到种子收购的各个阶段。

一、种子田间生产管理

现代农业的商品化种子采用种子分级繁育、世代更新制度、保纯繁殖生产和循环选择生产。

1. 分级繁育制度

分级繁育制度就是区分种子等级进行繁殖，一般种子生产等级分为四级：育种家种子、基础种子、合格种子和生产用种子的生产。

在分级繁育制度中，世代越早的种子数量越少，因而易于防杂保纯，这是采取分级繁育的优点和原因。但分级繁育时，分级越多，种子的生产过程越复杂。究竟应采用哪一种繁育制度，可因作物的繁殖倍数，防杂保纯的难易，种子用量和实际生产条件而定。不同作物的种子在生产时采用的繁育制度不尽相同，建立专业化的种子生产基地，有利于分级繁育制度的实施。

2. 世代更新制度

良种的世代更新制度是指常规种子及杂交种的亲本在生产上推广应用后世代要用同一品种的原种，更新后再继续繁殖使用。

原种更新的世代数是指原种使用年限。我国及国外当前种子生产的实际情况，是可以使用原种三代（美国）或原种四代（加拿大）就要更新，亦即生产用种的最低代数为原种三代或原种四代。

3. 保纯繁殖生产

指从育种家种子、生产用种子，到下一轮的种子生产依然重复相同的繁殖过程。保纯繁殖生产的技术路线是基础种子由专设的繁育单位生产，登记种子和检验种子由各家种子企业隶属的种子农场生产，生产用种绝大部分由种子企业供应。

保纯繁殖要求尽量保持品种原有的优良种性和纯度，把引进品种混杂退化的因素减少到最低程度。种子企业所属的专业化种子农场应有严格的防杂保纯措施和种子检验制度，拥有大型种子加工厂以及充分的储运能力，尽可能杜绝机械混杂和生物混杂。

4. 循环选择繁殖生产

循环选择繁殖生产是由 20 世纪 50 年代初采用的前苏联提纯复壮技术演变而来，现已逐步形成了一套新的循环选择程序。

现代循环选择繁殖包括两大部分，一部分是原种生产，一部分是原种繁殖。与保纯繁殖相比较，育种单位没有保存原种的任务，原种生产分散在各地原种场，任何人只要按照二圃制或三圃制生产原种，并获得符合原种各项指标的种子都可视为原种。每一轮原种生产都是从群体中选择单株开始，采用改良混合选择法，其优点在于加强了 F_1，F_2 代的鉴定（株行圃或株行圃和株系圃）。

5. 品种种子生产管理

在品种种子生产过程中，要做好以下工作。

（1）广泛宣传。使生产者都能认识到防止品种混杂退化的重要性，使良种繁育企业成员都能重视种子工作。

（2）建立严格的规章制度。确保防止品种混杂退化措施的贯彻执行。

（3）建立完善的技术指标体系与约束机制。严格检验控制，制定相应的种子田间管理办法。统一区划，围绕主要技术环节，全面抓好各时期、各项技术措施的检查、督促和落实，搞好隔离区去杂、母本去雄和收打脱粒除杂等田间检验和室内检验。在蹲点技术员和基地乡、村管理组织对各时期严格检查督促的基础上，在苗期和花期对隔离区去杂和母本去雄管理按检验规程要求进行田间检验。根据国家农作物种子检验规程、种子质量分级标准、省级地方标准，以及不同品种、不同类别种子生产的技术操作规程等生产种子。

（4）定期进行种子繁制技术培训，重点抓好几个关键时期的技术培训。①播种前的全面技术培训；②定苗期培训，讲解留苗密植和定苗技术，即去杂株留纯苗技术；③去杂技术培训；④花期预测与调整培训；⑤花期去杂和母本去雄培训；⑥收订和交售种子培训。

总之，通过培训使技术人员能熟练掌握良种繁育的基本知识与操作技术，建立起一支训练有素的良种繁育专业队伍。

二、种子收购管理

种子收购是种子营销活动中的重要环节，是把住种子质量的重要关口，具有季节性和计划性等特点。

1. 种子收购的组织

种子收购前要做充分的人财物准备。人力准备包括集中人力，组织队伍，进行收购前技术和政策培训等；物力准备要求配备好检验、计量、计价用的各种工具和仪器，仓库清理、包装、交通运输工具的准备等；财力准备包括收购资金的落实和结算手续等；进行质量检验工作应具备田间检验合格证，现场扦样、封样、质量检验，按国家制订的种子质量标准，采取快速检测、感官目测和标准检测相结合的检验方法，评定等级，合理定价，称重计量。

2. 种子收购的管理

现场收购种子时，能够检验的质量指标只有含水率和净度，其他各项质量指标则不可能现场验测，这就要求技术人员必须熟悉所收购的不同品种的特征、特性，熟悉该批种子在生长期间的田间表现、隔离情况、去杂情况、收获晾晒情况，以确保种子收购检验工作的顺利进行。

（1）生产全过程的监控。种子企业要对种子基地派驻基地驻点员，在种子田的田间管理过程中，对种子田的栽培管理进行技术指导，同时，在种子田的生育关键时期（一般是苗期、花期、成熟期）逐块进行田间检查，不断纠正种子田管理过程中的问题，并一一记载，发现不合格的种子田一律淘汰，不能姑息迁就。

（2）收前管理。收获前，对留下来合格的种子田，逐户核实繁育（制种）面积，尽可能比较准确地预计种子产量，以估计种子交售量，并分户登记，以备收购时核对。现场监督种子田收获、脱粒全过程，并现场取样检查种子含水量、纯度。

（3）收购过程管理。除进行常规种子检验外，还应注意各户交售的种子量，如明显高于预测数，要慎重处理，待深入调查清楚后，再决定是收购还是作废。收购时，还要注意不能只凭"探针扦样"来决定收购与否或确定种子等级，必须按户全部倒袋检验，以防袋中上下部种子纯度和净度不一致。

（4）收购后管理。收购后装袋时，袋内外要有标签，标明品种名称、生产年份、收购单位名称、种子等级和数量，以便今后核对。现场种子检斤要与种子堆垛相距 5m 以上距离，收购资金的兑付，不在收购的同一天进行。

（5）种子检验。种子检验是指田间检验和室内检验。田间检验主要检查隔离条件，检验品种真实性、纯度，同时检查异作物、杂草、病虫危害等情况；室内检验以品种纯度、发芽率、净度、水分为主；棉花还应检验健籽率，并检查病、虫、杂草种子、千粒重等。

第三节　种子流通管理

种子流通是指收购的种子从种子生产领域，通过加工、贮存和运输向消费领域过渡的过程。种子流通过程管理是创造和实现种子价值必要的条件。

一、种子加工

种子加工是通过机械物理作用尽可能地去掉不需要的掺杂物；或按种子大小分类；或用保护性的药品及其他方法对种子进行包衣、拌药处理。

1. 种子加工程序及其内容

种子加工以提高种子质量为主要任务，以种子精选为中心，包括种子清选、烘干、精选、包衣（拌药）、包装等一套作业程序。种子加工具有提高种子质量、节约种子、节省粮食、提高种子抗病虫害能力、增加产量等优点。

（1）选前准备。选前准备是为基本清选创造条件的工序。一般谷物种子选前准备包括预清和烘干两道工序。"预清"的目的是清除种子中妨碍烘干和清选正常进行的杂质，通常采用风选和筛选预清机进行。"烘干"的目的是使种子含水量及时下降到适宜贮存的程度。

（2）基本清选。即清除奇大奇小的种子和某些夹杂物，使种子接近标准要求。一般通过风选和筛选清选机进行，以多层筛选为主。

（3）精选。把经过基本清选的种子进行再加工的工序称为精选。种子精选包括粒形分级和粒重分级两道工序。前者根据种子的长度或宽度和厚度分级，分别以窝眼桶选、圆孔筛选和长孔筛选的方式进行；后者根据种子的比重，采用气流重力选方法分级。

（4）药剂处理。种子药剂处理通常使用专用种子包衣机进行，常用药剂有各种专用包衣剂、杀虫剂、杀菌剂及生长激素等。对种子进行药剂处理以防治病虫害，应根据种子检疫结果和病虫害侵染途径，确定有无必要或如何进行药剂处理。

（5）包装。这是种子加工的最后一道工序，包括种子装袋、过磅、包装、袋封口等作业。

2. 种子加工工序流程的选择

种子加工过程中，要选择切合本企业具体情况的种子加工工序及设备。在满足生产需要的前提下，所选择的工序流程越简单实用越好。企业应根据生产经营种子的种类和特点，选购加工设备，使其有较广泛的适应范围，一般可考虑选择足够的附件，如筛片、窝眼筒、台面等。

生产经营玉米种子的企业大都是直接接收玉米果穗，在加工工序选择确定时，应考虑以下情况。

（1）为使玉米果穗水分降到脱粒的最佳水分含量的18%，可直接用烘干室一次烘干，或人工晾晒后再用烘干室进行二次烘干。

（2）用脱粒机脱粒，用专门的风筛选种机进行选种。

（3）玉米种子分级。可采用以下两种方法进行，一是把经过清选的种子，先用长孔筛分出圆扁粒（一般可用宽度5.5mm的筛片），再用圆孔筛分出大、小粒。

（4）配备金属仓。鉴于干燥设备的加工能力大于加工设备的能力，流水线中要考虑配备储存湿种子的金属仓。湿储仓应通风设备，以避免种子发芽、霉变。另外，根据企业的种子生产、加工和资金等状况，酌情配备干储仓。

（5）包衣机和包衣作业。玉米种子多是销售前进行包衣，因此，一般不把包衣机串入流水线中，而单独组成一个机组，这样方便又节能。同时，在包衣机上可装配小储仓，以减少物料对计量斗的冲击，以利于物料和药剂计量的准确性。另外。注意包衣种子不要与未包衣的种子混贮或使用同一计量秤，避免造成人畜中毒。

（6）干燥。玉米干燥的工序和方法有多种，可因地因时选择进行。

喂料（玉米果穗）—烘干室—脱粒机—初清机—湿储仓—烘干机—干储仓（用于两次干燥工艺，一次将玉米果穗水分降至18%，然后用烘干机把脱粒后的籽粒降至安全水分）；

喂料（玉米果穗）—烘干室（用于一次干燥工艺，直接将玉米果穗水分降至安全水分）；

喂料（玉米果穗）脱粒机—初清机—湿储仓—烘干机—干储仓（用于水分18%的玉米籽粒的烘干）；

喂料（籽粒）—初清机—烘干机—干储仓（用于一次干燥工艺，直接将玉米果穗水分降至安全水分）。

（7）加工。玉米加工的工序或方法有多种，可选择其一进行作业。

喂料—风筛选种机—重力（比重）选种机—分级机—计量秤；

喂料—风筛选种机—重力（比重）选种机—计量秤；

喂料—风筛选种机—计量秤。

水稻种子表面坚硬粗糙，籽粒小，重量轻，特别是杂交水稻种子，那些很瘪的籽粒依然有很强的杂种优势。在加工工序选择确定时，应考虑以下情况。

（1）原料水稻种子质量要求：净度不低于 94%、水分不大于 14.5%；纯度、发芽率应符合 GB/T 4404.1 的规定。

（2）同一品种、同一产地、同一收获期的水稻种子贮放在一起，同一批次进行加工。

（3）使用成套设备一般加工工艺流程：进料→除芒→初清→风筛选→重力分选→长度分选→包衣→定量包装→贮藏。

使用机组一般加工工艺流程：机组清选→包衣→定量包装→贮藏。

（4）提升机一次提升破碎率增值不大于 0.1%。

（5）除芒要求：除芒率不低于 80%；脱壳率不大于 1%。

（6）风筛选质量要求：净度不低于 98%；获选率不低于 98%。

（7）重力分选质量要求：轻杂清除率不低于 85%；重杂清除率不低于 80%；回流量不大于 10%；获选率不低于 98%。

（8）长度分选质量要求：短杂清除率不低于 90%；获选率不低于 99%。

（9）机组清选质量要求：净度不低于 98%；短杂清除率不低于 90%；获选率不低于 97%。

（10）各类成套设备，如除芒机、圆筒初清筛、自衡振动筛、风筛式清选机、重力分选机、窝眼分选机等要严格按其具体的工作参数进行操作。

相应地，针对蔬菜和棉花种子等的特点，也可分别选择加工工序。如蔬菜种子种类多，其形状、大小、千粒重差异较大，而就某个品种来说通常加工量又不大。在选择工艺流程和设备时，需明确要加工的种子种类和每一种类的数量、加工期、质量要求等。

3. 种子加工设备的选型

种子加工设备的选型技术指标，应符合我国颁布的行业技术标准——《种子加工成套设备技术条件（GB/T 5683 – 91）》及其他单机设备技术标准。没有国家或行业技术标准的，应符合种子加工产成品的质量技术要求。国外采购的设备应符合国家规定的技术指标和有关要求。计量设备应具有国家技术监督部门颁发的生产许可证。

二、仓储管理

种子贮藏的任务就是控制贮藏条件，使种子生理代谢损耗降低到最低程度，保持种子的活力，保证种子贮藏期间不机械混杂、不衰老退化，不发热霉变，为扩大再生产提供优良的种子。

（一）种子入库

1. 种子入库准备

（1）仓库与仓具的准备。种子入库前要根据隔热防潮的要求，对库房进行检查和维修，做到上不漏、下不潮，门宙牢固安全、必要时对仓房四壁和地面进行修补、嵌缝、粉刷。为了达到"四防"的目的，仓内要达到天棚、地面和四壁六面光，门有防鼠板、宙有防雀网，仓外无杂草、无垃圾、无污水，并设防虫线、防潮沟。仓内不堆放易燃易爆品，并配齐灭火器（在有效保质期内）、水桶、沙袋、水源等有关消防器材。

各种仓具,如麻袋、围穴、苫布等必须认真清理与修补,不能残留种子与昆虫。并准备好所用的账册、单据、标签、衡器等。

(2)彻底清仓消毒。对仓库内外彻底打扫,全面剔刮仓壁和仓库地面的虫窝。消毒工作在全面粉刷之前进行、空仓消毒可用敌敌畏或敌百虫,采用喷雾或熏蒸两种方法(见下表)。熏蒸施药后要关闭门窗,密闭72小时后,开窗通风一天。消毒后要彻底清扫,然后关闭门窗准备种子入库。

表 清仓消毒的用药法

药 剂	浓度(%)	施药方法	用药量(kg/m³)
敌百虫	0.5~1	喷雾	0.1
敌敌畏	0.1~0.2	喷雾	0.1
敌敌畏	80(原液)	喷雾	0.01
敌敌畏	80(原液)	挂条熏蒸	0.01~0.02

(3)库容计算与堆放设计。为了做到合理堆放,种子入库前应计算库容,绘制种子堆放平面图。计算库容之前,要知道仓库的实用面积。一般仓内都要预留出作业道2.5~3m宽,种子堆与堆之间应留出0.8~1m,种子堆与仓库墙壁之间应留出0.7m。据此,计算出具体库容。

(4)种子准备。入库前的种子必须经过清选和干燥,水分、净度、发芽率、纯度等各项指标符合国家规定标准方可入库。而且各批种子要有种子检验单,以便根据种子质量和水分情况进行合理堆放。入库前,不但要根据品种严格分开,还要根据产地、水分、纯度、净度等级与虫口情况划分种子批号,分别堆放。并根据堆放布置平面图做好入库计划。同一库房应按堆放位置排列入库顺序。

2. 种子入库

(1)严格掌握种子入库标准。为保证种子在贮藏期间的安全稳定,不变质,不发生损耗,种子品质必须符合规定标准。其中最关键的是种子含水量的高低,其次是种子的成熟度和净度。凡不符合入库标准的种子,必须加以处理,合格后方能入库贮藏。

种子按品种、产地、水分、等级、虫口情况分批入库时,要求每批种子不论数量多少,都应具有均匀性,存放必须做到按质"五分开",即等级不同的分开、干湿分开、受潮和不受潮的种子分开、新陈分开、有虫有病和无虫无病的分开。

此外,外形相似的品种或自交系不要相邻堆放。每个种子堆(垛)都应挂好标牌,并用粉笔标出,做到标牌、账册与实物一致。

(2)种子堆放的形式。在种子数量多,库容不足或包装工具缺乏时,充分干燥、净废高的种子可采用散装堆放。散装堆放可分为全仓散堆及单间散堆、围包散堆、围囤散装等方法。仓内散装堆放,不论采取哪种形式,在种子入库后,均应及时整理种面,以缩小种子接触空气的面积,有利于提高种子贮藏的稳定性。也可采用袋装堆放。袋装堆垛的形式可视种子含水量、入库季节、气温高低、种子品质、仓库条件、贮藏目的、预计堆放时间等情况灵活运用。袋装堆放可分为实垛法、"非"字形及"半非"字形堆垛法、通风垛（包括"井"字形、"口"字形、"◎"字形、"工"字形等）。

（二）种子入库后管理

为确保种子在仓库内保质、安全，我们要加强种子入库后的管理，并特别注意以下方面。

1. 建立严格的管理规章制度，种子保管落实到人

（1）加强仓库保管工作。挑选责任心强，刻苦钻研业务的人担任仓库保管员，实行保管岗位责任制。仓库保管员要定期检查并记录气温、库温、种温、种子含水量、发芽率、虫害及库内空气相对湿度，按要求做好合理通风与密闭措施，对仓库保管员的德、勤、绩进行严格考核，奖罚分明。

（2）建立仓库值班制度，做好防火、防盗、防破坏工作。

（3）制定清洁卫生制度。要求仓内外经常清扫、消毒，做到仓内六面光，仓外三不留（杂草、垃圾、污水）。种子出库时，要做到出一仓清一仓，出一囤清一囤，防止混杂和感染病虫害。

（4）实行种子隔离制度。入库的种子必须是经过清选加工、种子处理、检验定级的种子，不同品种或不同等级的种子，要分仓或分堆贮藏，彼此有一定距离，并插牌标明品种、等级和数量。

（5）设立档案管理制度。每批种子入库时，都要逐项登记其来源、数量、品质状况等，每次检查后的结果也必须详细记录。每批种子进出仓库，都必须严格执行审批手续和过磅记账，必须达到保管和会计账物相符的基本要求。

2. 定时、定点做好种情检查

定时、定点做好种情检查，重在随时掌握种子在贮藏期间的生命活动与环境条件对种子的影响，及时发现和解决问题，避免损失。种情检查的一般要求如下。

（1）检查种温。检查种温时，应采取定层定点与机动设点相结合，仪器检查与感官鉴定相结合的方法。充分干燥的种子，夏秋季每3天检查一次，冬季种温在0℃以下时，每15天检查一次即可。

（2）检查种子含水量。检查种子水分采用定层定点取样，各点样品均匀混合后测平均水分的方法。种温在0℃以下时，每月检查一次，种温在0℃以上时，每月检查两次。

（3）检查发芽率。种子发芽率一般每4个月检查一次；但根据气温变化，在高温或低温之后，以及在药剂熏蒸前后，还应增加一次；另外，最后一次不得迟于种子出库前10天。

（4）检查虫、鼠、雀危害。检查害虫除检查墙面、天花板及用具上有无害虫活动外，还要定期用筛检法检查害虫密度。检查周期为：4～10月，每月筛检两次；11月至来年3月每月检查一次。平时要将种子堆表面整平，经常观察有无鼠雀粪便与足迹。

三、种子运输

种子从生产基地到需求地由分散到集中，又由集中到分散的位置转移，即称为种子运输。

1. 种子运输的特点

种子运输具有如下特点。

（1）种子调运有较强的季节性。农作物种子是按照季节生产和供应的，运输的淡旺季节非常明显。

（2）种子运输对运输条件要求比较严格。种子是有生命的生产资料，运输中必须有维持其生命的温度、湿度、气候等环境条件，同时要避免污染，保证发芽能力，更要严防人为混杂，做好包装和标记工作。

（3）短途运输量大。种子供应的对象是广大农村，主要靠短途运输，运输效率低运杂费开支大，运输时间长。

2. 种子运输的要求

种子运输要求时间快，距离近，直线运输，费用尽量减少，所以时间和运价是评价运输方案、检查运输工作的重要指标。

（1）根据种子产销地分布情况和交通运输条件，确定种子的合理流向。

（2）尽量采取直达、直线运输。

（3）选择合适的运输工具。选择运输工具时应按照"及时、安全、准确、经济"的原则，选择最合适的运输工具组织运输。

3. 种子发运计划

种子发运是履行种子经济合同的重要环节，种子企业应按照合同约定的期限、地点和方式认真组织种子发运工作，以保证营销工作的顺利开展。一般种子发运计划包括以下方面的内容。

（1）做好种子发运计划。种子发运前，要根据各品种的签约量和实际生产量，安排对各用户的种子兑现数量，然后分品种、分区域确定种子流向、发运顺序及时间，制定出切实可行的种子发运计划。

（2）报批铁路车皮及集装箱计划。一般车皮计划分计划内和计划外两种。计划内车皮，要求在发运的上月初（5～8日）向当地火车站申报车皮计划，待批准后在下月使用铁路车皮；计划外车皮，如果计划内车皮计划没有获得批准，又要急于发运种子，可由货主在本月2日前提出，经当地火车站同意（签字、盖章），由货主在本月5日前到铁路分局或铁路管理局报批，批准后方可以使用。

（3）按照铁路发运计划及时备足种子。为了能按照铁路发运计划及时备足种子，种子企业所产的种子必须按照合同规定和铁路对种子包装的具体要求，及时足量准备好，随时都能组织上站发运。

（4）备齐手续。按照有关规定，农作物种子长途调运过程中必须提供相关种子检验合格证、种子检疫证，因此这些必要的手续必须提前到有关部门办理好。

4. 组织发运

组织发运是种子运输的核心环节，一般包括以下步骤。

（1）当日请车，即日报批。发车计划获批后，要向铁路计划运输部门做好日计划，当日要车计划获得批准后，才能组织人力和运输车辆将种子运到车站。因此，种子企业必须有专职人员负责种子发运工作，以加强同铁路计划部门和车站货运室的联系，及时提报计划，组织上站及发车。

（2）组织上货。获得日批车后，要及时组织人力和运输车辆将种子运到车站。上货前，负责发运人员要向种子检验员索要种子检验合格证书，同种子保管员对所发品种进行点件检斤接货，递交种子出库单。上货当中，要严防种子丢失、破包等现象发生。运到车站后要码垛点件，安排专人看管。

（3）组织装车。装车前要填写货物运单，填写时要按要求认真细致填写，不能出现丝毫差错，以免带来不应有的损失。并向铁路货运室递交种子检验证书，使之与货同行。种子检验合格证附货单直接邮寄给客户。装车时要同货运管理人员一同清点货物件数，监督装车，核对是否与货物运单所填写的数量相符。装车后立即用铅封封好车门。特别需注意的是，发运种子要使用铁闷子车厢，以避免淋雨或丢失，装车前要清扫车厢，防止对种子的污染。

（4）账目结算。种子装车发运后要及时与铁路货运室结算各项费用，以利根据合同约定的结算方法和费用负担的划分对客户及早结算，回收货款，加速资金周转。另外，发运一定要投保，以避免或减少运输风险。

第四节　种子质量管理

种子质量管理是按照农业生产的需求和用户所希望的质量目标，组织生产出质量符合标准的优质种子。建立种子生产质量管理体系是种子企业管理中的关键环节。质量管理体系和产品质量认证不仅是我国种子走出国门的绿色通行证，也是企业提高质量管理水平的需要。

一、种子标准与标准化生产

1. 种子标准化的概念

种子标准化（Seed Mondardization）是通过总结种子生产实践和科学研究成果，对农作物优良品种和种子的特征、种子生产加工、种子质量、种子检验方法及种子包装、运输、贮存等方面，做出科学、合理、明确的技术规定，制定出一系列先进、可行的技术标准，并在生产、使用、管理过程中贯彻执行。具体地说，种子标准化就是实行品种标准化和种子质量标准化。搞好标准化工作，对于提高企业管理水平，落实质量目标具有重要意义。

2. 种子标准化的内容

标准化工作范围广泛，一般可分为技术标准化和管理标准化两个方面。

（1）技术标准化。技术标准是衡量种子性能和质量的技术尺度，是直接衡量产品的标准。具体包括以下方面内容。

农作物品种标准。每个优良品种的来源不同，其具有的特定生物学特性和植物学特征各不一样，种子的栽培与繁制技术以及适应区域表现各异。品种标准既是对每个品种做出明确的叙述和技术规定，同时也是进行品种布局、种子生产、品种鉴定、田间管理等工作的可靠依据。

农作物种子生产技术操作规程。种子生产必须有规范的管理措施才能保证质量，我们必须根据不同农作物对外界环境条件的不同要求和不同的繁殖方式、授粉方式，制定不同农作物种子生产的技术操作规程，用以指导种子生产。

种子质量分级标准。种子质量分级标准是种子标准化的最基本内容，是衡量种子质量优劣的依据，是种子管理部门衡量和考核种子生产、种子经营和贮藏保管等工作的标准，又是贯彻以质论价、施行优质优价政策的依据。正因为如此，国家标准局颁布了《中华人民共和国种子分级标准》从种子的纯度、净度、发芽率和水分等指标对种子的质量进行了明确规定，只有符合质量标准的种子，才能用于农业生产。

种子检验规程。种子质量是否符合规定标准，必须通过质量检验才能得出结论。为使种子检验获得普遍一致的正确结果，必须制定一个统一的、科学的种子检验规程。1995年8月18日国家技术监督局发布了《农作物种子检验规程》，并于1996年6月1日开始实施。

种子包装、运输、贮藏标准。种子是商品，从收获后到播种前需要包装、运输、贮藏。因此，制定种子包装、运输及贮藏标准是防止机械混杂、保证种子发芽率和种子质量的重要环节。

（2）管理标准。管理标准是为了合理组织、利用和发展生产力，正确处理生产、经营、分配等环节的相互关系，以及为行政和经济管理机构行使其计划、监督等管理职能而制定的行为准则。它是组织和管理企业生产经营活动的依据和手段。管理标准包括种子条例、工作规程、办事守则、规章制度和各种管理办法等。

在种子生产、经营过程中，通过技术操作规程的规范化管理，种子的检验控制和质量标准约束等标准化科学管理，在繁制种子的过程中实施有效的保质增产措施，以及采用精选、包衣、包装等技术，有利于提高种子的科技含量，促进种子的生产水平登上新台阶，实现精量播种，节约制种亲本，保齐促壮，增加产量，确保质量，全面提高各方效益。

二、种子生产质量管理体系及其建立

种子企业必须执行国家的种子生产相关标准，制定种子生产技术操作规程，进行质量管理。种子企业必须根据种子质量管理现状，在生产、经营的全过程中，建立一套完整的质量管理体系。

1. 种子生产质量管理体系

种子生产质量管理体系是指为了经济地生产出符合用户要求质量的种子所需要的各种制度和方法手段体系。种子生产质量管理应从单纯的室内、室外检测转为全面质量控制，即通常所说的产前、产中、产后的质量全程控制。包括原种生产、亲本种子来源、生产田的布置、田间花期检验、种子收购把关、种子加工、计量、包装等各个环节的控制。其具体内容如下。

（1）制定质量标准。即在了解用户和农业生产需要的基础上，根据企业的经营方针、考虑企业本身的人员、设备、技术条件等，确定质量标准。

（2）建立健全组织体系。为加强质量管理，一方面要按照标准要求，明确各部门的责任、权限，开展有组织的活动；另一方面还要建立必要的协作体制，通过质量部门、制种领导小组和质量管理小组等组织推动全面的质量管理。

（3）实行内部管理标准化。即根据生产、经销各环节所需要的技术和管理要求，制定技术操作规程和管理方法，并对种子企业和基地全体人员进行技术培训及质量教育，使之按规程和标准进行工作。

（4）加强各环节管理。采取有效的管理方法和检验控制技术，检查各环节运作状态，督促其按标准规范进行。并对当中存在的问题及时给以处理，防止再度发生类似现象。

（5）质量保证。在做好以上几项质量管理工作的基础上，进行严格的检验控制，保证种子销售质量，并开展周到的售后服务，搞好种子质量使用情况的调查，为进一步提高质量提供依据。这样，将各项工作中的情报信息集中起来反映到各个部门，使质量管理工作系统化，从而真正做到全面的质量管理。

2. 种子生产质量管理体系的建立

建立种子生产质量管理体系是种子生产企业控制种子质量的重要手段，需要做好如下几方面的工作。

（1）增强企业全体员工的质量意识。种子企业应增强质量意识，端正业务指导思想，正确理解种子作为商品应遵循价值规律，克服短期行为，增强搞好质量的责任感，把加强种子质量管理贯穿到生产、经营、贮藏等各个环节中去，形成人人想质量、抓质量的局面。

（2）建立可靠的种子生产基地。建立可靠的种子生产基地，至少应具备两个条件。一是要达到一定生产规模。二是达到规范生产。基地制种做到五统一，即"统一种源、统一供种、统一去杂、统一田间检验、统一收购入库"。

（3）建立科学的种子加工体系。建立科学的种子加工体系是提高种子质量和使用效益的科学途径。要求我们严格按国家规定的标准进行种子加工，坚持规程化种子加工流水线工作方法，减少加工过程的品种混杂现象发生。

（4）建立健全种子检验体系，制定严格的质量管理制度。种子检验是种子质量管理的技术措施，种子企业要建立起设备完善、技术先进的现代化种子检验室；加强技术培训和上岗培训，搞好自查、自检，对所检验的种子质量进行登记，做到每一批种子都来源明、底码清、质量可靠。在质量管理制度上，一是种子检验员要按检验规程操作，认真把好质量关，杜绝"人情种"；二是从种子生产到使用每个环节的种子质量都要与技术管理干部、技术人员、检验员、保管员、营业员的岗位职责直接挂钩，并制定相应的奖惩措施；三是建立种子质量鉴定田，实行种子质量保证金制度；四是建立种子售后质量跟踪服务制度，实行质量担保。

（5）建立健全社会质量监督体系。加强社会和政府各职能部门对种子质量的管理监督，一是依据《种子法》及有关政策和法规，对种子市场进行规范化管理，严格落实"三证一照"制度，对无照、无证生产、经营种子的单位和个人，要依法坚决查处，严厉打击生产、销售假冒伪劣种子的不法分子；二是种子使用者要增强法律和自我保护意识，严格按分级进行种子检验。

三、种子质量认证

伴随着经济全球化，未来的种子市场必将国际化，原有的局部的、地区性的种子市场被全国性的、国际性的大市场所代替，种子企业的生产经营行为也必然会是国际化的。因此，种子质量管理工作也要顺应这个趋势，管理体制、法规、手段都要与国际接轨；管理水平要向国际水准看齐，管理人员的素质要高，知识面要宽；检验仪器设备、技术方法必须与国际接轨；检验证书和质量认证机构必须能够得到国际广泛认可。只有这样，国内种子企业才能够立足本国，拓展更大的国际市场空间。

1. 种子质量概念

根据 GB/T19000—2000《质量管理体系——基础和术语》中关于质量的定义，质量是指一组固有特性满足要求的程度。"固有特性"是指在某事或某物中本来就有的，尤其是那种永久的特性。种子质量可以从内在质量和外在质量两个方面来表述。内在质量包括品种真实性、种子纯度、净度、发芽率、水分、其他植物种子数目、活力、健康等指标。其中，种子纯度、净度、发芽率、水分4项指标必须达到现行有效规定的最低值。外在质量包括种子标签、计量和包装质量及售后服务等。

2. 种子质量认证的一般性知识

"认证"（Certification）一词的英文原意是一种出具证明文件的行动，是由可以充分信任的第三方证实某一经鉴定的产品或服务符合特定标准或规范性文件的活动。举例来说，对第一方（供方或卖方）生产的产品甲，第二方（需方或买方）无法判定其品质是否合格，而由第三方来判定。第三方既要对第一方负责，又要对第二方负责，不偏不倚，出具的证明要能获得双方的信任，这样的活动叫做"认证"。这就是说，第三方的认证活动必须公开、公正、公平，才能有效。认证包括产品质量认证和质量管理体系认证。

（1）国际种子管理机构——国际种子检验协会（ISTA）。ISTA 是一个由各国官方种子检验室（站）和种子技术专家组成的世界性政府间协会。它由分布在世界各国的政府官员和种子检验站成员等组成。其目标是：制定、修订、出版和推行国际种子检验规程；促进在国际种子贸易中广泛采用一致性的标准程序；发展种子科学技术的研究和培训工作。其任务是：召开世界性种子会议，讨论和修订国际种子检验规程，交流种子科技研究成果；组织和举办种子技术培训班、讨论会和研讨会；加强与其他国际机构的联系和合作；编辑和出版 ISTA 刊物，颁发国际种子检验证书。

（2）全面质量管理（TQC）。TQC 是当今世界各国企业界普遍接受的一种关于质量管理的科学理论，具有丰富的内容，较强的系统性和理论性。其中心内容是"三全"管理，即全员参加、全过程、全部门管理。它注重运用各种现代管理方法对生产环节进行控制，实施无固定模式，在实践中可以不断完善、提高、补充。全面质量管理是种子企业保证和提高种子质量，运用一整套质量管理体系、手段和方法进行的系统管理活动。企业实施 TQC 的成果可以通过产品质量得到保持和提高而产生巨大的效益，或通过获得一定级别的质量奖来体现。

（3）ISO 标准。ISO 标准是国际标准化组织（ISO）吸收 TQC 的精髓发布的，在全球通用的企业质量管理和质量保证的系列标准。它是 ISO 以法规文件形式公布的一系列推荐性标准，强调建立质量体系，即对内建立质量管理体系，对外建立质量保证体系。我国等同采用 ISO 9000 族标准的国家标准是 GB/T19000 族标准。ISO 标准是世界各国共同遵循的标准，执行这些标准，有助于种子产业直接与国际接轨，吸收国际先进的管理技术和经验，促进种子质量管理步入标准化、规范化、科学化和国际化轨道，提高国际竞争力。具体地讲 ISO 9000 族标准主要从以下 4 个方面规范质量管理。

①机构。标准明确规定了为保证产品质量必须建立的管理机构与职责权限。②程序。组织的产品生产必须制定规章制度、技术标准、质量手册、质量体系操作检查程序，并使之文件化。③过程。质量控制是对生产的全部过程加以控制，是面的控制，不是点的控制。从根据市场调研确定产品、设计产品、采购原材料，到生产、检验、包装和储运等，全过程按程序要求控制质量，并要求过程具有标识性、监督性、追溯性。④总结。不断总结、评价质量管理体系，不断改进质量管理体系，使质量管理呈螺旋式上升。

3. 种子质量认证程序

质量体系认证是指依据国际通用的质量管理和质量保证系列标准，由认证机构对企业的质量体系进行审核，并颁发证书，以证明企业的质量体系和质量保证能力符合相应要求，并予以注册。种子质量认证过程中需注意以下方面。

（1）提出建立科学的内部质量体系思路。通过了解和研究我国种业现状，分析行业种子质量状况，重点分析大型种子企业现状，发现存在的质量体系问题，结合新时期种子行业的发展趋势和有关种子法律法规，提出建立科学的内部质量体系思路。

（2）提高建设种子质量体系的认识。质量是企业的生命，质量体系建设直接影响企业产品的质量，公司从上到下应提高对建设种子质量体系的认识。

（3）进行 TQC 的基础工作。任何企业实施 TQC，都应具备一定的基础条件，做好一系列的基础工作，包括质量教育工作、质量责任制、标准化工作、质量信息工作和计量工作等，这些工作对建立标准化体系都是必需的。

（4）选择 ISO 标准。ISO 9000 族标准是国际标准化组织（ISO）于 1987 年制定，后经不断修改完善而成的系列标准体系。我国等同采用 ISO 9000 族标准的国家标准是 GB/T 19000 族标准。ISO 9000 族标准有如下特点：①ISO 9000 族标准是一系统性的标准，涉及的范围、内容广泛，且强调对各部门的职责权限进行明确划分、计划和协调，使企业能有效地、有秩序地开展各项活动，保证工作顺利进行。②强调管理层的介入，明确制定质量方针及目标，并通过定期的管理评审达到了解公司内部体系运作情况，及时采取措施，确保体系处于良好的运作状态。③强调纠正预防措施，消除产生不合格或不合格的潜在原因，防止不合格的再发生，从而降低成本。④强调不断的审核与监督，达到对企业的管理与运作不断修正与改良的目的。⑤强调全体员工的参与及培训，确保员工的素质满足工作的要求，并使每一个员工有较强的质量意识。⑥强调文化管理，以保证管理系统运行的正规性、连续性。如果企业有效地执行这一管理标准，就能提高产品（或服务）的质量，降低生产（或服务）成本，建立客户对企业的信心，提高经济效益，最终大大提高企业在市场上的竞争力。

正确选择使用 ISO 标准，目的是建立符合企业实际的质量体系，通过质量体系的运行开展质量管理，从而使产品质量得到保持和不断提高。ISO 9000 族标准提供了 3 种质量体系模式标准供企业选择使用，即 ISO 9001、ISO 9002、ISO 9003 三个标准。这 3 个模式的全面性、完善程度是依次降低的，内容是依次包容的。ISO 9001 模式最全面、最完善，适用于对产品质量要求高的企业；ISO 9002、ISO 09003 要求较低；ISO 9000、ISO 9004 是以上 3 个标准的辅助标准；ISO 9000 可以看成是 3 个模式的选择指南，而ISO 9004 是使用说明书。

（5）制定质量方针、目标和质量体系文件。实施 TQC 和 ISO 标准，都必须首先制定企业的质量方针，确定质量目标。质量方针的制定应由企业最高领导人亲自制定，且要反映种子的生产特点，鲜明有效；然后，按照质量方针要求确定具体可行的质量目标。

ISO 标准要求的质量管理体系和保证体系，都要以文件形式规定下来。这些文件包括质量手册、质量体系程序文件汇编、质量计划、质量记录等。

（6）实施有第三方参与的认证工作。种子质量认证是由第三方依据程序对种子、生产或服务质量进行监控、评价。要使种子企业的质量管理工作得到社会的承认、普遍的认可，最有效的办法是申请并获得第三方质量认证。随着种子工程的实施，种子认证制度将日益完善，种子产业的产品质量认证和质量体系认证必将成为种子质量评价的重要手段。

4. 种子质量认证的意义

（1）强化品质管理，提高企业效益；增强客户信心，扩大市场份额。负责 ISO 9000 质量体系认证的认证机构都是经过国家认可机构认可的权威机构。

（2）获得国际贸易"通行证"，消除国际贸易壁垒。

（3）消除第三方审核的弊端，节省开支。在现代贸易实践中，第三方审核已成为惯例，致使供方要支付相当的费用。企业在获得了 ISO 9000 认证之后，申请产品品质认证，可以免除认证机构对企业的品质保证体系进行重复认证的开支。

（4）在产品品质竞争中永远立于不败之地。实行 ISO 9000 国际标准化的品质管理，可以稳定地提高产品品质，使企业在产品品质竞争中永远立于不败之地。

（5）有效地避免产品责任。目前，发达国家对产品制造商的安全要求越来越高。按照各国产品责任法，如果厂方能够提供 ISO 9000 质量体系认证证书，便可有效避免产品责任。

（6）有利于国际间的经济合作和技术交流。ISO 9000 质量体系认证使合作双方建立起互相信任，有利于双方迅速达成协议。

四、水稻种子质量与非质量问题的区分与处理

（一）杂交水稻种子质量问题与非质量问题的正确区分

综合《种子法》及其相关法律法规的规定，种子质量问题是指由于种子质量低于国家强制用种标准（见表）或含有国家规定检疫对象（即有害生物）所造成的产量损失和质量影响；非种子质量问题是指除上述原因以外由栽培管理、病虫危害、气候异常

和人为因素等造成的产量损失和影响。

表 我国粮食作物种子质量标准——禾谷类（GB 4404.1 – 2008）

作物名称	种子类别（大田用种）	质量指标（单位:%）			
		纯度不低于	净度不低于	发芽率不低于	水分不高于
水稻	常规种	99.0	98.0	85	13.0
	杂交种	96.0	98.0	80	13.0
玉米	单交种	96.0	99.0	85	13.0
	双交种或三交种	95.0	99.0	85	13.0

1. 如何初步判断种子质量问题与非质量问题

（1）种子质量问题往往是在该大包袋装甚至该批号种子中普遍发生，每批号种子质量没有大的区别；非种子质量问题往往只发生于极少数农户。

（2）受非种子质量问题影响的可能包括某一农户种植的多个品种，种子质量问题只会影响到有种子质量问题的单一品种。

（3）大面积的非种子质量问题可能包括同一种栽培方式、同一类治虫防病措施或者遇不良天气条件时的多个品种。

（4）除气候影响以外的非种子质量症状在田间往往呈条状或者块状分布，而种子质量症状和受气候影响的非质量症状在田间一定呈均匀分布。

2. 非种子质量问题的成因、类型和表现症状

（1）用种不当。个别农户人为错将两个品种种子混种一块秧田，或由于对杂交稻缺乏科学常识误用 F_2 代，或发生早、中、晚稻种子错季用种。

（2）育秧管理不当。浸种催芽措施不当引起的烂种烂芽，育秧措施不当造成烂秧坏苗，秧龄过长引起早穗现象，不同育秧和栽培方式造成生育期延长或缩短，撒播种子前茬落粒谷造成含杂。

（3）肥水管理不当。施用氮肥过多过迟造成贪青晚熟。施肥不匀造成田间长势不一，施用未腐熟有机肥和劣质肥料等造成禾苗生长异常甚至死亡，田间长期渍水造成僵苗矮化和黑根烂兜，孕穗抽穗期长期干旱缺肥造成抽穗包颈、穗粒变小、结实下降、后期早衰等。

（4）品种倒伏。施用氮素肥料过量或干旱缺水、长期渍水引起倒伏，遭遇狂风暴雨、洪水冲击等出现倒伏，冷浸田、深泥田扎根不稳易倒伏。

（5）病虫危害。主要虫害二化螟和三化螟、稻纵卷叶螟、稻飞虱、稻蓟马、稻秆潜叶蝇、稻椿象、稻水象甲、稻象甲等，常见病害有稻瘟病、纹枯病、白叶枯病、稻曲病、黑条矮缩病、恶苗病、赤枯病、叶鞘腐败病等，危害症状和损失程度不一。

（6）气候因素。气候异常往往对杂交水稻生产造成大范围的灾害和引发病虫害的大量发生，产量损失大，易引起群发性错误定性为种子质量纠纷。异常低温造成生育期延长、抽穗包颈、散粉不畅、结实率降低，异常高温造成生育期缩短，影响受精空壳率增加、高温逼熟导致千粒重下降，大雨洗花影响结实。

（7）药物危害。药害的主要特征是田间呈块状、条状分布与施药者的走向密切相关，常见的有：过量施用敌敌畏等乳油类农药灼伤叶片和稻穗，喷施假冒农药或配置农药不当等产生药害，田间除草剂使用过量或方法不当，错施草甘膦、农达等广谱性除草剂或者使用施用除草剂后未洗净喷雾器等。

（二）种子质量事故的处理程序

1. 建立完善的种子生产经营档案，保存销售凭证

根据《种子法》规定，种子经营者必须建立完备的种子经营档案，含种子包装批号，批发零售数量，用种农户姓名、地址和联系方式，开具销售票据，提供详细技术讲解及分发高产栽培技术资料。用种农户必须妥善保管好购种凭据及种子包装袋、种子内标签等，否则生产销售商不予负责。

2. 乡镇零售商现场调查

零售商接到质量投诉时，要耐心接待和认真登记，详细记录农户姓名、所在村组、购种数量批号、种植面积、反映的问题，查清经营档案，现场调查判断是质量问题还是非质量问题。如属种子质量问题，查清种子来源及该批种子数量，摸清有问题种子的种植范围，问题严重程度。小问题多作解释工作即可，比较大的问题当场不作结论。

3. 上报调查

零售商将调查问题详细情况登记表上报上级供种经销商，上级经销商根据销售档案和问题登记表进行实地调查，提出书面处理意见，上报公司；如问题很严重，经销商不能解决，需将所有与问题相关的材料上报公司，并积极协助公司调查。

4. 公司处理

公司在接到直属经销商反映情况后，派遣专人及时开展系列调查，首先调查出反应有质量问题的种子生产和销售详细档案（包括购种农户姓名、地址、购种数量、批号、种植面积），会同经销商临田进行实地调查、了解和确认，回公司将调查结果和处理意见向主管领导书面汇报。如确属种子质量问题，则主管领导将在一定时间内做出处理决定并落实。

（三）种子质量问题的调查与处理方法

1. 种子发芽率问题的调查与处理方法

详细调查。调查人调查种子发芽率问题，首先要弄清楚农户在浸种时是否操作得当，是否发生秧田冻害、肥害、药害、水淹等。调查种子发芽率的有效时间是种子催芽至播种下田之前，秧田影响种子成活的外因较为复杂不能作为调查的唯一现场。

发芽率方法计算。随机从种子堆中取样（数量在 500 粒以上），计算已正常发芽的种籽粒数和种子总粒数，如果发芽率不低于 80% 则种子发芽率合格。

原因分析判断。若当事人双方对该批种子发芽、调查方法分歧较大，则应对同批来源种样或封存进行重新分样鉴定，直至双方认可为止。

2. 种子纯度问题的调查与处理方法

确定调查时间。种子大田种植纯度的调查时间为齐穗后至收割前。调查人员下田调查前必须要求用种农户出示购种凭证、小包装袋、种子内标签，三者俱全方可下田，证实调查田块户主真实性和确认田间种植品种的真实性。

确定杂株类型。①不育株，大田表现比杂一代正常株矮，包颈严重、穗子小且多为空壳；②三系组合保持系，能正常抽穗、结实，穗型较小，熟期不一致；③串粉杂株，属制种隔离不严引起，大田表现生育期比正常株或早或晚，株高参差不齐，株叶型与正常株不同，结实或不结实；④异品种，属机械混杂引起，熟期和农艺性状与正常株区别较大，杂株类型较少。

田间取样调查与纯度计算。在种植大田随机取样 1～3 点，每点抽取 500～800 兜进行调查：首先数总兜数 500～800 兜；其次数杂兜数，整兜杂记为 1，非整兜杂记为 0.5，划分杂株类型；最后，计算种子纯度，种子纯度（%）＝［（总兜数）－杂兜数（整杂兜数＋半杂兜数×0.5）］÷总兜数×100。

种子纯度处理方案。如调查发现种子纯度低于 96%，种子供应商可与用种农户进行协商，按照南方稻区种子杂株超标赔偿惯例，种子纯度达不到 96%，则每下降 1%，每亩赔偿稻谷（干谷）8 市斤*，按国家现行稻谷收购保护价换算为赔偿款，种植面积按种子包装袋标注的每亩大田用种量说明标准进行换算。如农户与种子供应商协商不成则可根据《种子法》及相关的法律条文处理。

（四）处理非质量问题对供种经销商的要求

从严格角度来讲，在符合国家和地方法律法规的前提下，供种企业只需要对真正的种子质量问题负责。对非种子质量问题，各级供种经销商本着人道主义和加强售后技术服务的态度，有现场鉴别解释和技术指导的义务，对供种经销商的基本要求为：①具备丰富的专业和相关法律知识；②热情服务的态度，与购种农户交流解释的能力和吃苦耐劳的工作作风；③掌握正确的工作方法和程序，及时诊断非种子质量问题发生的原因，提供解决问题的有效技术方案，深入现场进行耐心细致的解释和给予科学详细的技术指导，尽量挽回用种农民损失。

实例：孟山都的核心竞争力

美国孟山都公司创建于 1901 年，最初是一家化学公司，后来逐步拓展到农业、生物科技和制药领域。该公司目前拥有世界上许多最先进的生物科学技术，其生产的转基因农作物基本上垄断了全球转基因作物市场。

目前，美国大约 80% 的大豆田种的是转基因大豆，30% 玉米地种的是转基因玉米，而在全球种植的基因改良农作物中，大约 90% 使用了孟山都的技术。孟山都的许多产品都在美国及世界市场上占据主导地位，如"农达"（Roundup）除草剂、"保丰（Yieldgard）"牌玉米、抗棉铃虫的"保铃棉（Bollgard）"、抗虫的"Newleaf"土豆等品牌产品畅销全球。2001 年，孟山都生产的具有防虫和抗杂草特点的种子产品在全世界同类产品市场上拥有 90% 的市场份额。

孟山都的创业者很早就提出了公司的 4 个美德——决心、创新、领先和远见。100多年来，孟山都人一直传承这些传统，并不断地改革体制和创新观念，逐渐形成了其独

---

* 1 市斤 =0.5kg，全书同

有的企业文化，这些文化指导孟山都人在科学技术、经营理念、经营策略、市场开拓等方面不断进行开拓和创新，使公司在农业、生物技术等领域一直保持者世界领先地位。

孟山都在研发方面的投资从来没有间断过，2000 年达到 6.95 亿美元。2001 年，孟山都公司将 5.5 亿美元中的 83% 投入到种子与生物科技的研发项目中，而行业的平均水平则只有 29%。孟山都不但自己拥有许多著名的实验室作为研究机构，同时还通过一系列收购活动，以及与诸多大学建立合作关系。自 1995 年开始，公司用于收购主要农业公司或建立合作关系的资金超过了 80 亿美元。依据美国食品与药品管理局（FDA）和美国环境保护局（EPA）对食品和环境的安全标准，保障产品安全，孟山都着力开发新植物种类，利用新技术净化人类水资源，为公司的未来开拓可持续发展的潜力。

根据上述资料，分析：

孟山都公司的核心竞争力主要表现在哪些方面？

本章小结

种子生产管理主要包括种子基地建设与管理、种子生产过程管理、种子流通管理等环节。目前，我国种子生产基地可分为：自有良种繁育基地和特约良种繁育基地两种形式，包括"经营企业＋生产基地，企业＋基地，企业＋基地＋农户，企业＋农户，全国性企业＋地方性企业"等模式。

商品化种子的田间生产采用种子分级繁育，世代更新制度，保纯繁殖生产和循环选择生产；并注意做好以下工作：广泛宣传种子工作的重要性；建立严格的规章制度，完善的技术指标体系与约束机制；定期进行种子繁制技术培训。只有收前做好应有的准备工作，加强生产全过程的监控，收购时、收购后都严格管理，并对收购的种子进行田间检验和室内检验，才能确保获得的种子质量上乘。

在种子的加工、储存和运输过程中，我们也要根据不同种子的不同特性，严格按程序、要求进行管理，确保种子在此环节其价值实现和创造尽量不受影响。

为了不断提高种子生产质量，我们还有必要建立种子质量管理体系，对种子质量进行认证。种子生产质量管理体系具体包括"制定质量标准，建立健全组织体系，实行内部管理标准化，加强各环节管理和进行全面质量管理"五方面的内容。开展种子质量认证时，第一，要建立科学的内部质量体系；第二，需提高建设种子质量体系的认识；第三，进行全面质量管理（TQC）的基础工作；第四，选择目标标准化组织（ISO）标准；第五，制定质量方针、目标和质量体系文件；第六，实施有第三方参与的认证工作。

复习思考题

1. 名词解释

种子生产　种子流通　种子标准化　种子生产质量管理体系　质量体系认证

2. 简述种子生产基地建设的主要形式。

3. 简述种子生产基地建设的一般模式。

4. 种子生产基地建设的原则有哪些？

5. 种子生产基地建设有哪些步骤？

6. 在品种种子生产过程中，要做好哪些工作？

7. 在种子收购过程中要注意哪些方面管理？

8. 种子入库后要加强哪些方面管理？

9. 建立种子生产质量管理体系需做好哪些方面工作？

10. 为什么要开展种子质量认证？在种子质量认证过程中有哪些注意事项？

第六章 种子市场营销

学习目标：1. 理解掌握种子市场营销的特点与理念；

2. 掌握种子市场营销计划书的内容与制定步骤；

3. 了解种子市场营销组织的类型；

4. 理解掌握种子经营中产品、价格、渠道、促销等方面的营销策略。

关键词：种子市场营销特点　种子市场营销计划的制订　种子市场营销组织

种子营销组合策略

现代市场营销学以经济科学、行为科学、管理理论和现代科学技术为基础，是一门研究以满足消费者需求为中心的市场营销活动及其规律性的应用科学。

第一节 种子市场营销

市场营销理论与理念在种子经营中的实践和应用，必须紧密结合种子行业、种子市场及种子商品特点，才能具有真正的理论指导意义。

一、种子市场营销概述

（一）种子市场营销的内涵

1. 种子市场营销的概念

参照美国市场营销协会 2004 年对市场营销概念的定义，种子市场营销可定义为：种子市场营销既是一种种子企业的组织职能，也是为了种子企业自身及相关者的利益而创造、传播、传递客户价值、管理客户关系的一系列过程。

对于种子市场营销概念的理解应着重在两个方面。一是种子企业的顾客，特别是终端消费者——种植户构成了种子市场的客源，因而，争取种植户的支持，千方百计地满足种植户对种子商品各方面的需求，并重视在种子营销的各个环节与种植户及相关中间商的互动，应该成为种子企业考虑种子市场营销问题的核心；二是种子市场营销不仅是种子经营的哲学，更是种子经营的过程，它具有将企业各部门进行组织、部门职能进行整合以及协调企业与顾客、社会各方面关系的功能。

2. 种子市场营销的内涵

（1）种子市场营销活动以满足种子市场需求、促进生产、扩大种子销售为目的。

（2）种子市场营销活动以研究确定种子市场需求为基础，并以此确定生产和经营种子的品种结构和数量。

（3）种子市场营销活动是种子企业管理的核心内容。具体包括：①市场调研；②目标市场选择；③品种研发；④种子生产；⑤种子加工；⑥种子贮运；⑦种子销售；⑧种子促销及售后服务；⑨信息交流等。

（4）种子市场营销活动既是以营利为目的的自由商业活动，又远远超出了流通交换的范围。

（二）我国种子市场营销环境特点

1. 行政管理及政策环境

种子经营政策法规。我国虽然先后发布实施了《中华人民共和国种子管理条例农作物种子实施细则》《基因工程安全管理办法》《农业生物基因工程安全管理实施办法》《农业转基因生物安全评价管理办法》《农业转基因生物进口安全管理办法》《农作物种子质量监督抽查管理办法》等种子经营政策法规，以及《中华人民共和国公司法》《反不正当竞争法》《保护消费者权益法》《商标法》《广告法》等与种子经营相关的法规，初步建立起了种子生产经营的法律法规框架，但在宏观管理方面仍然存在种子市场管理欠规范、品种保护不力、执法体系不够完善等问题，具体表现如下。

（1）品种保护不力，导致育种者申请品种保护的积极性不高。造成这种现象的原因主要有：①我国实施植物新品种保护的时间短，透明度低，信誉不高。②育种者缺乏自我保护意识。③执法环境差，存在有法不依、执法不严、违法不究的现象。

（2）种子市场管理欠规范。一些乡镇销售网点或个体经销户销售手续不完整、经营行为不规范、种子质量控制不到位，市场管理难度大。受地方保护或行政干预较多，种业市场管理面临许多困难。

（3）执法体系不够完善。一是目前仍有一部分县市级种子管理与经营没有彻底分开；二是执法人员素质不高，学法用法不到位，执法经验不足，执法力度不够；三是执法经费不足，手段落后，难以保证行政执法正常开展。

2. 行业环境

目前，我国种子行业环境主要存在以下问题。①种业体制不健全。许多种子经营部门和行政管理部门仍政企不分、产权不明晰、职责不分明，种子管理工作没有权威性。一是有的政府部门对种子公司还未彻底放权；二是产权不清，缺乏组建种业集团的体制基础；三是企业自身改革改制不到位。②行业相对封闭。种业工作专业独特，相对封闭，外来资本很难进入并从中牟利；营销通路带有强烈的传统色彩，从业人员大都专业能力较强，市场意识薄弱，致使一些先进的营销理念与产品运行方式导入相对较慢。③规模小实力弱。现有种子公司集中度低、生产规模小，大多数属于小型企业，抵御市场风险的能力弱，远不能适应种子产业国际化竞争和发展的要求。④行业进入门槛较低，退出壁垒较高。目前，我国种业进入的主要壁垒有植物新品种保护、种子生产经营许可证制度、资本需求、产业风险、规模经济、技术要求、产品异质程度等。但由于整体执法环境差等原因，进入门槛较低；同时地方保护主义和政企不分，成为一些企业退出的高壁垒。⑤竞争残酷而无序。首先，在一般性品种经营上，生产型企业与经营型企业均陷入市场的恶性竞争中。其次，经营型企业营销网络的多重存在与重复建设不但导致了竞争的残酷与无序，也给网络中各级经销商和生产商带来了不可预知的市场风险。

另外，由于竞争加剧，行业普遍存在赊销经营，经销商大量占用经营型企业资金甚至挪作他用，生产型企业与经营型企业必须有足够的经济实力或融资渠道才能长久支撑。

3. 市场环境

（1）种子商品特点。种子作为商品具有以下特点：①品种具有较低的需求价格弹性和较高的供给价格弹性。②品种具有较强的区域性。③种子质量总体欠佳。

（2）市场供求状况。从 20 世纪 90 年代中期至 21 世纪初，种子企业数量骤增，种子生产宏观管理不力，种子生产处于失控状态。种子市场明显呈现出供大于求的市场态势，许多种子企业严重亏损，有的濒临倒闭。

（3）品种与品牌推广。新品种的推广工作显得越来越复杂和难以控制，在其他行业中较快建立的现代营销理念与运作方式在种子行业中显得步履维艰。种子企业要快速而稳固地树立一种新的种子品牌，需要付出巨大的代价。

（4）新品种保护。新品种保护中问题重重，主要表现在：科研育种单位转让自己培育出的品种后，种子企业不按协议支付转让费；私下转让和亲本丢失现象严重，更为严重的是有些企业以不正当手段得到亲本后，改头换面，另起一个品种名字，使得新品种得不到应有的回报。

（5）市场终端消费者。种子商品的终端消费者是农民或农户，他们大多文化水平低，对产品的综合评估能力较差；是典型的风险回避者；具有极其明显的从众心理；购种行为存在一定的非自主性。

（三）我国种子市场营销主体——种子企业的特点

1. 我国种子企业发展总体状况

（1）我国种子企业历史沿革。20 世纪 70 年代前后，我国农作物种子供种体系呈现自选、自繁、自留、自用和辅助于调剂的"四自一辅"的生产经营状态，既没有种子企业也没有种子市场。自 80 年代开始，农作物种子形成"品种布局区域化，种子生产专业化，种子质量标准化，种子加工机械化，以县为单位统一供种"的"四化一供"模式，种子开始走向市场，但种子公司既是种子的经营者又是种子的管理者。90 年代中期以来，由于种子工程的实施，尤其是《种子法》的颁布实施，种子市场化水平逐步提高，多元化的种子企业得到迅速发展，种子市场空前繁荣，涌现出一批国内相对大型的种子企业。

（2）种子企业多种所有制形式并存。随着市场秩序逐步建立，种子企业改革和发展的步伐加快，企业所有制形式呈现多元化，有国有企业、中外合资企业、民营企业及股份制企业。从事种子经营的上市公司（证券简称，证券代码）有：合肥丰乐种业股份有限公司（丰乐种业，000713）、湖南亚华种业股份有限公司（亚华种业，000918）、袁隆平农业高科技股份有限公司（隆平高科，000998）等 10 余家。

（3）种业集聚度增加，竞争加剧。《种子法》的实施进一步激活了种子市场要素，各优势企业竞相做大做强，努力扩大经营规模和市场份额，种子经营逐渐趋向于规模化。

（4）种子企业科研投入增加，科技创新能力有所增强。种子企业加快了科研育种与科研单位合作的进程，许多种子企业自建科研机构，或与科研机构联合建立种子企业，一批育繁销一体化的大型种子企业正在形成。这些企业在育种科研上加大了投入，呈现了良好的发展势头。

（5）其他行业企业正逐渐进入种业。国家对种子企业的大力扶持、种子企业丰厚的利润回报等吸引着越来越多其他行业的企业进入种业。如大北农集团有限公司，原来的主营业务是饲料，近几年，大规模进行玉米品种"农大108"及水稻品种"两优培九"的开发经营。

2. 当前我国种子企业发展的内在限制因素

（1）政企不分的管理体制制约着产业发展。目前，各省级种子管理和经营已经分开，大部分的县级经营和管理也已分设，但均未能彻底脱钩。

（2）企业经营机制陈旧，还未能建立或完全建立现代企业制度，我国种子企业经营理念陈旧。管理方式落后，有些中小企业唯利是图，为追求利润制假售假、侵权冒名、虚假广告、违规违约，甚至违法经营、坑农害农。

（3）科技创新能力比较弱。我国种子企业普遍对新品种创新投入不足、基础研究滞后、科研资源分散，低水平、重复性研究项目多，突破性的品种少。

（4）企业规模过小，经营效益不高。我国现有持证种子经营企业8 000多个，但注册资本在3 000万元以上的仅有80多家，经营额在亿元以上的仅有14家，尽管50强种子企业占据了1/5的种子市场，但同国际大公司相比依然存在很大差距。

（5）种业发展基础薄弱，国内种子企业大都以经营为主。种子生产基地的农田基础设施和生产条件较差，抵御自然灾害的能力较低；繁育销一体化格局尚未形成，难以形成具有较强竞争力的繁育销一体化的大型种子企业，产业发展后劲不足，难以抵御自然风险和市场风险。

（6）信息网络缺失，各自为战。各级种子管理部门和经营单位都没有建立相应快速、准确的信息网络，致使种子生产者与销售者对市场信息掌握不准，无法向纵深发展。

二、种子市场营销计划的制订

市场营销计划是指在研究目前市场营销状况，分析企业所面临的主要机会与威胁、优势与劣势的基础上，对营销目标、营销战略、营销行动方案以及预算损益表的确定和控制。

（一）市场营销计划书的内容

一般来说，企业市场营销计划最终以营销计划书的形式呈现出来，计划书应包括计划摘要、当前市场营销状况、问题与机会分析、营销目标、营销战略与策略、行动方案、预算损益表及营销控制等八个部分的内容，各部分基本要求见表6-1。

表 6 – 1　市场营销计划书内容与基本要求

计划内容项目	基本要求
计划摘要	对计划进行整体性、摘要性论述，说明计划的核心内容和基本目标
当前市场营销状况	提供宏观环境相关背景资料及数据，收集与市场、产品、竞争、分销及资源分配等方面相关的数据资料
问题与机会分析	分析企业的主要机会和威胁、优劣势及产品所面临的问题
营销目标	确定该计划需要实现的销售量、市场份额、利润等基本指标
营销战略与策略	提供用于实现计划目标的营销策略与主要营销手段
行动方案	具体要做什么，谁执行，何时做，需要多少时间，需要多少费用
损益预算表	预计本计划的财务收支状况
营销控制	说明如何监测与控制计划执行

（二）种子市场营销计划制定的步骤

每个市场营销计划所针对的营销对象和目的不尽相同，现以假设的"A 种子公司"已育成玉米新品种的营销计划为例，说明种子市场营销计划的制定步骤。

相关背景：A 种子公司为北京地区新成立的以玉米种子经营为主的中小型种子公司。公司为股份制企业，经营管理各方面人员基本齐备，总体素质也较高，但大部分人员种子经营管理经验不够。通过各研发途径，公司已拥有"A 单 1 号"～"A 单 n 号"各具特点的较好的玉米品种，且均已通过北京市的品种审定。经过几年各地区试种和区试表现，公司主要经营管理人员认为'A 单'系列品种在目前情况下都有开发价值。针对新品种的开发，总经理责成营销部门对本公司新品种营销进行认真的论证和计划，并拿出较完备的有关新品种的营销计划书。营销计划制定的思路、内容和步骤如下。

1. 市场营销计划的起点

现代市场营销是以市场需求为核心和起点的营销，对种子企业而言，企业总体市场营销计划的起点是在新品种研发目标决策之前。通过市场调研和企业的比较研究，进行本企业的市场定位和产品定位决策，根据产品定位的思路和要求，进行新品种的研发。

2. 营销状况调查与分析

现代市场营销是充分考虑环境因素的营销，"A 单"系列品种营销首先要分析该品种的营销环境和市场状况。

营销环境。国家农业生产政策导向；农业部玉米产业发展政策及思路；两杂种子相关法律法规；玉米种子市场发育状况；玉米种业行业发展现状及规范性；各目标地区的气候和经济特点等。

市场状况。全国及目标地区玉米种子供求状况；目标地区目前主推品种情况，包括经营品种的企业、品种数量、主要品种市场占有率情况、品种优缺点及种植户的意见；新品种的市场覆盖情况与农户试种新品种的积极性；新品种、老品种种子近两年的售价。

对营销状况分析的结果，如认为新品种的开发与国家产业发展政策不符，或存在较大风险，或价值不大，或难度太大，应建议公司取消或暂缓对该品种的开发经营，同时该营销计划没必要再继续进行。

3. 问题与机会分析

（1）"A 单"系列与目标市场主推玉米品种的比较。分析"A 单"系列各品种与目标地区主推玉米品种间的优缺点。根据调查和试验数据，分析"A 单"系列各品种的比较优势，主要分析目标地区原有品种是否有致命的缺点以及"A 单"系列各品种是否具有相应的优点和特别适宜区域。从品种的差异性或特异性上寻找新品种开发的市场机会。例如，营销部门经过分析认为目前只有"A 单 1 号"一个品种具有较好的开发前景。该品种的主要特性为：普通粒用型玉米品种；春播平均生育期为 125 天，夏播平均生育期为 105 天；适合吉林、辽宁、内蒙古东部和陕甘宁低海拔地区春播以及黄淮海地区夏播；试种和区试中表现出较好的高产和稳产性以及对多种病害的抗性；较优质，抗倒伏。最后确定该品种的最有优势地区及市场目标。

（2）A 种子公司与目标地区同类企业进行比较，分析本企业的竞争力和比较优势。了解其他主要企业的主营品种、试种新品种和后续新品种情况，分析其财务状况、经营管理的特点、弱点、特别是营销方面薄弱点和隐藏的危机等。在此基础上，制定的营销计划就会有针对性和特色，同时也会使本企业可以尽量避免营销方面同样的失误。

4. 营销目标设定

营销目标是所有营销计划内容的服务指向。营销目标分为财务目标和市场目标两个方面。由于种子企业的品种开发的特殊性，营销目标又可分为近期目标和长期目标。

财务目标主要包括年度利润指标、长期投资收益率、品种经营预计生命周期内现金流量等，这其中包括对不同时期"A 单 1 号"种子价格及广告投入效果的预计。

市场目标主要确定"A 单 1 号"品种种子在各年度的销售量、年度间销售量增长率、销售额、市场占有率、品种生命周期等。

5. "A 单 1 号"品种营销组合策略

对应 4P 理论的营销组合策略，目前，核心产品——品种是确定的，需要相应的有形产品和附加产品进行细化设计。其他内容包括：不同生命周期种子的价格、针对目标地区和市场的销售渠道及销售方案、促销策略、宣传手段和广告支持形式等。

对应 4C 理论，销售渠道设计怎样保证农户尽可能方便地购得该品种的种子，怎样做到与客户建立共同利益关系，怎样建立顺畅的信息双向沟通渠道和机制。

对应 4R 理论，公司如何应对种子市场可能出现的变化，迅速处理突发事件，提高顾客的忠诚度，赢得长期而稳定的市场。

对应 4V 理论，公司如何通过种子产品的差异化包括后续品种的推介和试种、功能化的细化设计，增加种子的附加价值以提高公司经营的效益，并通过对种植户的技术指导、培训和市场指导提高他们的收益。

6. 行动方案

行动方案是市场营销的具体手段和途径，是实现营销目标的可信保证。行动方案必须包括以下内容：将要做什么，什么时候做，由谁负责做，所需的费用等。例如，针对"A 单 1 号"品种营销 2012 年度的行动方案（表 6 - 2）

表6-2 "A单1号"品种2012年度营销行动计划表

营销目标："A单1号"品种2012年度市场开拓，推广面积1万hm²，示范点50个

行动项目	内容及具体要求	完成日期	负责人	费用
订立种子销售合同，销售种子	完成50万kg售种任务，价格6元kg以上	2011年11月30日前	销售部	2万元
2011年种子收购、清选、包装种子发运	收购+清选+包装+装运合格种子40万~45万kg，总费用3.5元/kg以内	2011年12月15日前	生产部	2011年11月需收购款130万元
	根据售种合同将种子发运到客户指定地点	2012年1月20日前	销售部	4万元
"A单1号"繁制亲本收购、清选、装运	母本种子7 500kg以上，父本种子1 500kg以上，总费用在4.0元/kg	2011年12月31日前	生产部	3.6万元
种子包装设计，宣传品、包装袋订货	根据客户要求、农户特点和品种特点设计	2011年11月30日前	营销部	——
销售回款	根据售种合同催促客户尽快给付种子款，最终回款率在90%以上	2012年5月1日前	销售部	2万元
试种、示范	在吉林、辽宁、甘肃、河北、山东5省各布10个示范点，每个示范点面积在0.7hm²以上，保证示范点成功率80%以上	2012年1月1日—2012年11月1日	推广部	3万元
新品种区试	选2个品种参加全国区试，选2个品种参加地方区试	2012年1月1日	研发部	1万元
2012年制种基地落实	落实制种面积200hm²，最终完成收购合格种子60万kg	2012年1月31日前	生产部	3万元
销售点广告支持	在主要经销商所在2个县电视台，销售旺季做2期新品种推介和销售支持广告，每期7天	2012年3月1日—4月1日	营销部	4万元
示范推广现场会	在东北和黄淮海地区各选1个好的示范点，进行新品种宣传和现场推介	2012年9月1日—9月10日	推广部	2万元

7. 营销计划损益预算表

根据行动方案，应编制相应的预算方案，估算营销计划的收支情况或利润，一般以损益报表的形式呈现。现以上述营销行动计划表编制损益报表6-3。

8. 营销控制

营销控制用以监测计划的执行。其通常的方法是将目标和预算按月或季度分解，定期检查计划完成情况，发现偏差及时予以纠正。

9. 完成营销计划书的编写

营销计划由营销部门负责制定和编写，但并不是说营销计划是营销部门一个部门的事情，实际上市场营销和营销计划制定需要公司各部门的密切配合。营销计划书的制定和编写过程，也是整个公司各部门协调和讨论的过程。营销计划由财务部和总经理审核，经董事会批准后，方可实施。

（三）种子市场营销计划评价标准

市场营销计划关系到种子企业的效益和生存。营销计划的制定与实施很大程度上决

定了企业产品销售业绩。种子市场营销计划的优劣可以从以下几个方面来评价。

（1）符合实际情况，具有可操作性，以本种子企业现有资源可以做到，在时间安排上也合理。

表6-3　"A单1号"品种2012年度营销行动计划损益表（简化）　　单位：万元

项　目		金　额
1	销售收入	240
	产品成本	140
	毛利润	100
2	费用	45.5
	销售费用	8
	推广费用	5
	基地费用	3
	广告费用	4
	财务费用	3.5（140×5%/2）
	人工及管理分摊	20
	其他	2
3	利润	54.5

（2）计划目标尽量清楚，对于要完成的任务和时限不存在疑问。

（3）计划完整连贯，避免行动过程中有脱节现象。

（4）具有适当的弹性，以适应出现新情况，或能够充分利用意外出现的机会。

（5）行动安排有优先顺序，使执行人员了解哪些事情最重要。

（6）营销计划应该是企业内外所有涉及者及合作者充分沟通的结果。

（7）营销计划有衡量计划成功的具体标准。

（8）日期明确，以便及时检查计划的实施情况。

（9）计划总体具有最佳的投入产出比。

三、种子市场营销组织

市场营销组织是指企业内部涉及市场营销活动的各个职能部门及其结构。组织的构成、设置和运行机制应当符合市场环境的要求，具有动态性、适应性和系统性等特征。

（一）全员营销理念

全员营销是指全体员工以市场和营销部门或营销活动为核心，研发、生产、财务、人事、推广、销售、物流等各部门统一以市场为中心，以顾客为导向开展工作，实现营销主体的整合性。各部门都关注和支持企业的整个营销活动的分析、规划、指挥、协调和控制流程，尽量为顾客创造最大的价值，使顾客满意度最大化，从而使公司获得强大的市场竞争能力，快速且稳定地发展。

在全员营销理念下，围绕市场营销目标，企业内部各部门都是彼此的"顾客"，构成了一个"内部市场"。各部门的职能是尽量给其他部门提供服务和支持，即满足"顾客"需求。各职能部门工作的出发点是让其他部门满意，如生产部门应该充分考虑财务的成本要求、研发部门的生产配合要求等。

（二）种子市场营销组织的类型

1. 职能型组织

这是最常见的市场营销组织形式。它把销售职能当成市场营销的重点，而广告、产品管理和研究职能则处于次要地位。它适合于产品品种很少，或各产品市场营销方式大体相同的企业（图6-1）。

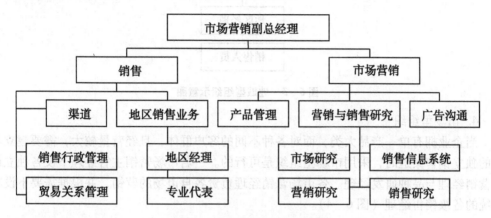

图6-1　职能型组织示意图

2. 产品型组织

产品型组织形式是在企业内部建立产品经理组织制度，以协调职能型组织中的部门冲突。在企业生产的各产品差异较大、品种太多，在职能设置的市场营销组织无法处理的情况下，建立产品经理组织制度是适宜的。其基本做法是，由一名产品营销经理负责，下设几个产品大类经理，产品经理之下再设几个具体产品经理负责具体产品的营销（图6-2）。

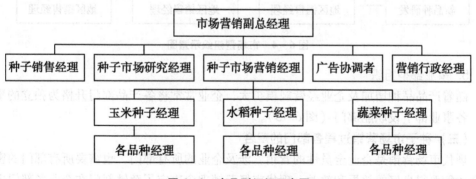

图6-2　产品型组织示意图

3. 地域型组织

这也是营销组织常采用的一种形式。此类型组织管理简单、职责划分清楚。当企业的市场营销活动面向全国或地理区域分散时，营销组织通常按地理区域设置营销机构或销售队伍。这类型机构设置包括，一名负责全国销售业务的经理，若干名区域销售经理、地区销售经理和地方经理。为使整个市场营销活动更为有效，地域型组织通常都是与其他类型的组织结合起来使用（图6-3）。

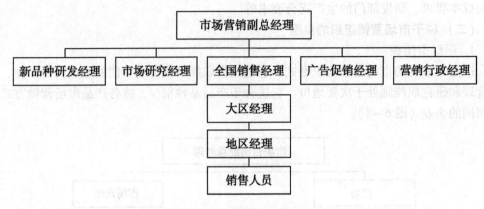

图6-3　地域型组织示意图

4. 市场型组织

当企业拥有单一产品大类，面对各种不同的客户群体，且经营量较大，需要建立不同的独立销售渠道时，采用市场型组织是可行的。一名市场营销主管经理下设各独立市场营销经理与品种研发经理。各市场营销经理负责各自市场的营销，并根据需要下设本系统的各级销售经理（图6-4）。

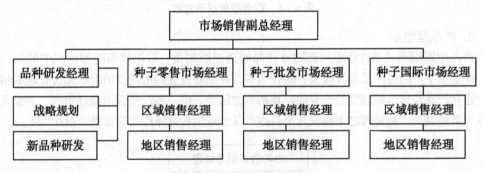

图6-4　市场型组织示意图

5. 事业部型组织

随着产品品种增加及企业经营规模扩大，企业常常将各产品部门升级为独立的事业部，各事业部下设职能部门（图6-5）。

（三）种子市场营销过程各部门的配合

现代市场营销是企业全员性的营销，涉及企业的所有部门，也需要所有部门的密切配合才能取得良好的效果和效益。现代市场营销理念决定了营销部门在企业各部门中具有核心地位，也要求市场营销过程是整合企业各部门职能的过程。下面以营销组合策略制定过程为例，说明企业各部门在市场营销中的配合。

营销组合策略由主管市场营销的副总经理负责作最后决策，具体制定过程由营销部门负责牵头进行，营销副总经理做各部门间的协调工作。首先，营销副总经理、营销部门与市场研究部门，根据市场信息和市场调研分析结果，就本企业经营的市场定位和产

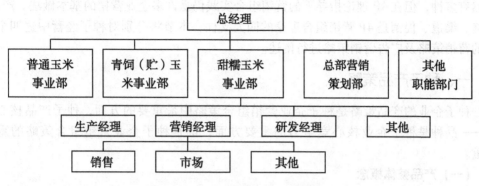

图6-5　事业部型组织示意图

品定位进行交流与研究。营销部门在企业市场定位和产品定位明确的情况下，牵头组织营销组合策略的制定。营销部门与各部门在沟通的基础上，拟定出营销组合策略初步方案并送达各部门负责人。各部门针对涉及本部门的有关方面提出意见和建议。营销部门对反馈意见进行认真研究，必要时，需与有关部门进行细致的沟通。在所有部门对营销组合策略方案基本认可后，拟出较正式的方案送交营销副总经理。营销方案开始实施后，如无情况变化，各部门应根据方案内容要求严格执行（图6-6）。

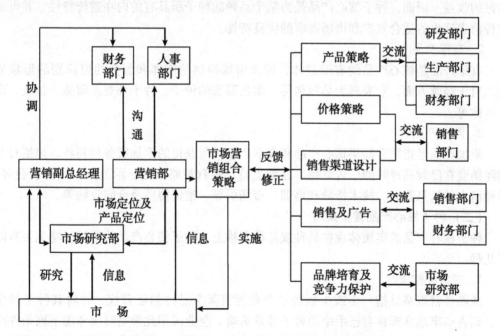

图6-6　营销策略制定过程中各部门配合示意图

第二节　种子市场营销组合策略

企业的营销策略应是对营销组合各可控因素进行整体性考虑的策略，营销组合理论虽然有多种，但在4P理论指导下的营销组合实践仍是许多企业营销的基本做法。产品、价格、渠道、促销是4P营销组合理论的四大支柱，本节将分别对种子经营中这四个方面的营销策略及广告营销策略进行阐述。

一、种子产品策略

种子企业的产品策略是种子企业营销组合策略中最重要的方面，种子产品核心内容——品种是种子企业核心竞争力的重要方面，也是种子企业营销组合策略的重中之重。

（一）产品整体概念

产品是指能够提供给市场，用于满足市场某种欲望和需求的任何事物，包括实物、包装、服务、场所、思想、心理满足等。产品整体概念包含核心产品、有形产品和附加产品3个层次。

1. 核心产品

核心产品是指消费者真正需要购买的东西，消费者购买产品，并不是为了占有或获得产品本身，而是为了获得能满足某种需求的效用或利益。农户购买种子，其最终目的并不是种子本身，而是购买某个品种种子所具有的高产或优质特性，进而通过种植获得良好的收益。因而，种子核心产品是指某个品种的种子所具有的内在遗传特性，并可通过种植表现出的适合农户和市场需求的优良特性。

2. 有形产品

有形产品是核心产品的有形载体，即向市场提供的实体和服务的可识别的形象表现。对于经营方面，它表现为品种名称、实物形态的种子、种子外观及质感、包装、商标名称等。

3. 附加产品

附加产品是指顾客购买核心产品和有形产品时所获得的附加服务和利益。包括对下游经销商在经营品种时的广告支持、品牌支持、经营策略指导、示范推广及现场会等；对种植户的信息服务、技术指导和培训、市场引导、销售协助及合同收购等。

（二）种子核心产品营销策略

种子核心产品的实质体现在品种或品种名称上，种子核心产品的营销策略主要有以下几种。

1. 垄断经营策略

垄断经营策略是指一个或少数种子企业拥有某个品种的经营权，并将其种子的生产、销售牢牢地掌握在自己手中的种子经营策略。企业采用此策略时应考虑下列条件或因素：①本企业或少数种子企业拥有该品种的合法经营权；②有非常可靠的亲本繁殖和种子生产基地，以及可靠的生产技术人员；③品种在一定区域表现非常突出，受种植户欢迎；④高利润、高薪酬以及良好的知识产权保护环境是施行这一策略的有力保证；⑤少数种子企业对某一品种垄断经营时，企业间应有良好的种子经营总量控制和协调机制。

品种地区总代理或总经销属于这种经营策略。采取这一类型策略，一方面需要与上游企业有良好的关系、良好的市场运作能力以及雄厚的资金实力等条件，另一方面，如果企业的经营利润有限，则很可能成为无源之水。因此对于大多数种子企业来说，该策略并非长久之计，一般不宜作为种子经营的主业。

2. 品种领先策略

品种领先的背后是科研领先，这是科研实力强的单位或企业常常采取的经营策略。其特点是依靠自身科研实力，培育超一流品种，并在此基础上不断推陈出新，保持在某一领域的品种领先地位。品种领先策略需要强大的科研实力作支撑，不断超越自己，并持续地推出超一流品种，是种子企业长期采取这一策略的关键。如20世纪90年代中后期，美国孟山都在中国推出抗虫棉，取得了阶段性成功，但由于后续品种的缺乏，不到10年，孟山都精心打造的抗虫棉种子经营在中国市场的地位便一落千丈。

3. 品种跟进策略

相对于品种领先策略，品种跟进策略是一种取巧策略。种子企业如果在别的企业开拓新品种的过程中，看到了好的市场前景，或虽然首先看到某一类型品种有好的市场前景，不愿意对新市场培育进行投资，可以采用品种跟进策略。采用这种策略，一方面要非常了解领先品种的特点，特别是其弱点，另一方面，要有培育出跟进品种的实力。

例如，20世纪90年代，美国孟山都生物公司在中国推广的抗虫棉获得成功，让中国农业科研单位及种子企业看到了广阔的市场前景，并了解到该公司的品种经营上存在两大弱点，一是品种单一，二是价格太高。针对其弱点，包括中国农业科学院棉花研究所和生物技术中心在内的数家中国农业科研单位陆续培育出更加适合本地区栽培和价格相对低廉的抗虫棉品种，在经营效益和争夺国内棉花种子市场上取得了成功。

品种跟进策略市场风险相对较小，但其市场开拓相对领先者难度较大，经营利润率通常也较小。

4. 填补市场空白策略

填补市场空白策略是一种针对市场空白或薄弱领域进行的新品种开发和经营策略。它是一种逃避竞争策略，且市场大都是一些小市场或低价值市场。该策略适合于刚进入种子行业且经济实力不强的企业。种子企业依靠这一策略在短期内赢得自己生存空间是可以的，但想要长期依靠其生存或有大的发展比较困难。

5. 品种多样化策略

种子企业同时经营多种作物，或经营同一作物多种类型品种的种子，都是品种多样化策略。前一种也可称作品种综合经营型，国内许多种子公司都采用这一类型的策略，特别是区域或地方直接面对农户销售种子的企业。

同一作物多种类型的品种策略，一方面可以丰富品种类型，增加客户群体和经营利润，更重要的是让其他同类企业的生存空间变得狭小，从而减少了同一领域的企业数量，也就相对减少了竞争。例如，中国农业科学院蔬菜花卉研究所的甘蓝，共有春播早熟品种、春播中熟品种、秋播早熟品种、秋播中熟品种和秋播晚熟品种等10余种优良品种。这些优良系列品种的推出，让想涉足其品种推广地区该领域的许多种子企业几乎看不到生存的空间或希望，因而能使其维持长期的优势地位。采取这种策略，需要强大的科研实力为后盾，并且每个细分市场都有优异的品种。

6. 优质取胜策略

种子企业在市场上，尤其在经营同一类似品种时，不可避免地要遇到与其他企业的正面交锋。在这种情况下，采取竞相降价的策略只会是两败俱伤，应尽量避免，正确的策略就是以质取胜。

优质取胜策略是一种正面竞争的品种策略，20世纪90年代，山西屯玉种业，在玉米老品种的经营上，采取这一策略而富有成效。

（三）种子有形产品及附加产品经营策略

种子产品经营策略仅仅依靠核心产品策略是不完善的，种子产品只有在核心产品、有形产品和附加产品三方面策略完美结合的情况下，才能实现良好的营销目标。

1. 优良外观策略

虽然种子的核心产品是农户真正要购买的，但有形产品是其不可或缺的载体。良好的种子外观——饱满、成色好、籽粒整齐均匀、干净等是种子商品非常重要的品观质量，对于客户购买决策的影响是不容忽视的。

2. 品牌及商标策略

品牌是企业的无形资产，是企业核心竞争力的重要方面。品牌的重要载体形式是商标。商标在经营中最主要有两项功能，一是易识别功能，农户可以根据商标容易地识别企业；二是营销功能，商标代表种子企业的形象和对市场的承诺。知名品牌对于种子的销售保障和推动作用，虽是无形的，却是巨大的。

商标是种子企业面对农户的形象化外在标记。种子企业应通过长期的多方面努力来培育企业品牌知名度和美誉度，并以具体化的形式——商标让农户熟悉与认可。

3. 包装策略

包装可分为运输包装和销售包装。对运输包装的要求有：一是包装材料要轻便、耐压、方便运输、保护商品；二是考虑运输、装卸等因素，做到包装标准化、规格化。对销售包装的要求是：一是要有定量包装；二是包装图案的设计要风格独特、美观大方、内含物种类一目了然；三是包装要注明商标及生产经营企业、种子数量、质量、品种特征特性、栽培要点等。

种子的包装具有以下功能：一是物理功能，防止种子散失、受损或变质；二是识别功能，每一家种子企业的包装材料的色彩和图案都是不尽相同的；三是宣传作用，包装可承载介绍企业和品种的宣传作用，同时可承载品种介绍和栽培指导作用。

种子包装的营销策略主要包括以下几种：①类似包装策略。同一种子企业的各类种子在包装外形上采用相同的图案、近似的色彩、共同的特征，使种植户一看便知是某一家种子企业的种子。这种策略可以节约包装设计成本，更重要的是有利于企业品牌的培育。②多用途包装策略。包装的容器可以另作他用。这种策略可以刺激农民的购买欲望，得到多种满足，增加购买的可能。但这种包装容易被不法经营者所利用。③适量包装策略。种子包装大小应根据需求定。最常见的是根据单位面积用种量确定种子的数量，进而确定包装的大小。北京奥瑞金在玉米种子经营中，采用精选小包装取得了良好的效果。④配套包装策略。对没有包衣的种子，可以在种子包装中放入相应数量的拌种药剂等。这样配套包装，既方便了农民，又可延伸种子企业的产业链，增加企业种子经营的附加值。

4. 方便购买策略

对于农户来说，"品种"只是一个摸不着的名词。核心产品品种特性再好，如果农户不能方便地购买到实物形态的种子，品种的经营还是失败的。因此，种子企业在经营品种时，销售渠道应尽量达到基层零售点，以便于农户的购买。方便购买策略，是品种由核心产品转变为有形产品以及实现最终价值的不容忽视的策略。近几年，许多种子企业的销售网络终端纷纷下移，也说明了方便购买策略已得到愈来愈多种子企业的重视。

5. 优质服务策略

优质服务已成为市场对种子企业的必需要求，也是种子企业面对激烈市场竞争的重要手段和策略。

对于经营本企业品种的下游企业，优质的服务包括：①购买前，进行市场信息的交流，帮助其对经营品种作建议性调整，而不是根据订购合同一卖了之；②种子销售过程中，如竞争较激烈，对其经营策略提供建议，必要时提供当地的广告支持，帮助在不同下游企业间进行品种和种子数量的调配；③在下游企业经营发生困难时，帮助其出谋划策，尽力帮其渡过难关；④如个别种子出现质量问题，应及时进行处理，并及时协助下游企业处理其与农户在种子质量问题上发生的纠纷。

如果企业面对的客户直接是农户，应通过优质服务增强农民的安全感和信任感，使农民愿买、敢买。对农户的服务重点是在售后服务方面，售后服务一般有3个重要环节：第一次在播种前，进行种植技术的指导或培训；第二次在生长的关键时期，解决种植过程中的技术难点或遇到的困难；第三次在收获后，了解产量水平及农民对品种的反映，提供种植产品的市场信息。成功的种子优质服务应该是，使农民购种时放心，种植时省心，收获后开心。

二、种子定价策略

种子企业在完成种子生产，进入实质性销售阶段时，都必须有明确的报价。价格是企业经营中十分敏感又较难控制的因素，它关系着市场对产品的接受程度，影响着市场需求和企业利润的多少，涉及生产者、经营者、消费者等各方面的利益。因此，种子定价策略是种子经营组合策略中一个极其重要的部分。

（一）影响种子定价的因素

影响定价的因素是多方面的，包括定价目标、成本、其他市场营销组合因素等。任何企业都不能孤立地制定价格，而必须按照企业的目标市场战略及市场定位战略的要求来进行。

1. 企业定价目标

定价目标，或称之为定价的动机，主要有以下几种。

（1）维持生存。如果企业某个品种的种子生产过量，或面临激烈竞争，则需要把维持生存作为主要目标。这一目标对价格敏感型市场是有效的。

（2）当期利润最大化。即种子价格能定多高就定多高。当期利润最大化的定价策略，针对老客户要慎重。另外，利润最大化的定价策略也易导致后续竞争者的剧增，使企业在一定时期后，面临激烈的竞争。

（3）市场占有率最大化。即通过制定尽可能低的价格来吸引更多的客户，并尽可能地扩大自己的市场占有率。市场占有率的提高有利于降低企业的经营成本，也能得到长期的利润回报，同时可以挤垮竞争力较弱的企业，或使一些想进行该品种经营的企业望而却步，但它需要企业有强大的经济实力为后盾。

（4）优质优价。即企业通过种子质量最优化，来达到高价格的目标。这种策略使本企业有别于其他企业，形成自己独特的形象，也能拥有独特的客户群。但要实现这一目标，首先要使本企业的高质量得到认可，使客户觉得物有所值。另外，企业要权衡维持高质量的高成本、高价格收益以及客户可承受能力三者之间的关系。

2. 产品成本

企业在经营一般性品种或采取低定价策略时，必须考虑产品成本。企业可通过对产品成本的估算以加强管理，控制或降低成本，提高企业的竞争力。

（1）总成本。总成本可分为固定成本和可变成本。它可细分为：种子收购费用、工资及福利、销售费用、财务费用、管理费用以及其他费用等。其中种子收购费用和销售费用为可变成本，其余为固定成本。总成本除以种子经营量即为单位重量种子的成本。

（2）边际成本。边际成本是增加单位经营种子量相应增加的成本。在种子经营量增加的初期，由于固定的经营要素在不增加的情况下，使用效率逐渐提高，使收益随经营量增加而递增，边际成本呈递减变化，每单位经营成本降低。在产量达到一定规模后，由于在可变成本增加的同时，也需要固定成本的增加，因此边际收益下降，边际成本上升。

对边际成本的分析和估算，有利于企业确定适度经营规模，进而可能使单位重量种子的成本降到最低水平。

3. 市场需求

产品最低定价取决于产品的成本费用，而最高价格则取决于产品的市场需求。需求量的变化与价格的高低存在着弹性互动，因而，即使是再高端的品种，最高价格的确定也需要考虑需求的弹性特点。

（1）需求的价格弹性。由于种子市场最后面对的是农户，农户的经济承受能力与风险承受能力是有限的，种子价格过高超过了他们的承受能力，就有可能造成市场需求的减少。

（2）需求的交叉弹性。在为品种定价时，还必须考虑各品种之间的影响程度。品种大类中的某一品种很可能存在其他替代性或替补性品种，虽然你所经营的品种是最好的，但由于定价过高，农户可能倾向于购买替代性或替补性品种。

（3）需求的比较效益弹性。国内有些种子企业的种子一直保持非常高的价位，但仍有稳定的市场，这是农户比较效益后的选择。

4. 竞争者的产品价格

在最高价格和最低价格的范围内，企业能将品种价格定多高，取决于竞争者同一品种或同类品种的价格水平。企业可以通过各种方式或渠道了解竞争者同一品种的质量和价格信息。

（二）种子定价策略

种子企业一般根据种子的质量、品牌、成本、销售能力等的对比，选择种子定价策略，确定自己所经营种子的价格。常见的种子定价策略有如下几种。

1. 折扣定价策略

品种经营价格折扣通常有4种类型：①现金折扣。现金折扣是为了鼓励经营商尽快付清款项而采取的策略。采取这种策略需要报价与成本间有较大的空间。②数量折扣。这种折扣是企业给那些大量购买种子的顾客的一种变相减价，同时也起到鼓励顾客购买更多的产品，或顾客义务组织其他顾客前来采购。③合同折扣。指企业对提前订立合同的经销商在销售时给予价格的优惠。这是对老客户的感情投入，也鼓励其他客户下一年与本企业提前建立联系，从而扩大客户群体。④功能折扣。企业在新的区域开拓市场时，可以用折扣的方式给新加盟的经销商让利，作为其开拓市场或在当地做广告的补偿。

2. 地区定价策略

企业将种子销售给不同的地区，其运输成本是不同的。如本企业负责运输，路途远的、运输困难的地区的成本比路途近的地区的要高。企业是否要制定地区差价，要有一定的策略。地区性定价的形式有：

（1）FOB原地定价。所谓FOB原地定价，就是各地顾客按照企业的统一定价购买，企业只负责将种子运到本地的某种运输工具上交货。从企业所在地到顾客目的地的一切风险和费用均由顾客承担。这种策略看似合理，但远地的顾客可能选择购买离其近的企业产品，而放弃在本企业的购买意向。

（2）统一交货定价。这种形式和前者相反，对于同一品种，企业对于不同地区顾客都按相同价格加相同运费定价。也就是说，对全国不同地区的顾客，不论远近，都实行一个价格。

（3）分区定价。这种形式介于两者之间。所谓分区定价，就是企业把全国分为若干价格区，对于不同价格区顾客，根据距离远近，分别制定不同的价格。这种策略与上一策略一样，也同样不能做到对客户的绝对公平。

（4）免运费定价。企业为了扩大市场，或急于与某些地区做生意，负担全部或主要运费。采取免运费定价，加大了企业的成本，但可以使企业获得更大的市场份额，从某种程度上抵偿这些增加的费用。

3. 心理定价策略

心理定价策略是指利用消费者通过价格判断种子质量的惯性心理而进行的定价策略。它主要包括：

（1）声望定价。指企业利用消费者仰慕名牌产品声望所产生的某种心理来制定商品的价格，故意把价格定成整数或高价。

（2）尾数定价。指利用消费者数字认知某种心理，尽可能在价格数字上不进位，而保留零头，使消费者产生价格低廉和企业经过认真成本核算才定价的感觉。

4. 新品种定价策略

通常新品种定价有两种策略。分别是：①撇脂定价。是指产品生命周期的最初阶段，把产品的价格定得很高，以攫取最大利润，犹如从鲜奶中撇取奶油。采取这一策略的企业必须有让消费者和经销商获益的经历，或品种表现非常优异。②渗透定价。指企业将其新品种推出时价格定得较低，以吸引大量顾客，提高市场占有率。一般种子企业很少采用这样策略，但如果是一个实力强大的公司推出与目前主要品种类似的品种，且该类品种的市场较大时，可以考虑选择这一策略。

5. 产品组合定价

当产品只是某一产品组合的一部分时，企业必须对定价方法进行调整。这时候，企业要研究出一系列价格，使整个产品组合的利润实现最大化。

有实力的种子企业或科研单位一般都有其品种系列，而不是单一品种。当企业生产的系列品种存在需求和成本的内在关联时，为了充分发挥这种内在关联性的积极效应，需要采用产品大类定价策略。在定价时，首先确定某个品种的价格为最低价，它在产品大类中充当领袖价格，以吸引消费者购买产品大类中的其他产品；其次，确定产品大类中某个品种的价格为最高价，它在产品大类中充当王牌品种及收回投资的角色；再者，产品大类中的其他品种也分别依据其在大类中的角色不同而制定不同的价格。

6. 竞争者变价的定价策略

在种子企业竞争日趋激烈的市场形势下，企业经常会面临竞争者变价的挑战。如何对竞争者的变价作出及时、正确的反应，是企业定价策略的重要内容。

（1）不同市场环境下的企业反应。在同质产品市场上，如果竞争者降价，企业必须随之降价，否则顾客就会购买竞争者的产品；如果某一企业提价，其他企业也随之提价，且提价对整个行业有利，本企业应该一起提价。在异质产品市场上，企业对竞争者变价的反应有更多的选择余地。但首先必须认真调查研究以下问题：①竞争者为什么变价；②竞争者是暂时变价还是长期变价；③如果对竞争者变价置之不理，将对企业的经营和市场占有率有何影响；④其他企业是否有反应以及将作出什么反应；⑤竞争者和其他企业对于本企业的每一个可能反应会有什么相应对策？

（2）价格应变需考虑的因素。受到竞争者进攻的企业要考虑：①产品在其生命周期中所处的阶段及其在企业产品投资组合中的重要性；②竞争者的意图和资源；③市场对价格的敏感性；④双方成本费用比较优势；⑤双方经济实力和竞争力强弱。

面对竞争者的变价，企业应尽快进行决策，拿出应对方案。作为一个有竞争力的企业，应随时注意收集竞争对手的各方面信息，并提前准备应对其进攻的方案。

三、种子分销渠道设计策略

在现代市场经济条件下，种子生产经营者与消费者之间在时间、地点、数量、品种、信息、产品估价等方面存在着差异和矛盾。企业生产出的产品，只有通过一定的市场营销渠道，才能在适当时间、地点，以适当的价格供应给广大消费者或用户，从而克服生产者与消费者之间的差异和矛盾，满足市场需要，实现企业的市场营销目标。

（一）分销渠道的职能与类型

所谓分销渠道，是指某种产品和服务在从生产者向消费者转移过程中，取得这种产品和服务的所有权或帮助所有权转移的所有企业和个人。分销渠道包括生产者、中间商、最终消费者。

1. 分销渠道的职能

分销渠道对产品从生产者转移到消费者所必须完成的工作加以组织，其目的在于消除产品与使用者之间的分离。分销渠道的主要职能有如下几种。

（1）研究。帮助企业收集制定生产经营计划和进行交换所必需的信息。

（2）促销。进行关于所供应产品的说服性沟通。

（3）接洽。寻找可能的购买者并与之进行沟通。

（4）配合。使所供应的产品符合购买者需要，包括分类、分等、包装等活动。

（5）谈判。为了转移所供产品的所有权就其价格及有关条件达成最后协议。

（6）物流。从事产品的运输、贮存。

（7）融资。为补偿渠道工作的成本费用而对资金的取得与支出。

（8）风险。承担与渠道工作有关的全部风险。

2. 分销渠道的层次与宽度

（1）分销渠道的层次。分销渠道可根据渠道层次的数目来分类。在产品从生产者转移到消费者的过程中，任何一个对产品拥有所有权或负有推销责任的机构，就叫做一个渠道层次。在种子分销渠道中，一层渠道含有一个营销中介，这个中介通常是乡镇种子零售商。二层渠道含有两个营销中介，通常是市、县种子批发商和乡镇种子零售商。三层渠道含有3个营销中介，这些中介通常是育种单位、市、县种子批发商和乡镇种子零售商。

（2）分销渠道的宽度。分销渠道的宽度是指渠道的每一个层次拥有同种类型中间商数目的多少。它与企业的分销策略有关。企业的分销策略通常有3种，即密集分销、选择分销和独家分销。

密集分销，是指品种经营企业尽可能多地发展批发商和零售商，包括建立自己的连锁种子店。市场广大的品种适合采用这一策略。

选择分销，是指品种经营企业在某一地区仅仅通过少数几个中间商推销其种子。由此，企业建立的营销网络较密集，农户能较方便地购买到它的种子。这一策略可防止同一地区内各中间商在经营上进行恶性竞争。

独家分销，是在某一地区仅选择一家中间商推销其产品。这是地区独家经销或代理形式，虽然企业可以很好地统一市场的销售价格，但销售网络实际控制在各中间商手中。

（二）分销渠道设计与管理

渠道设计与管理应以企业产品所要达到目标市场的有效性和经济性为目标。市场分销渠道选择是相互依存的，有利的市场加上有利的渠道，才可能使企业获得营销的成功。

1. 影响分销渠道设计的因素

渠道设计的中心任务是确定到达目标市场的最佳途径。影响分销渠道设计的因素主要有顾客特征、产品特性、中间商特点及企业本身特性等。

(1) 顾客特征。分销渠道设计受顾客人数、地理分布、购买频率、平均购买数量以及对不同促销方式的敏感性等因素的影响。当顾客人数多时，企业倾向于利用每一层次都有许多中间商的长渠道。但购买者人数的重要性受到地理分布的修正。即同一数量的顾客分布在大面积区域和分布在小面积区域，相应的渠道设计是不同的。如南方人均土地面积小，顾客经常小批量购买，则需采用较长的分销渠道为其供货；而面对供货次数少订货量大的顾客，企业则可越过中间商直接向他们供货。

(2) 产品特性。即种子产品的特性直接影响其分销渠道的选择。如对于某些单位重量价值高的种子，由于其携带方便，或相对邮寄或托运成本低，应以直销为主。

(3) 中间商特性。中间商在执行运输、广告、储存及接纳顾客等职能方面，以及在信用条件、退货特权、人员培训和送货频率方面，都有不同的特点和要求。如某些中间商希望与竞争者采取相同的渠道，在相同或相近处与竞争者的品种抗衡；而有的却要避免与竞争者采用相同的渠道。

(4) 企业本身特性。①总体规模。企业的总体规模决定了其市场范围以及与中间商合作中的能力。②财务能力。企业财务能力决定了哪些市场营销职能可由自己执行，哪些应交给中间商执行。财务实力弱的企业，一般愿意利用能够分担部分储存、运输以及融资等成本费用的中间商。③产品组合。企业产品组合越丰富，则与顾客直接交易的能力越强；产品组合中品种越优异，则使用独家专售或选择性代理商就越有利；产品组合间的关联性越强，则越使用性质相同或相似的市场营销渠道。④渠道经验。企业一般容易形成对曾经成功用过的渠道的偏好。

2. 分销渠道的设计

企业在设计其分销渠道时，需要在理想渠道与可用渠道之间进行抉择。一般来说，要想设计一个有效的渠道系统，必须经过确定渠道目标与限制，明确各主要渠道交替方案，评估各种可能的渠道交替方案等步骤。

(1) 确定渠道目标。渠道目标即企业预期达到服务顾客的水平以及中间商应执行的职能等。每一个企业都必须在顾客、产品、中间商、竞争者、企业政策和环境等所形成的限制条件下，确定其渠道目标。

(2) 明确各主要渠道交替方案。分销渠道设计的下一步工作就是明确各主要渠道交替方案。渠道的交替方案主要涉及四个基本因素：中间商的基本类型；每一分销层次所使用的中间商数目；各中间商的特定营销任务；企业与中间商的交易条件以及相互责任。

(3) 评估各种可能的渠道交替方案。每一渠道交替方案都是企业产品送达最后顾客的可能路线。企业所要解决的问题，就是从那些看起来似乎合理但又相互排斥的交替方案中选择最能满足企业长期目标的一种。评估分销渠道交替方案的标准有3个，即经济性、控制性和适应性。在这3个标准中，经济性标准最为重要。

3. 分销渠道的管理

企业管理人员在进行渠道设计之后，还必须对具体的中间商进行选择、激励与定期评价。

（1）选择渠道成员。企业在招募中间商时，常处于两种极端情况。第一种是企业毫不费力地找到特定的中间商并使之加入渠道系统。第二种是企业必须费尽心思才能找到足够数量的中间商。不论企业遇到哪一种情况，都要了解各中间商的优缺点。一般地，企业要评估中间商经营时间的长短及其成长记录、清偿能力、合作态度、信誉等。当中间商是销售代理时，企业还须评估其经销的其他产品大类的数量与性质、推销员的素质与数量。

（2）激励渠道成员。企业把产品销售给中间商，其最终目标是利用中间商顺利地将产品销售给消费者。中间商的销售成功就是企业产品销售的成功。反之，中间商的销售受阻，企业就会陷于危机。所以，企业不仅要选择中间商，而且要经常激励他们。

激励渠道成员使其具有良好的表现，首先需要了解各个中间商行为背后的心理，多站在对方的立场考虑问题。其次企业要尽量避免激励过分和激励不足两种情况。种子企业在处理其与经销商关系时，常依据情况分别采用合作、合伙和合资 3 种方法。企业要认真研究经销商的需要、困难及其优缺点，在对待利益分配和发生分歧时，要从双方的角度同时考虑。

（3）评估渠道成员。企业除了选择和激励渠道成员外，还要定期评估它们的绩效。如果某一渠道成员的绩效太低，则需找出原因，同时还应该考虑可能的补救方法。

四、种子促销策略

促销也称销售促进，是指企业运用各种短期诱因，鼓励购买或销售企业产品或服务的经营活动。就具体含义而言，促销是指除人员推销、广告、宣传以外的、刺激消费者购买和经销商效益的各种市场营销活动。例如，陈列、演出、展览会、示范以及其他推销途径。

与一些其他消费品不同，种子市场需求总量或某个成熟品种的市场需求量，是基本稳定的，这一特性使种子企业只需在新品种推广，或某些品种的种子生产量过大，或因为其他企业的竞争使本企业种子销量出现不正常下降等情况下，才采取促销手段及考虑相应的策略。

（一）种子促销的类型

（1）针对消费者的促销。主要包括降价、数量折扣、抽奖、奖励购买本企业种子的种田能手等。

（2）针对中间商的促销。一般有折让、赠品、广告或推广津贴、对中间商进行各种形式的感情联络等手段。

（3）针对推销人员的促销。如提高提成比例，加强对销售人员的鼓励，提高销售人员出差补助等福利，举办推销人员竞赛等。

（二）种子促销策略的实施过程

企业种子促销策略的实施一般包括确定目标、选择工具、制定方案、预试方案、实施和控制方案，以及评价结果等内容。

1. 确定促销的目标

销售促进的特定目标依目标市场的不同而有所差异。就消费者而言，目标包括鼓励更多的消费者使用产品和促使其大量购买，吸引竞争者品牌的使用者等。就零售商而言，目标包括吸引更多的农户光顾门市，有意向农户推介本企业的品种，利用价格、赠品、商标醒目的品种介绍宣传单等让更多的农户倾向于购买本企业的种子。就推销人员而言，目标包括鼓励其寻找更多的中间商或零售商，刺激其推销企业积压量大的品种种子。

2. 选择促销工具

选择促销工具必须充分考虑市场类型、促销目标、竞争情况以及每一种促销工具的成本效益等各种因素。

（1）企业用于消费者市场的促销工具。如果促销目标是抵制竞争者，可根据竞争者的品种结构及其价格特点，采用一种对消费者折让的工具。如果企业品种有明显优势，可采用送赠品、给种植本企业种子的大户或能手奖励等工具。也有的种子企业在新品种的推广开发前期，赠送试种小包装。

（2）零售商用于消费者市场的促销工具。零售商用于消费者市场的促销工具主要有：将门脸装修得更气派；在自己经营信誉良好的或潜在消费者较多的村庄，重点培养示范户，对示范户进行帮助，并给其一定的义务宣传奖励或别的方面的回报；在柜台上陈列品种生产出的最优产品；对老客户进行价格或数量上的折让等。

（3）企业用于中间商的促销工具。企业为取得批发商和零售商的合作，可以运用购买折让、广告折让、陈列折让、推销金等促销工具。购买折让是指在规定期内购买某一品种时，中间商享受的折让。为酬谢中间商为企业种子或品种做广告，企业往往要给中间商不同形式的补偿，这是广告折让。中间商为企业商品进行特别陈列，企业要给予陈列折让。当中间商推销企业的种子超额完成时，企业要给其另外的奖励或推销金，或免费赠送附有企业名字的实用且讨农民喜欢的赠品。

（4）企业用于推销员的促销工具。很大程度上推销员是企业与中间商之间的联络员，企业用于推销员的促销工具主要有：销售竞赛、销售红利、奖品、开拓新市场和发展新中间商特别奖励等。

3. 制定促销方案

企业经营管理人员不仅要选择适当的促销工具，而且要作出一些附加的决策以制定和阐明一个完整的促销方案。这些决策主要包括诱因大小、参与者条件、促销媒体的分配、促销时间长短、促销时机的选择、促销的总预算等。

（1）诱因大小。即确定企业成本/效益最佳的诱因规模。要想取得促销成功，一定规模的最低限度的诱因是必需的。企业应通过考察销售和成本增加的相对比率来确定最佳诱因规模。

（2）参与者条件。即考虑促销针对哪种消费者群体。不同的参与者条件设定，所起的促销效果是不同的。企业根据具体的促销目标进行参与者条件策略的制定。

（3）促销媒体的分配。指通过何种途径使消费者获得企业促销的赠送利益或奖品。

如某种子企业要促销一种番茄新品种，准备用100粒小包装赠送试种方式。企业可以采用以下几种途径：由销售人员携带赠送；通过零售商的商店选择性限量分发；通过邮局邮寄给固定和目标客户；在种子交易会上选择性分发等。每一种途径的送达率和成本都是不同的。

（4）促销时间长短。决定促销时间长短也是影响促销效果的重要方面。如果时间太短，一些农户有可能由于忙别的事情而错过促销的好处，消费者心理的失落对销售会起反作用。但如果促销时间过长，则易使消费者认为这是长期降价，反而影响购买的积极性，甚至会怀疑促销品种的质量和优异性。竞争性品种过长时间的促销，加大促销费用的同时，还会造成竞争者的错觉，认为企业是在变相降价，从而导致竞争的加剧。

（5）促销时机的选择。种子销售的季节性很强，促销时机和时期的把握非常重要。一般根据不同作物、不同地区的种植习惯来确定各自的促销时机。

（6）促销的总预算。促销的预算可以通过两种方式确定。①自上而下的方式。即根据全年促销活动的内容、所运用的促销工具及相应的成本来确定促销总预算。②先总后分的方式。即按习惯比例来确定总促销费用占销售额的比例，从而进一步确定各项促销预算占总促销预算的比率。

4. 预试促销方案

促销方案是在经验的基础上制定的，应经过预试来确认所选用的工具是否适当，诱因规模是否最佳，实施的途径效率如何等。面向消费者市场的促销方案，可以通过邀请零售商和农户对几种可能的优惠方法作出评价，提出意见或建议，然后进行修订。也可以在有限的地区内进行测试。

5. 实施和控制促销方案

对每一项促销工作都应该确定实施和控制计划。实施计划必须包括前置时间和销售延续时间。前置时间是指开始实施这种方案所必需的准备时间。包括最初的计划工作、设计工作、材料的邮寄和分送、与之配合的广告准备工作、销售现场的陈列、个别中间商地区配额分配、购买和印刷特别赠品等。销售延续时间是指从开始实施到大约95%的产品采取这种优待到达消费者手里为止的时间。

6. 评价促销结果

企业可用多种方法对促销结果进行评价，评价程序随着市场类型的不同而有所差异。企业在测定对零售商促销效果时，可根据零售商的销售量、促销品种收益、合作广告投入等进行评价。企业也可以通过销售绩效的变动来测定和评价促销方案的有效性。

五、种子广告策略

随着种子企业的实力、现代经营意识以及种子经营的竞争性增强，广告策略已愈来愈受到种子企业的重视。

（一）广告的含义

广告是由明确的发起者以公开支付费用的做法，以非人员的任何形式，对产品、服务或某项行动的意见和想法的介绍。它可以利用任何形式进行，有别于人员推销或促销。既包括介绍产品或服务，也包括向消费者通告种子销售的优惠政策、鉴别假冒种子或假冒品牌特征的广告，并由明确的发起者公开支付费用或公开承认支付费用。

（二）广告的目标和预算方法

目标确定后，企业要进行广告预算，即估计和确定在广告活动上的资金投入。企业广告预算的方法主要有以下4种。

（1）量力而行法。此法即企业根据其可调用的资金情况确定广告预算。优点是不会因广告费用过大而出现财务危机，但这是一种不顾销售的促销需要方法，企业往往达不到预期的销售量或利润指标。

（2）销售百分比法。此法即企业按照预计销售额或利润的一定比例决定广告的投入或开支。这一方法的关键是，能否对销售量或销售额作准确的预测。品种经营较稳定的市场可以采取这一方法。优点是：①广告的费用支出有准确的依据，对企业财务管理有利；②促使企业管理人员根据广告成本、产品销售和销售利润之间的关系去考虑企业的经营管理问题；③明确了广告费用是企业产品的必需成本，使产品定价更科学。

缺点是：①广告支出与销售收入或利润间因果颠倒，经营风险较大；②产品销售的广告支持不能随市场或营销环境的变化而有大的应变空间，即灵活性差；③不同品种或不同地区的种子经营，采用同一比例的广告预算看似公平或管理简化，实际上往往达不到最佳效果。

（3）竞争对等法。此法指企业按照竞争者的广告支出来确定本企业的广告费用的多少。它是一种针对竞争对手的比较优势策略。采取此方法的前提条件是：①企业能够获悉竞争者广告预算的准确信息；②竞争者的广告预算能够作为本企业广告投入的参照依据；③广告的目的是能够维持本企业的竞争和市场地位，而不是意气用事。

（4）目标任务法。目标任务法广告的预算方法的程序或步骤是：①明确广告目标；②决定为达到目标而必须执行的工作任务；③估算执行工作任务的各种费用，这些费用的总和就是广告预算支出费用。

这种方法的缺点是：没有从成本的角度来考虑某一广告目标的合理性。因此，如果企业能够先按照成本来估计各目标贡献额，再选择最有利的目标付诸实施，效果会更好。这种方法也可以结合对边际成本和边际收益的估算来确定广告预算。

（三）广告媒体

企业经营管理人员，在制定广告目标和预算的同时，还需考虑广告媒体的选择。广告媒体的主要类型有互联网、电视、报纸、杂志、广播、邮寄宣传品及车船体广告等。不同的媒体送达率、频率和影响力等方面存在着差异。一般，电视比杂志的送达率高，户外广告比杂志的频率高，杂志比报纸的影响大。

1. 各类媒体的特性

在选择媒体时，需要了解各类媒体的特性或特点。

①报纸。优点是弹性大、及时，对当地市场的覆盖率高，易被接受和信任；缺点是时效短，传阅读者少。②杂志。优点是可选择适当的地区和对象，可靠且有名气，时效长，传阅读者多；缺点是广告购买前置时间长，有些发行量是无效的。③广播。优点是可高频率地播放，可选择适当地区和对象，成本低；缺点是仅有音响效果，不如电视吸引人。④电视。优点是视、听结合引人注意，送达高；缺点是成本高，展露时间短，对

观众无选择性。⑤车船及户外广告。优点是比较灵活，展露重复性强，成本低，竞争少；缺点是产品特点不能充分说明。⑥邮寄宣传品。优点是目标性较强，可配以品种特征特性的详细说明；缺点是成本较高。⑦互联网。与电视、广播、报纸、杂志等的广告相比具有以下特点：非强迫性、交互性、实时性、广泛性、形式多样、易统计性与经济性。

2. 媒体的选择

种子企业选择媒体时，需要考虑以下因素：目标顾客的媒体习惯；产品特性；信息类型和广告成本。

（四）广告设计

广告设计是一种专门的艺术与学问。种子企业即使在委托别人设计制作广告时，也必须提出自己的广告理念或思想，同时以自己的行业经验去审视和改进设计者的偏差。另外，品种在其不同的生命周期，应采取不同的广告设计技巧。

1. 导入期广告设计技巧

导入期广告设计应针对乐于接受新事物的顾客群，应着重宣传和展示新品种的特异性，特别是针对老品种的不足点，但要避免指名道姓地与某个品种进行比较。另外，导入期的广告还要利用人喜欢新奇的心理特点，最大限度地引起人们的注意力，这样才能在较短的时间内让尽量多的消费者认识。

2. 成长期广告设计技巧

成长期广告属竞争性广告。广告对象是早期购买者，以及受其影响跟随购买的群体。企业可利用从众心理和已有忠诚客户的优势，考虑利用老种植户的现身说法，让他们成为企业产品最好的、最有说服力的宣传员。这时的广告要侧重于宣传自己种子的质量和企业的信誉，树立良好形象和地方性品牌是该时期广告的重点。

3. 成熟期广告设计技巧

成熟期广告属提示性或维持性广告，其目的是维持现有的消费者群体和市场。持续的提示和感情维系是这一时期广告的重点。在广告创意上宜采用情景式，给人温馨的感觉，问候式的广告也会给人一种亲切感。

4. 衰退期广告设计技巧

衰退期广告属于加强型广告，广告的对象是少数落伍者或保守者，广告宜采用理性诉求，力图提醒消费者可能仍需要这种产品。广告应注重消费者最在意、最担心的问题。

通过品种各生命周期广告设计技巧的剖析，可以看出，广告设计和宣传的重点应放在导入期和成熟期。广告设计要求在品种不同的生命周期采用不同的技巧。

第三节　种子经营策略、模式及营销网络特征

不同种子企业具有不同的经营特点。从经营模式的角度考虑，各种不同的经营模式其差别在于对通用模式各环节的取舍、侧重点以及切入环节的不同。种子经营的通用模式可简单归纳为：

市场调研—品种研发——示范推广——生产——收购（采购）——贮运——销售——结款

国内知名种子企业的经营模式在品种研发环节上存在较大的差异，登海种业、中农大康等以经营自主研发品种为主；德农种业、奥瑞金等以经营购买和合作开发品种为主；屯玉种业从购买新品种经营权转变为经营自主研发和合作开发品种为主。这里以"隆平高科"、"登海种业"和"屯玉种业"为例进行具体阐述。

一、隆平高科模式

隆平高科是由湖南省农业科学院、湖南杂交水稻工程研究中心和袁隆平院士等发起设立、以科研单位为依托的农业高新技术企业，是一家以杂交水稻研发为核心，以种业为主营业务方向的农业产业化国家重点龙头企业。公司成立于 1999 年，经过十多年的经营，已经发展成为集杂交水稻、杂交玉米、杂交辣椒、杂交油菜、杂交棉花及其他农作物新品种的选育、生产和推广于一体的高新技术企业集团。目前公司拥有 100 多件注册商标，300 多个自主知识产权的产品及数十项植物新品种权，获奖成果 30 余项，公司先后被认定为"农业产业化国家重点龙头企业"、"国家科技创新型星火龙头企业"和"国家级创新型试点企业"，公司连续 6 年被评为优秀高新技术企业和技术创新先进单位。"隆平高科"商标被认定为中国驰名商标，"隆平高科牌"杂交水稻被评为"中国名牌"。

隆平高科根据企业外部环境和内部自身条件，特别是结合企业灵魂人物袁隆平院士个人职业追求，确立了切合实际的企业价值观、愿景和使命，即以"厚德载物、生生不息"为企业哲学，以"志存高远、科技兴农、和谐共盈"为企业核心价值观，以"发展杂交水稻，造福世界人民"为企业愿景，以"为农户创利、为员工造福、为股东盈利"为基本使命，为员工创造物质文明、精神文明和政治文明生活，为企业提高经济效益和社会效益而努力。

公司以国家杂交水稻工程技术研究中心为技术依托，拥有一大批全新的科技成果及品种优质早稻组合香两优 6a 中稻组合两优培九、新香优 63、汕优 111、培两优 559 等；晚稻组合金优 207、新香优 207、新香优 80、T 优 207、威优 227、威优 111 等及培矮 645、香 1255、新香 A、T98A、丰源 A 等亲本。

同时，公司依靠隆平高科上市公司强大的资本优势、品牌优势和人才优势，抓住新《种子法》实施、《农作物新品种保护条例》的实施以及我国加入 WTO 的机遇，着力打造杂交水稻种业的"航空母舰"。其经营模式具有以下特征。

1. 注重研发投入，加强基础条件建设

隆平高科一直相当重视研发投入，近几年表现得尤其突出。2012 年公司研发投入金额 8 834 万元，比 2011 年增加 13.8%；研发投入金额占营业收入的比例为 5.18%，比 2011 年上升 0.18 个百分点。为保证科研创新投入，公司规定每年按照销售收入 5% 提取研发基金，用于种质资源搜集、品种选育、研发能力建设等。在基础平台条件建设方面，公司投资 1 亿元设立了隆平高科种业科学院，并将下辖的亚华种业研究院、湖南超级杂交稻工程研究中心等传统育种平台以及长沙生物实验室、上海隆平农业生物技术有限公司等研发平台进行整合，形成一个综合的研发平台，增强和提升了生物育种等多种育种手段的能力建设。

目前，隆平高科已初步建成以市场与产业为导向，覆盖生物技术（包括分子辅助技术）、传统育种技术及测试平台的较为完善的三级平台研发体系，拥有 11 个区域育种站、4 500 亩实验基地，覆盖全国各主要生态区域的 200 多个生态测试点。

2. 注重产学研结合，获取自主知识产权

目前，隆平高科在水稻种子产业方面已经形成了"自主研发平台 + 湖南杂交水稻育种中心 + 外部科研院所合作"的多层次商业化育种体系。除了由湖南亚华种业科学研究院、湖南隆平超级杂交稻工程研究中心、上海隆平农业生物技术有限公司以及菲律宾研发股份中心等承载的自主研发平台，从事传统育种技术、分子辅助育种技术以及海外品种的研发外，公司高度重视产学研的有机结合，与在国内外水稻育种界享有盛名的国家杂交水稻工程技术研究中心签定了全方位合作协议，其全部科研成果由公司独享开发权；与中国水稻研究所签订战略合作协议；与国际水稻研究所、中国科学院遗传与发育研究所、中国农业科学院作物研究所、湖南大学、湖南师范大学等著名科研院所开展紧密的科研合作。目前，隆平高科已与 30 多个国家和地区在杂交水稻等领域开展了双边或多边合作，成为解决这些国家和地区粮食短缺问题的有效途径。

3. 注重科技人才培养，强化人才队伍建设

隆平高科是一家以自主研发为主的农业高新技术企业，科研力量雄厚，截至 2012 年 6 月，共有研发及技术人员 365 人，占公司总人数的 24%，拥有以袁隆平院士为首的一支专业研发队伍，在水稻科研育种上具有绝对的国际领先优势。作为农业行业中的领军企业和高科技企业，隆平高科十分重视人才队伍建设。通过建立博士后工作站和产学研基地等方式，多层次多渠道引进高层次专业技术人才，同时把一些技术骨干送到高校、科研院所甚至国外进行学习深造。通过"请进来"与"走出去"相结合的方式，隆平高科引进和培养了一批企业发展急需的高端人才。公司还通过完善激励机制有效调动了科研人员的研发积极性，如制定的《研发人员技术职务聘任办法》《研发人员薪酬办法》等为科研人员职称晋升打通了通道，《科研管理办法》规定科研人员奖金直接与其所获得的科研成果商业效益相挂钩。

4. 善于根据各种市场，制定相应的企业经营策略

市场是企业生存的前提，隆平高科一直都相当注重市场的开发和拓展。如根据东南亚部分国家优越的自然条件、低廉的土地和劳动力价格以及相对庞大的市场，先后制定了建立亚洲研发中心、建立本土化制种基地、建立海外市场知识产权保护体系及组建海外市场拓展团队等一系列的海外市场开发与拓展策略。针对竞争激烈、有萎缩趋势的成熟市场，凭借政策的推动和自身掌握的资源与人才，制定并实施品种差异化、品牌差异化、渠道差异化和服务差异化的竞争战略，不但有效地提升了竞争力，进一步扩大了市场份额，还维持了较高的市场收益。

5. 严格规范管理，大胆果断转型

要不断提升公司的国际竞争力，不仅要有优质的种子，而且要有自己的知识产权、种子品牌，更要及时进行制度创新，严格规范管理。2011 年 5 月来，隆平高科按照公

司战略发展要求，经过大量访谈、调研，运用现代管理工具，建立起了一个具有隆平特色的胜任力模型，并将它有效地运用到了公司的人力资源管理实践。2008 年，根据公司"重视数量"的状况，确立了"主业聚焦"、"管理提升"和发展玉米种业等力促公司转型战略，并于 2010 年 4 月专门聘任曾先后任职于国际种业巨头孟山都和杜邦先锋的刘石担任总裁，以加速公司战略转型的尽快完成。为进一步深化公司转型，2013 年，在已有一个 3 000 亩面积有机农业示范区基础上，计划在 3 年内将该区面积扩展至 1 万亩，投资打造一家国内最大的复合型有机农业运营商。

二、登海模式

登海模式是登海种业前董事长李登海与他的团队，围绕登海种业的创立和发展，形成的"持之以恒注重新品种研发；采取各种措施提高种子生产质量；积极主动对接国际一流种子公司，锐意机构改革和机制转变；千方百计引进人才，留住人才，不断提升团队自主创新能力"的"民营科技育繁推一体模式"。它是杂交玉米种子行业经营成功的典范。其经营模式主要有以下特点。

1. 持之以恒注重新品种研发

1985 年 4 月，李登海凭借其育成的"掖单 2 号"和"掖单 13 号"等一流品种，创办了我国第一个农业民办科研单位——莱州市玉米研究所。1989 年，在示范种植中，"掖单 13 号"玉米品种亩产达 1 096.3 千克，创造了世界玉米高产纪录。1998 年，登海种业有限公司成立，2000 年 9 月，登海种业为上市而进行股份制改造，成立山东登海种业股份有限公司，2002 年 12 月，与先锋海外公司合资成立山东登海先锋种业有限公司，2005 年，在深圳证券交易所中小企业板成功上市。目前该公司拥有 216 名科研人员，其中 9 名研究员享受国务院特殊津贴；已在全国设立了 32 处育种中心和实验站；选育出 100 多个紧凑型玉米杂交种，其中，43 个通过审定，获得 7 项发明专利和 38 项植物新品种权，位居中国种业 50 强第 3 位。

不论是在创业之初，还是今天的平稳快速发展，"登海种业"一直相当注重新品种的研发和推广，其创始人——李登海，在全国首先发现了紧凑型玉米较平展型玉米的五大突破。在该理论指导下，登海种业选育和创新了 107、515、52106、DH4866 等 30 多个紧凑型玉米自交系，组配了 40 多个通过审定的玉米杂交种，其组配的杂交组合有 25 个得到了国家和省级审定。2005 年，登海种业在紧凑型玉米育种基础上再度创新，育成了具有亩产 1 000 公斤以上的稳产能力和亩产 1 100 公斤以上高产能力的超级玉米新品种。在 2007 年国家企业技术中心评价中，登海种业发明专利拥有量在农业行业技术中心位居第一位。30 年来，登海种业科研经费以自筹资金为主，累计投入已超过 2 亿元。

2. 采取各种措施提高产品质量

对登海种业，业界较长一段时间都有一种说法，就是：一流的品种，二流的生产。介于这种评价，登海人进行了深刻反思，总结经验教训，从以下方面做了重大转变。一是生产形式的转变。即改原来委托代繁为主体的生产为生产性分公司生产为主体的生产，把分公司改建成生产加工一条龙模式。二是重新制定公司内部的质量标准。随着超级玉米走向市场，登海种业规划由原来的按重量销售转变为按粒销售。基于此，公司重新确定了内部质量标准和为达到这一标准从生产到加工各个环节的控制流程和标准。三是引进人才,提高管理水平。为了利于引进人才,提高公司的员工素质和整体管理水平,登海种业专门在北京设立了分支机构。以上三项措施的采取使登海种业很快地成为了名副其实的一流品种,一流生产。

3. 积极主动对接国际一流种子公司,锐意机构改革和机制转变

在当今世界上,不间断地进行玉米高产研究的单位一个是美国的先锋公司(源于1926年),一个是中国的登海种业(始于1972年)。2002年12月,山东登海种业股份有限公司与先锋海外公司合资,成立了由登海种业控股的"山东登海先锋种业有限公司",注册资本408万美元,登海种业占51%股份,成为我国《种子法》实施后第一家由中方控股的中外合资种业公司。国际化的登海种业主动面对全球经济一体化挑战,积极学习发达国家跨国种业集团先进经验,锐意机构改革和制度转变,实现了由普通型的育种向市场竞争力强(包括超级玉米)的品种选育方向转变;由代繁代制基地生产向自繁自制生产基地转变;由普通生产加工方式向烘干加工生产高质量的种子方向转变;由卖斤向卖粒的方向转变;由按重量(斤)包装向按粒包装转变;由多量播种向精量播种转变;由种子的低价位向高质量高价位的种价转变(降低每亩用种量,不损害农民利益)。同时加速种质创新和市场服务等方面的建设,以不断创新、一切为种子用户服务为己任,加强与国家大专院校、科研单位及具有创新能力的公司和农技推广部门合作。

4. 接受现代企业理念,运用资本运营兼并弱势企业以整合和扩大市场;积极争取上市融资,能在短期内扩充资金实力

从1985年4月莱州玉米研究所的创立,到1993年5月下设四个研究所和一个种子公司的莱州农业科学院的诞生,李登海向玉米种业市场迈出了关键一步,从这关键的一步可看出李登海秉承的现代企业理念;接下来1998年登海种业有限公司的成立,及其对24个种子公司和3个市直种子经营单位的兼并;2000年9月公司的股份制改革和2002年12月与先锋海外公司的合资成立注册资本达408万美元的山东登海先锋种业有限公司,则充分彰显了李登海超强的资本运营能力、资本整合能力和市场融资能力。就是他的这种现代企业理念、资本运营能力和市场融资能力,使得"登海种业"的市场占有率和经济效益都得到了较大提高,很快地成长了起来,并于2005年成功上市,短期内筹集资金近3亿元用于公司的建设和发展。到2006年,公司在全国设立了20处育种中心和试验站,已有24个玉米杂交种和13个蔬菜新品种通过审定,获得2项发明专利和29项植物新品种权;建立了1.3万 hm^2 稳定的制种生产基地和国内一流的大型种子加工生产线,初步形成了覆盖全国不同生态区的市场营销网络,年产销玉米新品种 $4\,000 \times 10^4 kg$、大白菜新品种 $50 \times 10^4 kg$。

三、屯玉模式

"屯玉种业"发端于山西屯留县农作物原种场,是一个以玉米种子育、繁、销一体化为核心产业,以种业为主导产业的科技先导型现代种子企业;它曾被评为全国种业五十强第二名,"屯玉"良种被评为"中国名牌产品","屯玉"商标被评为"中国驰名

商标";屯玉种业立足屯留县,开发大西南,问鼎北京,挥师东北,逐鹿中原,展翅山东,启动全国市场。每走一步无不诠释着品牌的含义,也无不体现着追求品牌的信念和努力。

1. 以强烈的品牌意识为先导

屯玉种业从上到下都清楚企业不分大小都应当从开头就有品牌意识,在屯玉创品牌的道路上包含着"五个树立":一是树立有质量才有品牌的意识。1998 年,"屯玉 1 号"、"屯玉 2 号"数量有限,市场非常饥渴只要是种子就有人要,但屯玉人仍然将检验工作放在第一位,宁少勿滥,视质量为企业的生命;2006 年,公司果断决策,将上百万斤的发芽率在 85% 的种子转为商品粮。二是树立有市场才有品牌的意识。知道了市场和农民心中的真正需求,才能打开市场,才能创立品牌,20 世纪 90 年代初,屯玉种业的领导者在资源极其有限、条件相当简陋、政策环境闭塞情况下,始终围绕市场,以最终消费者农民为主导,把适应不同生态区市场的需求作为品牌建设的根本标准,把目标瞄准市场持之以恒坚持下去,带领着团队突破了一个又一个的发展瓶颈,实现了四次跨越,终于在国内市场中取得了屯玉品牌的建立与快速升值发展。三是树立有创新才有品牌的意识。屯玉人从观念创新入手,提出了"家庭、学校、军队式"的文化氛围,倡导个人和团队协作创新。通过科研创新,使产品质量保持一流。倡导组织创新,最大限度激发了企业内部活力和创造力。通过管理创新,不断创造着一个又一个新的理念和方法,使屯玉品牌不断的发展。四是树立参与全球竞争才会有知名品牌的意识。目前,屯玉种业种子对外贸易业务已经渗透到新加坡、法国、美国等多个国家。五是树立以人为本的创品牌意识。屯玉种业采用激励机制吸引人才、环境造就人才、专家带出人才、待遇留住人才。

2. 创新理念,凭优点特点经营

在种子经营工作上,屯玉种业追求经营理念和策略创新。还是在"屯玉种业"创业期,董事长侯爱民便突破了国内绝大多数种子公司无偿获取科研院所新品种的习惯,花钱购买了北京农业大学农学系戴景瑞教授育成的优良品种"农大 60"的制种和推广权,迈出了"屯玉种业"创业期发展最关键的一步。在市场品种雷同化、同质化,市场竞争越来越激烈的今天,屯玉种业突显自身的差异化,凭借自我的"优点特点"经营,挖掘自身和客户的潜力,专业、敬业、精业。他们一是细分市场,做实终端销售。把一些大的市场进行细分,责任到人,通过做实做细终端销售以求销量突破。二是强化服务,巩固营销网络。尤其注意加强了对经销商和农民的服务,制定奖励政策,搞好返利兑现。

3. 建立"联利"机制,生产优质种子

"屯玉种业"经营上表现出的另一个显著特点,是其多年来在大面积制种情况下一直保持良好的质量。为确保玉米杂交种的质量,屯玉种业一是建立质量保证体系,实施全过程标准化管理,从品种选育、生产到销售所有环节严格按照标准化文件执行。二是加强员工教育,树立质量意识。三是严格责任追究,强化质量保证。此外,还建立内审系统的内部监督、营销系统的客户监督、上级部门的抽检监督三大监督机制,对查出来的问题,追究直接责任人、部门负责人的责任,形成群体重质量效应。屯玉种业还建立了保障制种基地农民利益的"联利"机制,以确保生产优质种子。"联利"机制包括三方面内容:一是订单生产,即每年春播前公司与制种农户签订《委托生产协议书》;二是风险共担,即公司设立制种风险基金,对因不可抗拒的自然灾害造成的直接经济损失给予一定补偿;三是优质服务,即公司技术人员产前为制种农户提供原料、化肥、农药、地膜等生产资料,产中为制种农户提供技术指导,产后提供上门收购、户交户结算服务。

4. 面向市场调整研发方向

在国内外种企激烈竞争的形势下,屯玉种业紧盯科研育种前沿,认清市场所需,及时调整品种结构。2007 年以来公司根据市场需求进一步调整品种结构,突出主打产品,以销定产,适度规模,使产品结构进一步优化,最大限度与市场需求相吻合;当育种界进入了"郑单 958"后时代,公司各个育种单元及时调整育种方向、加快选育步伐,确立新的育种思路:加密选优系、精确配组合、准确搞鉴定,瞄准东华北、重点为山西。采取自育和引进并重的方式,加大科研经费投入和设备改善,引进育种专家人才和优良自交系材料,加快综合抗性好、适应性广、高产稳产新品种的选育推广。其推出的"屯玉 24"和"屯玉 52"两个新品种完全可与"郑单 958"媲美。从而加快科技成果的转化,提高了产品的市场占有率。

5. 全面提升职工素质,构建学习型团队

屯玉种业通过经常不断的学习、考试,以考促学,进一步提高全员素质,优化团队结构,构建学习型组织,真正建立起了一支能打硬仗的高素质队伍。考试时,公司董事长亲自出题、阅卷,常务副总、总经理助理监考;考试内容涉及《营销管理法》《种子法律法规》以及营销实战经验等;考核结果张榜公布,对考核考试成绩较差、业务不达要求者进行通报批评,甚至调离岗位。

屯玉种业通过"专业带队伍、引进人才、自主培养"三条途径造就了一支具实力的科研队伍。公司先后聘请中国工程院院士戴景瑞,全国第七届、第八届人大代表、辽宁丹东首席育种专家周宝林等 40 多名国内著名农业专家到公司搞科研;同时,该公司还积极培养本土人才,每年都对在职员工进行选拔,择其优者,安排到各科研院校进行学习深造,这些人回公司以后,都成为科研创新的技术骨干。

6. 创新管理体系,构建三大中心联动机制

为了提高管理水平和运行效率,屯玉种业提出了"三大中心与一个联动机制"的管理构想。建立了以"财务中心"为主线新的三大中心(人力资源中心、加工物流中心)和一个联动机制,实现人、财、物的合理配置和有效联动。同时,引入现代化的管理理念,运用现代化的管理制度和手段,切实提高员工的积极性、能动性和创造性。

联动机制以效益和效率为标准和目标,使各系统各部门间相互协同、相互衔接、相互制约,形成一个追求效益最大化、运营效率最优化的联动体。使科研系统针对市场的发展趋势确定研发方向,其研究经费和收益同品种的销量和销售价格相挂钩;同时,还同生产系统相联系,协同生产技术人员搞好制种生产和产前、产中、产后的技术指导及跟踪服务。生产部门有权拒绝生产成本过高、不符合市场需求的新品种。加工、质量控制等部门也同生产、营销等系统相联系、相衔接、相互制约;财务、行政和后勤也与相

关业务部门相联系和互动。由此，每个部门、员工都同公司总体效益相挂钩，公司各系统和全员很快地树立起了全局观、效益观和效率观，形成了一个充满活力、创新力、公平高效的利益联结体。

实例：沈阳星光种业营销策略

沈阳星光种业是一家集科研、生产、销售为一体的综合性专业型蔬菜种子企业。公司生产经营番茄、辣椒、西葫芦、黄瓜、甜瓜等蔬菜种子，以番茄种子为主，从20世纪90年代中期至2007年，其硬果肉类番茄品种研发水平一直处于国内领先地位．某些品种成为与全国农业推广总站合作项目。

20世纪90年代中期之前，国内的番茄育种几乎全部由国家级科研单位包揽，而且清一色是不耐贮运的鲜食类型。因为当时国内的番茄产品以就近销售为主．连锁超市还未兴起．市场对果实整齐一致、耐贮运、货架时间长的番茄品种还未有明显的强烈的需求。但早在1980年后期，以色列似乎看到了中国硬果肉类番茄种子的市场前景，与北京市农工商总公司合资在北京建立"中以示范农场"，作为其番茄品种及相应栽培技术在中国的高水平示范推广基地和窗口。很快，以色列番茄品种因其高产、抗逆性强、茄果整齐一致、耐贮运的优异表现，在中国市场得到认可。但其品种较单一，主要是"R144"一个主推品种，而且种子售价高。

根据对本企业和对市场的综合分析，公司决定将硬果肉类型作为其番茄育种主攻方向。1995年，星光种业育成以"TF423"为主的多个硬果肉型品种。通过蔬菜生产基地农户的试种和示范的方式。几年后，"TF423"打开了市场，后定名为"盖伦"，"盖伦"番茄品种在综合指标上与"R144"接近，但星光种业的经济实力、推广力度、知名度和品牌效应等比不上以色列番茄品种。鉴于此，星光种业在种子定价策略上，将"盖伦"种子价格定位在普通品种与"R144"品种之间。

为了进一步拓展自己的番茄种子市场，星光种业在随后的几年内又陆续育成几十个硬果肉类型番茄品种。其中，在果色方面，有粉红、鲜红、红、大红、黄等类型；在果形上，有圆、高圆、扁圆、微扁圆、椭圆等类型；果实大小上，单果重有15g、70g、100g、130g、200g、220g、280g、300g、330g、350g等类型；另外，还有一些耐低温、整穗收获等特殊类型。

在成功进行番茄种子生产经营的同时，公司在辣椒、西葫芦、黄瓜、甜瓜、南瓜、茄子等蔬菜品种研发及种子生产经营上也做得富有成效。

星光种业在注意培育企业总体品牌——"星光"的同时，还下工夫专门培育番茄种子品牌——"盖伦"，将企业最优秀的番茄品种纳入该品牌旗下，各品种种子的包装上，商标及图案风格类似。至2006年，"盖伦"系列已有9个各具特色优异品种。这些品种在综合指标上却类似或超过国内外同类品种。

鉴于蔬菜种子及该企业经营的特点——经营量小、单位重量价值高，星光种业在营销渠道上，采取分区独家经销方式。具体做法是：首先寻找合适的且愿意承接示范推广的种子企业，成功后，由该企业做本地区星光种业的唯一经销商或代理商，划定经营区域，并统一零售价。

根据上述对沈阳星光种业的介绍，试分析以下问题。

（1）文中讲述了硬果肉类番茄与国内一些普通鲜食品种相比的优势，但其也存在不足——果实鲜食口感稍差，根据两类番茄的特点比较，你认为硬果肉类番茄果实商品主要针对什么市场？相应地，该类型品种的种子经营应针对什么市场？

（2）星光种业在种子核心产品经营上采用了哪些策略？采取的有形及附加产品策略各有什么特点？

（3）从理论上分析星光种业番茄品种"盖伦'种子定价策略的依据。

（4）在种子营销渠道方面，星光种业的渠道特点是什么？你认为该企业的渠道层次设几层合理？

（5）该企业的番茄种子经营需要做广告吗？为什么？如要做广告，选择什么媒体比较理想？

本章小结

种子市场虽然在管理与政策、行业、具体企业等方面都有自己的特点，但同样适应一般的市场营销组合理论。不管营销组合理论如何发展，产品、价格、渠道、促销一直以来仍是企业营销实践的基础和必须考虑的因素，专家们针对核心产品提出了"垄断经营策略、品种领先策略、优质取胜策略、方便购买策略和优质服务策略"等具体策略；针对有形产品和附加产品提出了"优良外观策略、品牌及商标策略、包装策略、方便购买策略、和优质服务策略"。这些策略一般都是几种综合使用共同促进种子商品的销售，以达到较好地完成预定目标。

影响种子定价的因素是多方面的，主要包括定价目标、成本、其他市场营销组合因素等。常见的种子定价策略有"折扣定价策略、地区定价策略、心理定价策略、新品种定价策略、产品组合定价及竞争者变价的定价策略"。种子的分销渠道包括生产者、中间商和最终消费者。影响分销渠道的因素主要有顾客特征、产品特性、中间商特性和企业本身特性，我们一般按照"确定渠道目标、明确各主要渠道交替方案、评估各种可能的渠道交替方案"等步骤设计分销渠道。种子企业的促销策略包括确定目标、选择工具、制定方案、预试方案、实施和控制方案，以及评价结果等；种子企业在实施广告策略前，必须进行预算，预算的方法主要由量力而行法、销售百分比法、竞争对等法和目标任务法；种子企业选择广告媒体时需要考虑目标顾客的媒体习惯、产品特性、信息类型与成本，并在具体的设计中讲究一定的技巧。

复习思考题

1. 名词解释

种子市场营销　市场营销计划　市场营销组织　分销渠道

2. 简述营销组合理论及其发展。

3. 阐述种子市场营销的内涵。

4. 简述我国种子市场营销的环境。

5. 简述我国种子企业发展的总体状况。

6. 阐述限制我国种子企业发展的内在因素。

7. 简述市场营销书的主要内容和制定步骤。

8. 简述种子市场营销组织的主要内容。

9. 阐述种子核心产品的主要营销策略。

10. 简述种子有形产品与附加产品的经营策略。

11. 简述影响种子定价的因素。

12. 阐述常见的种子定价策略。

13. 阐述种子分销渠道的职能与类型。

14. 简述种子分销渠道设计的步骤和影响因素。

15. 阐述种子促销策略的实施过程。

16. 简述企业广告预算的主要方法。

17. 简述种子企业在选择广告媒体时需考虑的因素。

第七章　种子企业管理理论

学习目标： 1. 了解种子企业经营状况的总体评估方法和具体指标；

2. 理解掌握种子企业效益评估指标体系的构成与具体运用；

3. 了解运用投入—产出理论和价值链理论分析种子企业经营发展的潜力和产业链效益水平；

4. 了解种子企业管理系统与系统管理的相关知识；

5. 了解掌握现代种子企业的主要管理模式。

关键词： 系统管理　管理模式　效益评估　投入产出　价值链

种子企业是特殊领域的社会经济组织系统，种子企业经营管理是一项特殊系统工程，是现代人围绕农作物品种选育、种子生产加工、销售推广和售后服务等特殊形态领域的实践过程；种子企业管理理论是在一般企业管理知识和理论的基础上形成，同时又具有其科学领域系统特点的理论体系。

第一节　种子企业的系统管理

种子企业管理以农作物新品种种子的研发、生产、市场销售和服务为主价值链；同时，建立种子品质质量控制系统，进行专利登记、打假、纠纷处理、政府关系、合同起草审核等法律支持；和以人员录用、绩效考核、薪酬体系、员工职业发展为内容的人力资源管理；以企业经营总体计划协调、财务会计、管理会计、后勤支持等为企业的基础管理活动。

一、种子企业系统管理的概念和作用

所谓种子企业系统管理，是应用系统的理论、观点和方法，全面分析和研究种子企业的管理活动和管理过程，重视对其组织结构和模式的分析，并建立起系统模型。

运用系统管理理论，一是以系统的管理体系创造"整体大于局部"的经济效益；二是能指导企业深入行业研究，根据客观环境，结合自身资源，形成经营特色；三是能帮助亏损的企业分析逆境根源，指导企业化解经营危机，培育企业形成强健的竞争体魄，引领中国企业先进文化。

二、种子企业管理的系统框架与内容

种子企业管理系统包括企业组织战略子系统、企业主价值链子系统、企业基础管理子系统、企业经营法律支持子系统，这些子系统下又分若干个体系，种子企业的管理就是围绕着这些体系进行的。

1. 种子企业组织战略子系统

面对世界种业的激烈竞争，种子企业管理者应综合分析国内外种子市场环境、行业背景、自身资源和能力，选择那些符合企业基本价值取向的方案，明确企业发展目标，构建正确的企业发展、品牌经营以及管理与服务等战略体系，掌握竞争制胜的主动权。目前，种子企业战略模式主要有国际化战略、战略联盟、品种创新与后向一体化战略、差异化聚焦战略等。

2. 企业组织结构

企业组织设计是管理者为实现组织目标而建立的沟通信息、权利和责任的系统。随着企业的产生和发展及领导体制的演变，企业组织结构形式也经历了一个发展变化的过程。

企业组织结构主要的形式有：直线制结构、职能制结构、直线—职能制结构、事业部制、矩阵型结构和三维立体结构等，组织的纵向结构，规定层级间的权、责关系；横向结构，规定机构间的分工协作关系。

3. 企业文化和理念

企业文化是企业员工在较长时期的生产经营实践中逐步形成的共有价值观、信念、行为准则及具有相应特色的行为方式、物质表现的总称，由企业精神（价值观与信念）、行为方式、企业形象构成。企业文化的一般作用表现在 3 个方面：导向功能，即对企业决策与行为进行引导；激励功能，即积极向上的企业文化可以为企业成员提供动力；控制功能，即优秀的企业文化对不良行为有抑制作用。

4. 科研育种体系

构建科研育种体系是现代种子企业制胜规则中最为关键的决策内容。企业应确立以科研为本原则，充实和加强科研一线，增加科研经费投入，改善科研创新条件，采取激励措施，有效开展品种选育、品种引进、技术研究、亲本管理等工作。

5. 企业品牌培育

创品牌和规模效益，针对种子用户实际情况，不断地抢占市场份额，是种子企业制胜规则的又一关键决策。种子企业要加强和重视种子产品的设计和创新，注意品牌的感召效应、持续效应、连带效应和约束效应。

6. 生产加工体系

种子生产体系包括种子繁育、保纯、种子基地建立与管理、种子生产和收购、种子加工和包装、种子储存与运输等多个环节，每个环节既是实现种子商品流通必不可少的条件，也是实现种子商品使用价值的重要环节。

7. 质量管理体系

种子企业组织全体员工和有关部门参加，综合运用现代化科学和管理技术成果，进行全面质量管理，最终研制、生产和提供给农民满意的优良品种种子。质量管理体系包括种子标准、种子检疫、种子检验和种子质量监督管理等。

8. 市场营销体系

种子市场营销体系包括种子市场调研、目标市场选择、品种研发、种子生产、种子加工、种子贮运、种子销售、种子促销及售后服务、信息交流等内容。种子营销的目的是满足种子市场需求、促进生产、扩大种子销售以求达到最大的企业效益。

9. 农艺服务体系

种子企业通过开展新品种的生产试验示范、培训教育、技术支持以及信息与交流咨询等，增加与种子用户的沟通，协调种子的营销活动，扩大销售，增强企业的市场竞争力。工作中要处理好服务与被服务的关系、服务与业务的关系以及服务与效益的关系。真正做到"种子公司获利、公众客户满意"的"双赢"局面。

10. 人力资源体系

种子企业需要逐步建立起适合自身的人才引进、人才培养、留住人才、稳住人才的机制和措施，包括研发、管理和经营人才等。

11. 财务管理体系

财务管理是利用资金、成本、收入等价值指标，组织企业经营中价值的形成、实现和分配，并处理这种价值运动中的经济关系的管理活动。种子企业财务管理主要包括筹资管理、资产管理、流通费用管理、成本管理、利润分配管理、财务计划管理和财务控制等内容。

12. 产权保护体系

种子企业的产权保护主要有商标权、专利权、品种权保护等。植物新品种种权保护体系支撑和维护了中国种子产业市场化发展的平台。

13. 行政保障体系

行政保障体系包括种子行政管理和种子行政执法。种子行政管理是指国家行政机关依法对种子市场进行管理的活动。种子行政执法是种子行政管理中的硬性管理活动，包括行政确认、行政许可、设置义务、剥夺权利和强制执行等主要内容。

三、种子企业管理系统的层次

种子企业管理系统有诸多要素组成，各要素之间虽然存在着一定的联系，但分别处于企业管理系统的不同层面。依据各要素的重要性不同，可将种子企业管理诸要素分为3个层面（图7-1）。

第一层为基础层面。它是企业正常经营对管理的基本要求，也是企业经营管理最外在的方面，包括研发管理、推广管理、生产加工、销售管理、财务管理、行政管理。

第二层为高级层面。它是企业经营管理向最高层次发展的必须和过渡阶段，是企业管理发展的较高层面，包括企业战略、管理模式、品牌培育、质量体系、知识产权、人力资源等要素。这些要素在企业的发展过程中，都有可能成为企业的核心竞争力之一。

第三层为核心层面。它是指企业长期形成的深入到企业每个经营管理行为及所有经营管理者心灵深处的企业文化。企业文化既是企业最核心的竞争力因素，又是企业其他

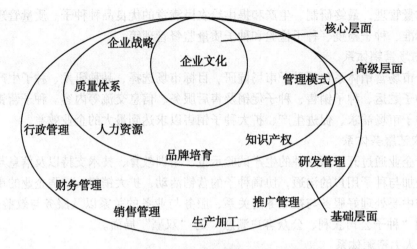

图 7-1　种子企业管理系统层次示意图

核心竞争力的深厚基础和必要保障。积极向上的优秀企业文化可以为企业发展提供最深厚、最持久的动力。

四、种子企业系统管理的原则

系统管理理论认为，任何一个企业组织都是一个完整的、开放的大系统中的子系统，在认识和处理管理问题时，应遵循系统的观点和方法，以系统论作为管理的指导思想。系统的特征表现为目的性、整体性和层次性。

全面、协调的系统管理必须遵循如下原则。

（1）统一指挥原则。即董事会、总经理和部门经理各自担负相应的责任，做出适宜的决策；下级服从上级，有效执行所部署的任务。

（2）分权与授权原则。即接受授权的管理者必须以高度的责任感，正确使用所分得的权力，使组织系统内部信息畅通，充分激发各级人员的积极性和创造性。

（3）等级原则。即种子企业组织系统内部各级职权和责任组成明确而连续不断的系统，从最高管理层一直贯穿到组织系统的末端，责权分明、分级管理。

（4）分工协作原则。分工协作表现为企业各级班子成员的分工协作和各职能部门的分工协作。种子企业分工的特殊性主要体现在对品种研发、种子生产、种子营销、种子市场研究等的分工，形成相应部门。这些部门与人事部门、财务部门、行政部门等各部门之间彼此协作。

（5）整体效应原则。指种子企业在进行决策和处理管理、服务、经营活动中的问题时应该以组织系统整体效应为重，从组织系统整体功效的角度出发分析，从而协调各要素、子系统及构成各子系统的成员之间的关系。

（6）信息反馈原则。信息反馈原则要求我们在管理、服务和经营活动中所运用的方式和手段必须构成一个连续封闭的回路，要求各级、各层的管理者、服务人员、经营人员及时、准确、有效地收集和分析有关活动信息，把握各项工作实际成效，及时纠正偏差，不断提出改进措施。与此同时，企业还必须在体制上保证信息反馈系统的有效运转，保证信息反馈的真实、有效、快捷。

系统思维和管理方法是应对复杂性和变化的最有效手段。种子企业应从企业系统管理理论、理念和原则出发，结合本企业的经营管理实践，分析种子企业系统管理体系的层次、要素以及各要素之间的联系与优势地位，不断探索适合本企业以及行业发展的系统管理模式，提高企业管理的层次水平，打造企业持续发展的核心竞争力，巩固企业的发展强势地位。

第二节 种子企业管理系统分析

一、种子企业管理系统分析

运用系统方法对种子企业的经营效益、竞争发展力及企业素质等进行静态和动态发展的结合分析，即种子企业管理系统分析，也称为种子企业经营状况的总体评估。从整体上评价一个企业的经营状况和竞争发展潜力，应全面分析企业的效益、竞争发展力和企业素质状况，它们相互联系，互为因果。

（一）种子企业效益分析

种子企业效益分析是指种子企业为社会各个方面，包括国家、用户、职工及企业自身等提供的总体效益与企业耗用的全部资源之比。评价种子企业的效益，要制定企业评估的目标，设计评价标准和评价指标体系。

1. 种子企业经营评估的目标

目标是组织或个人活动欲达到的一种状态，是企业效益分析的指示方向，一套明确的目标体系是企业进行有效控制的依据。

种子企业经营的效益目标有如下 7 个方面，即资产报酬率、资源产投比、企业利润、农户对服务满意度、员工报酬及福利、国家税收以及品种的推广面积和粮食增产量。对种子经营效益目标进行全面评估，要遵循经济效益和社会效益相统一的原则，同时，还应对上述一系列目标进行纵向和横向的对比分析。

2. 效益评价指标体系

由于种子企业活动的复杂性，单凭一个或者少数几个指标很难全面评价，必须借助于一个相互联系、相互补充的指标体系来评价其经营活动的全貌。这个指标体系具体包括以下各项指标。

（1）盈利能力分析。盈利能力分析是企业赚取利润的能力分析。反映企业盈利能力的指标主要有年利润额、销售净利率、净资产收益率、总资产报酬率和资产净利率等。

其中，年利润额即种子企业在一年内生产经营活动的总效益，其计算公式为：

$$年利润额 = 年销售收入 - 年经营费用 - 税金$$

销售净利率指净利润与销售收入的百分比，其计算公式为：

$$销售净利率 = （净利润 \div 销售收入）\times 100\% \quad （式中，净利润是指税后利润）$$

净资产收益率指净利润与平均所有者权益的百分比，其计算公式为：

净资产收益率（％）＝（净利润÷平均所有者权益）×100

其中，平均所有者权益＝（年初所有者权益＋年末所有者权益）÷2（上述公式中的所有者权益，即是股东权益总额）。

总资产报酬率指企业净利润与平均资产总额的比例，用以显示企业资产利用的综合效果，其计算公式为：

总资产报酬率（％）＝（净利润÷平均资产总额）×100

其中，平均资产总额＝（年初资产总额＋年末资产总额）÷2

资金利润率指一定时期内利润总额与总资金（固定资金和流动资金之和）平均占用额比率，其计算公式是：

资金利润率（％）＝（销售利润总额÷总资金平均占用额）×100

（2）资产运营分析。指企业运营资产的利用效率和效益，主要通过总资产周转率和投资回收期得到反映。

总资产周转率指销售收入与平均资产总额的比值。它用以衡量企业运用资产赚取收入的能力。其计算公式为：

总资产周转率＝销售收入÷平均资产总额

式中的平均资产总额＝（年初资产总额＋年末资产总额）÷2

例如，A种子公司年初总资产为4 470万元，年未总资产为5 110万元，销售收入净额为7 080万元，该公司总资产周转率为：

总资产周转率＝7 080÷［（4 470＋5 110）÷2］＝1.48（次）

投资回收期是投资总额与年平均利润额的比值，它说明资金投入以后，需要多少年才能靠其每年所增加的利润全部收回。其计算公式为：

投资回收期＝投资总额/年平均利润额

一般而言，投资回收期越短，说明投资的经营效益越好。

（3）偿债能力分析。静态的讲，偿债能力分析就是用企业资产清偿企业债务的能力分析；动态的讲，就是用企业资产和经营过程创造的收益偿还债务的能力分析。企业有无现金支付能力和偿债能力是企业能否健康发展的关键。在进行偿债能力分析时，一般会用到资产负债率和利息保障倍数等指标。

资产负债率是企业的借贷、社会融资等负债占企业总资产的比率，它反映企业的经营发展状况。现代企业都有一定的负债率，但若企业的资产负债率达到60％，则标志着企业经营的失衡，资产负债率大于100％时，则为破产。

用公式表示为：资产负债率（％）＝（负债总额÷资产总额）×100。

利息保障倍数指企业经营业务收益与利息费用的比率，它用以衡量偿付借款利息的能力，其计算公式为：

利息保障倍数＝税息前利润÷利息费用

上式中的"税息前利润"是指损益表中未扣除利息费用和所得税之前的利润；"利息费用"是指本期发生的全部应付利息。利息保障倍数用于衡量企业的支付利息的能力，没有足够大纳税息前利润，资本化利息的支付就会发生困难。

例：A种子公司2012年度税后净收益为236万元，利息费用为120万元，所得税

为 98 万元。则该公司利息保障倍数为：（236 + 120 + 98）÷120 = 3.78（倍）

（二）种子企业发展竞争力分析

种子企业生产经营的活跃程度，表现为企业在复杂、开放的动态环境中的应变力、创新力和竞争力，这是企业效益高低的一个决定性因素。企业发展竞争力反映企业的预期贡献及发展潜力。

1. 应变力

应变力即当生产经营内外环境发生变化时，种子企业适时地调整经营目标、经营策略，以保持企业发展势头的能力，它是企业发展竞争力的重要标志。例如，美国杜邦公司成立于 1802 年，200 年前主要是一家生产火药的公司；100 年前，业务重心转向全球的化学制品、材料和能源；在杜邦进入第三个百年时，它提供的是能提高人类在食物与营养、保健、服装、家居及建筑、电子和交通、种子等领域的生活质量的科学解决之道。杜邦凭借其适应变化的能力和对科学永无止境的探索，使它在两个世纪的历程中成为了世界上最具创新能力的公司之一。

种子企业的应变力可通过如下指标反映出来，如有市场价值新品种占新育成品种的比率，有市场价值新品种商品数量、质量及市场满足程度，实现市场价值的新品种数占总品种数的比率，对新管理模式的适应速度，对新经营理念的接受程度和速度，以及年员工更换比例等。

2. 创新力

种子企业要应对环境变化，除了应灵活应用传统的经验和技术以外，主要应当依靠创新，尤其是科技创新。国务院在《关于加强技术创新发展高科技实现产业化的决定》中指出："技术创新，是指企业应用创新的知识、新技术、新工艺，采用新的生产方式和经营管理模式，提高产品质量，开发新的产品，提供新的服务，占据市场并实现市场价值。"

我国种子企业的科技创新体系可以概括为制度创新、管理创新、生产技术创新、品牌创新和信息创新等。其中品牌创新是企业赖以在市场竞争中保持不败的活力法宝，品牌创新的基础是应用技术创新成果。信息创新是完善企业决策机制的根本保证。

种子企业的创新力可通过诸多指标反映出来。包括新品种的数目和档次，生产模式及生产管理模式的先进性、独有性和实用性；种子生产、加工新技术采用率；新市场开拓能力；销售模式的独创性、改进速度；研究开发投资率；企业总体完成技术改造项目的数量；申请专利的数目；接受新观念的态度和速度；采用新体制、新方法、新手段的频度；管理模式对企业的适合程度等。

3. 竞争力

竞争力是指面对同行业的竞争，种子企业以比较有利的条件获取紧缺资源，运用产品、价格、促销、销售渠道等竞争策略赢得市场、扩大市场，抓住发展契机果断投资并购，实现低成本扩张等的能力。种子企业的竞争力可通过：新品种市场占有率发展速度，种子满足市场需求的生产能力，种子质量的总体合格率和优质率，单位重量商品销售成本优势，人均利润额、资信等级、合作规模、发展战略的进取性、合理性和共识程度等企业价值链上各环节的指标反映出来。

总的来说，在同一环境下，企业应变力、创新力、竞争力越强，企业活力越强，在同行业中的竞争优势就越强。

种子企业发展竞争力可通过以下几个量化指标反映出来。

（1）利润增长率。是报告期较基期实现利润的增量与基期利润的比率，其计算公式为：

利润增长率（%）＝［（报告期利润总额－基期利润总额）÷基期利润总额］×100

（2）资本积累增长率。即企业所有者权益的平均增长情况。其计算公式为：

资本积累增长率（%）＝［（考核期末所有者权益÷考核期初所有者权益）－1］×100

（3）新品种市场占有率发展速率。

种子企业某新品种发展速率（%）＝（当年某新品种市场占有率÷去年某新品种市场占有率）×100。种子企业新品种的发展速率和企业投资效益成正比，企业新品种发展速率越快，企业投资效益越好。

种子企业在进行品种研发投资策划时，一定要明晰本企业的竞争优劣势，如共有多少竞争对手，本企业排名第几，未来的总需求量是多少，总需求量增加的速率是多少，市场平均价是多少，和别的竞争对手比，本企业的优势与不足是什么等，以决策未来的新品种研发目标和生产。

（4）种子质量合格率。种子检测部门按照国家标准规定的种子质量检测操作规程，对企业所生产经营的种子进行抽样检测，对比相应作物种子的室内4项指标，如纯度、净度、水分和发芽率标准，计算达标种子样品数占抽取的总样品数的比例。其计算公式为：

种子质量合格率（%）＝（达标种子样品数÷抽取的总样品数）×100

种子企业一般规定其市场流通中种子质量合格率为100%。

（5）人均利润额。指企业年利润与员工人数的比值，以反映一个企业的劳动生产率高低。用公式表示为：

人均利润额＝年利润÷员工人数

（6）研究开发投资率。指研究开发费与销售额的比率。用公式表示为：

研究开发投资率（%）＝（研究开发费÷销售额）×100

种子企业品种研究与开发投入资金的多少，某种程度上反映了企业的研发能力，影响着一个企业创新活动的强弱。目前，发达国家大型种子企业的品种研发投资率一般在10%以上。

（三）种子企业素质分析

所谓企业素质，是指决定企业生存发展能力的内在相对稳定因素的特点和水平，它是企业发展竞争力的外在发挥和表现形态。企业发展竞争力是企业素质的外在发挥和表现形态，并受外部环境的影响。企业的发展竞争力与素质既可能保持一致，也可能发生背离。在相同的环境中，具有良好素质的企业具有较强的发展竞争力。我国学术界把企业素质归纳为技术素质、管理素质、人员素质以及对企业稳定发展有重大意义的资源禀赋（图7-2）。

（1）技术素质。技术素质通常指企业拥有的基础设施水平、设备水平和工艺水平

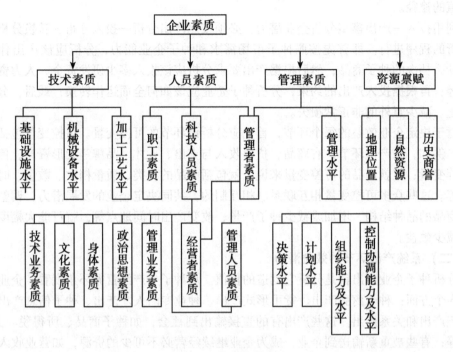

图 7-2 企业素质要素

等。具体到种子企业则主要指新品种的技术水平和配套程度，如新品种的研究开发，种子的生产、加工、质量检测的仪器设备和手段等，还有种子企业对市场的适应性等。

（2）人员素质。人员素质指种子企业管理人员、科技人员及职工的精神面貌、作风纪律、知识技能、身体状况及人员结构的合理性、对生产经营需要的适应性。企业的应变、创新和竞争发展都是由人进行的活动，种子企业不仅在品种研发的生物技术手段、各种现代化操作技术手段的运用上要依靠人员素质来保证，产品研究、基地建设、市场开拓、投资决策、公关活动也直接依靠人的积极性和创造性的发挥。

（3）管理素质。企业的管理素质通常指企业基础管理水平和管理者的素质。前者包括决策水平、计划水平、组织能力及水平和控制协调能力及水平等。具体来讲，包括各种技术标准、定额、规章制度的完善程度，信息管理系统的健全程度，员工的基础训练状况及现代化管理科学技术成果的应用状况等。

（4）资源禀赋。资源禀赋指某些与资源有关的因素，如种子企业的地理位置、种子生产基地自然资源的优势状况、历史形成的商誉等。它是相对稳定、不易改变的企业内在因素，对企业的生存发展有重大影响。我国大中型种子企业多数将公司总部设在国家或区域的文化经济中心如北京或省会城市，就是想借助其地理、信息、交通、管理环境等优势，辐射状发展种子营销业务。

二、种子企业投入产出分析

（一）投入产出分析概述

应用投入—产出分析理论，进行种子企业经营发展潜力的系统分析、以挖掘企业价值增值的途径。

利用投入—产出模型分析企业潜力，必须按照产出分析—投入分析—转换分析—保护分析的程序进行。即首先按照种子市场需求和种子企业能力，分析应该产出什么类型、什么档次的种子商品；然后根据产出要求分析应该投入多少研发资金、人力资源和时间等；再根据投入产出的约束，分析种子企业应该如何全面运作转换；最后，分析如何防止、减少意外的非正常损失。

对于决定企业效益的每个环节，首先应分析该环节的可控变量。可控变量包括很多方面，例如，在产出环节，有商品、货币收入与支出、人才、品牌等无形资产、信息和关系等变量；仅就商品的可控变量来说，就包括商品的种类、质量档次、数量、时间和地点等。这些众多可控变量相互联系、相互制约，共同决定企业的发展潜力，调整企业产出商品的品种结构、增加或减少种子产量、改变产出时间地点等，就可能大幅度地增加或减少效益。

（二）系统产出环节的效益潜力

分析种子企业产出就是分析它创造的价值。从种子生产经营循环角度看，企业产出包括 6 个方面：种子商品产出、货币形式产出、种业专门人才产出、种子信息产出、无形资产产出和关系产出。这些产出有的直接输出到社会，如种子商品、所得税、人才、信息等；有些被重新输送到企业，成为企业继续经营必不可少的资源，如营业收入、人才、信息、品牌、关系等。

1. 种子商品产出与效益

种子商品产出是种子企业的基本产出，包括产出商品的品种与质量、数量、时间及地点 4 个参数。如 4 个参数都能达到最佳状态，表明效益有潜力。

（1）品种与种子质量。其关键在于企业对市场的把握，包括现实需求和潜在需求。

（2）商品数量。同其他商品一样，种子商品市场也遵循供求均衡原则。如果种子企业提供的商品数量不足，就不能充分利用市场机会，不能实现占领市场的战略目标；反之，企业提供的成品数量太多，供大于求，会引起商品积压，占用资金，使企业资金周转困难，影响正常运营，还会造成同行业间的恶性竞争。

（3）推出时间。受农作物生产季节性的影响，种子营销有旺季和淡季之分。不同地域、不同作物品种种子会有不同的最佳推出时间。因此，作物新品种的推出要研究时机问题。推早了，种子消费者不接受；推晚了，错失领先地位。

（4）销售地点。不同市场的供求形势不同，因此寻找最佳的销售区域也是提高效益的重要途径。大多数种子企业都会借助市场调查，进行市场细分，寻求定位新的目标市场，扩大企业在种业中的市场占有率。

2. 企业货币形式产出与效益

种子企业是种子商品经营的主体，其经营成果要通过货币形式包括销售收入、成本、利润、税金等反映出来。从效益和企业发展角度分析，影响种子企业货币形式成果的变量包括种子商品价格、回款与折扣、销售收入分配和合理缴税等。

（1）商品价格。价格是影响市场需求和购买行为的主要决定因素。企业定价要从企业的战略目标出发，选择适当的定价目标，种子价格应不高不低，定价太高，种子用户望而生畏另选他家；定价太低，不仅直接影响利润，而且可能有损商品乃至企业形象，反而影响市场占有率，若出口国外还有受到反倾销诉讼的危险。

（2）回款与折扣。种子商品销售有多种支付形式，如现款、分期付款、代理销售等，各种形式资金流转速度不一样；由于种子商品具有明显的季节性，在旺季的末尾和淡季，为达到促销的目的，企业还常常采用销售折扣。

（3）销售收入分配。销售收入在折扣、研究开发费用提取、成本和某些费用报销、利润之间的分配等方面会影响到种子企业的发展后劲。

（4）税金。种子企业经营者要研究国家的税收政策，分析企业缴税的合理性，争取合理的税收优惠。政府也应根据具体的情况给予种子企业一定的税负减免。

3. 企业人才产出与效益

知识创新者和企业家对企业的价值创造具有决定作用，是种子企业成败的关键。种子企业一方面要注重吸纳一流人才，同时还要注重开发培训，提升本企业员工的价值创造能力。

4. 企业信息产出与效益

种子企业信息是反映种子生产和经营等一系列经济活动的现状及其发展变化的各种消息、情报和资料，包括：国家的方针、计划、农业战略、种植结构、信贷和价格政策等种子社会信息；环境、需求、供给、价格等种子市场信息；基地建设、品种动向、种子数量、新技术新方法的采用、信誉水平的高低等种子生产信息；财会状况、资金运用、成本与价格变动、收入及盈余状况等种子财务信息；经营管理体制和机构、经营理念、经营目标、计划和规模、经济效益等种子经营管理水平信息。

这些信息的产出有助于企业树立良好形象，使用户更好地了解企业，赢得他们的信赖和支持，从而使自己受益；信息也为自己所用，会计信息、统计信息和专项调查信息等是企业实施经营策略和管理的依据。

5. 无形资产产出与企业效益

现代种子企业在生产经营过程中，正在形成各种类型、价值不一的无形资产，如商标、商誉、专利、技术和管理诀窍、品种权、专营权、企业文化等。有些无形资产如植物品种权、专利使用权、商标使用权、专营权等，可以输出并直接实现其市场价值，有些无形资产虽不能直接转化为市场价值，但对于企业今后发展有重要影响，如种子品牌、企业诚信度和企业文化等。随着市场经济和种子产业的快速发展，无形资产价值在种子企业总资产中正起到越来越大的作用。

6. 关系产出与企业效益

种子企业在生产种子商品的同时也在生产着与客户、供应商、销售商、其他合作者、竞争者的关系，政府、媒体及所在经营区域行业管理部门等的社会关系。建立与维持良好的社会关系是种子企业重要的经营资源和宝贵财富。

（三）系统投入环节的效益潜力

企业是一个转换系统，必须进行必要的投入以获取目标产出。种子企业的投入包括人力、资金、物资与自然资源、技术与信息、时间等各种资源。要按照企业产出要求做到合理投入各项资源。

（1）投入资源的品质。主要是指种子企业的人员素质、生产设施、作业时间等资源的投入是否符合产出的需要。

（2）投入资源数量。是指种子企业投入的各种资源的数量是否刚好满足企业高效率运转的需要。投入太多会造成浪费，投入不足则会影响效益。种子的季节性要求种子企业进行详细的市场调查，明确需求量，从而决定资源投入量。

（3）资源投入时机。即资源的投入时机是否刚好满足产出的需要。对种子企业来说，各种资源的投入时机应因时因需，不早不晚，不拖占库房及资金。如临时用工制、原辅材料的供应。

（4）时间资源问题。即如何合理投入时间以创造最大价值的问题。种子企业都希望用最少的时间创造最大的价值。但事实是，如投入时间过少，就达不到预期目标，甚至会前功尽弃，带来更大的损失。种子企业的产品开发、技术革新、种子生产都有自身规律，操之过急，则欲速不达。

（四）系统转换环节的效益潜力

1. 转换技术与效益潜力

转换技术对企业效益潜力的影响，主要反映在企业将资源变成商品采用的硬件和软件是否合理。如有的企业虽采用了先进设备，但或因人员不熟悉，或因工人抵制，弃之不用；有的企业使用精密机床进行粗加工，都会影响企业效益。

2. 管理与效益潜力

转换的关键在于管理，转换技术的应用情况一般是由管理决定的。

（1）计划水平与效益。种子企业规范的经营管理活动是在一系列具体、可行的各项计划下有条不紊地进行的，计划不周将会造成企业资源浪费。

（2）组织质量与效益。分工协作质量、规章制度，如机构不健全、有明显薄弱环节或冗员严重、行政服务人员过多、专业技术人员不足、研究开发投资不足、分工不合理、责权不明、沟通不良都会影响效益。

（3）激励水平与效益。正确有效的激励手段能激发员工的工作欲望，提高员工的积极性，使员工为实现组织计划和组织目标而努力工作，更加关注与企业效益有关的资源利用率和产品质量，从而提高企业效益。反之，缺乏必要的激励政策、考核不严、用人不当、分配不公等将导致组织气氛恶化，效益下降。

（4）协调水平与效益。种子企业内部各部门之间，领导与群众之间，员工之间的沟通、合作情况直接影响工作效率，进而影响企业效率。同时，企业外部的协调水平，即企业与政府、传播媒体、客户、公众的关系对企业良好形象的形成也起着重要作用。

（5）控制状况与效益。控制包括质量控制、成本费用控制、进度控制、行为控制等。有些企业管理基础工作薄弱，标准化程度低，检测、计量不严格，无章可循或有章不循，以致失控，造成效益下降。

（6）领导水平与效益。种子企业的领导是指企业的各级管理者运用职位权利和个人影响力使员工为实现组织目标而努力工作的过程。企业领导者只有具备较高的知识素质、思想素质、经营管理素质与身心素质，才能把握企业经营方向，更准确地确立组织目标，做出有效决策，充分运用计划、组织和控制等职能建立科学的管理系统，激励下属尽心工作，从而提高企业的整体效益，最终实现组织目标。

（五）系统保护环节的效益潜力

企业所拥有的资源及创造的财富要防止人为的意外损失，企业非正常损失的产生包括人为因素与灾害因素，人为因素可分为内部因素包括贪污、挪用、偷盗、破坏、犯法（诉讼及赔偿）；外部因素包括诈骗、偷盗、抢劫、破坏、侵权、不良债权等。灾害因素包括内部事故和外部的各种市场风险，如汇率变动等。种子企业的安全生产状况、产品质量、侵权行为等重大事故的损失非常严重，加强系统保护环节对种子企业有重要意义。

三、种子企业价值链分析

种子企业价值链分析是对企业主要产业链和可能延伸的产业链的效益水平进行评价，为产业环节取舍、加强或延伸等决策提供依据。

（一）种子企业价值链

种子企业是利用人力资源从事种子商品生产、市场流通和经营管理的经济组织。分析种子企业的价值生产链，有助于增强企业经营能力，实现高效益增值。

美国战略专家迈克·波特（Michael Porter）指出，所谓价值链就是公司把设计、生产、销售、送货和支持其产品运作的各部门，看作创造价值的各个环节，把公司创造价值和产生的成本分解到各个部门。种子企业价值的实现依赖于客户的价值（效用或商品和服务）和企业的价值（收益），最终体现为商品价值。商品价值的构成包括产品和服务的质量、成本的高低、对市场需求反应的速度和新产品、新工艺、新策略的采用。成功的种子企业根本上是由于在品种、质量、成本、速度和创新组合方面超过了对手。

种子企业发展的基础是价值增值，企业价值的生产过程表现为由若干经营环节构成的价值链，就种子企业价值链来说，包括科研部门选育和引进受消费者欢迎的品种，管理部门运筹组织，财务部门融资投资，生产部门繁殖、生产和加工种子，质检部门的种子质量检验和质量管理，营销部门的渠道疏通、品牌建设、市场与销售、服务和培训等。种子企业的价值通过这些环节的密切配合而实现，从而增强其经营能力，实现高效益增值。

在种子行业里，企业通过与竞争对手价值链的比较，可明确与竞争对手优势的差异所在。价值链分析方法将一个企业分解为既分离又战略相关的许多活动，在此基础上对这些活动及影响这些活动的动因进行深入的分析，并根据分析结果，消除不增值的作业，加强有助于增值的作业，达到降低成本，提高企业竞争力的目的。成功的种子企业根本上是由于品种、质量、成本、速度和创新在组合方面超过了对手。

（二）种子企业主价值链上各环节对企业价值生产的作用

1. 品种研发

品种研发主要包括：①品种开发的目标取向。主要有开拓国内市场目标，开拓国际市场目标，替代即将退出市场的产品目标，以及扩大产品系列或范围的目标等。②品种开发的方式。主要包括自主开发，与其他企业合作开发，与科研院所合作开发等。③研发和技术创新投入。研发与技术创新投入反映企业持续经营的能力。④新品种的研发周期。新品种的研发周期可以在一定程度上反映种子企业的开发能力。

2. 种子生产

种子商品的生产环节主要包括：①种子商品生产周期。种子商品的生产周期反映了种子企业的加工工序与生产组织水平。②变更品种所需时间。变更品种所需时间反映企业生产准备、设备转换、组织调整的快捷程度。③生产能力利用率。具有过低或过高的能力利用率对企业都是不利的，过低的利用率表明企业生产能力有较高的浪费，使得设备闲置、人员空余；而过高的利用率也预示着企业的设备和生产人员储备不足，或者是设备老化，不能满足企业现有的需要，或者是新设备添置不足，造成已有设备满负荷运转。④种子商品质量管理。种子企业的质量认证管理和全面质量管理的实施情况，反映企业对质量管理的重视程度。

3. 市场与销售

市场与销售，即市场营销，是企业市场价值得以实现的"惊险的一跳"。营销起着沟通客户、引导消费、促进销售和获取收入的作用。种子企业要想实现营销增值，必须首先做好市场调查，了解市场需求，研发出客户愿意购买的产品，然后制定合理的价格，通过有效销售渠道将商品售出，从而实现商品价值。

4. 营销服务

营销服务主要指种子及时供货、新品种示范和技术培训等。现在种子企业已由质量竞争为主转化到以服务竞争为主的综合较量，种子商品的销售要利用服务来延长其价值链，增强竞争力。

（三）种子企业价值链的拓展和延伸

传统的成本分析方法利用狭隘的会计科目、产量等少量的因素进行分析，成本管理中存在成本分析和成本控制开始得太迟（从材料采购开始），结束得太早（止于销售），忽视上下游价值链的缺点。而价值链分析方法则是一种更宽广、与战略结合的方法，可克服上述缺点。不过要想大幅度提升企业价值，不仅要抓产品、销售等价值链环节因素，还要开阔思路，从增强、扩展、重构和再造价值链等方面，使企业的价值得到拓展和延伸。

（四）种子企业价值链的拓展模式

进行种子企业价值链分析，拓展企业价值链，可使种子企业明了自身在种子行业价值链中的位置，寻求整合（前向和后向整合）或称一体化方式降低成本的途径；可消除不增值作业，寻求利用上下游价值链管理成本的可能性；探索利用种子行业价值链降低成本，增加企业的经营差异性，取得竞争优势的途径。通过对竞争对手的价值链的模拟和分析，测算出竞争对手的成本，帮助种子企业的管理者客观评价自己在竞争中与竞争对手相比的优势与劣势，扬长避短，制定取得竞争优势的竞争战略。

1. 委托外包

一个种子企业不可能在价值链的每个环节上都能达到成本最低，因此有必要通过资源质量成本分析，将部分环节经营作业分离出来，委托给其他企业或组织完成，以便集中有限资源从事最擅长的价值生产活动，实现价值增值。种子企业在各不同环节的委托外包内容如表7-1所示。

表 7 - 1　种子企业委托经营内容

价值生产环节	委托内容举例
采购	委托招标采购设备或大宗物资
人才招聘	委托人才中介招聘选拔经理人才
融资	委托中介机构发行股票
研究开发	委托研发作物新品种
生产加工	委托品种种子生产加工包装
销售	由自销转为委托代理或批发
管理	部分业务委托专业公司，如从事代理、管理咨询等

2. 供应链管理

近几年，随着经济全球化和高新农业生物技术革命，种子品种的研发周期越来越短，品种数量迅速增加，购买者对交货期要求越来越苛刻，对产品和服务的期望越来越高，企业必须寻求新的战略。在此背景下，供应链管理日益受到种子企业的关注。

（1）供应链管理的含义。供应链管理是围绕核心企业，通过对信息流、物流、资金流的控制，将供应商、制造商、分销商、零售商，直到最终用户连成一个整体网链的经营模式。它强调核心企业通过和供应链中上下游企业之间建立起来的战略伙伴关系，以强—强联合的方式，使每个企业都发挥各自的优势，在价值增值链上达到"共赢"的效果。供应链管理大致可归纳为 3 种情况：一是集团公司内部的跨地区、跨国界经营的供应链管理；二是关联企业之间协作管理；三是某些产业的全行业协作供应链扩展，即将行业中上下游企业连接在一起，形成一个大的产业链。

（2）供应链管理对种子企业提出的条件要求。第一，要从供应链的整体出发，考虑企业内部的结构优化问题；第二，要转变思维模式，从纵向思维向纵横一体的多维空间思维方式转变；第三，要放弃封闭的经营思想，向与供应链中的相关企业建立战略伙伴关系为纽带的优势互补、合作关系转变；第四，要建立分布的、透明的信息集成系统，保持信息沟通渠道的畅通和透明性；第五，所有的人和部门都应对共同任务有共同的认识和了解，去除部门障碍，实行协调工作和并行化经营；第六，风险分担与利益共享。

（3）供应链管理中应遵循的原则。种子企业的供应链要想有效而敏捷，应遵循如下策略性原则：①服务需求差别化。即要进行种子市场调查和用户服务需求分析，并根据不同的需求提供多样化服务；②渠道设计顾客化。指渠道设计应建立适应顾客需求变化的可重组、可重用的快速反应的供需渠道；③生产运作同步化。即种子企业必须从整个供应链的角度去考虑，使所有的结点企业同步响应，获得整体优化的效果，提高供应链的效率；④市场响应敏捷化。即在种子产品差别化中，要把差别的时间和位置尽可能地靠近种子用户需求的位置，从而减少库存投资和运输费用，使供应链获得更快的市场响应速度；⑤企业协作精益化。选择少而精的几个供应商并与之建立良好的合作关系，有利于供应链的稳定和建立快速的市场反应机制；⑥信息交流网络化。信息共享能使种子企业快速的捕捉市场信息和在整个供应链范围内进行信息反馈，从而消除信息扭曲和失真，同时只有在整个供应链范围内利用先进的信息通讯技术，才能有效地进行供应链的协调性管理，使成员企业的运作达到同步化和获得一致性；⑦绩效评价整体化。指供应链管理业绩评价指标和评价方法应从整体的角度考虑，达到协调一致。

在供应链管理体系中，种子企业应根据自身状况选择最有优势的环节，并在该环节投入最多的资源，以此获得竞争优势或比较价值。

第三节　现代种子企业的管理模式

企业是从事生产、流通或服务等经济活动的基本经济单位。经过漫长的演变过程逐渐发展成为现代企业。不同企业在不同的发展阶段会选择不同的管理模式，现代种子企业的管理模式主要包括组织制度与决策、人力资源管理、财务管理、销售管理和信息管理等。

一、现代种子企业管理模式构架

种子企业由于种子商品的特殊性，在具有企业的共同特征的同时也有其独特的特点。

依据不同的划分方法，可将现代种子企业分为不同的类型，从而有不同的管理组织构架。在当前大环境下，认真分析现代种子企业的特点及其管理组织构架，采用正确的企业管理模式对企业的发展有着重要意义。

（一）现代种子企业的类型与特征

1. 国外种子企业类型

从企业的经济性质和经营特点看，国外种子公司主要有两大类型，即国有公众化公司和私人企业。①国有公众化公司。该类型公司受到国家的财政支持，发展与日常经费开支列入国家的财政计划；承担商品种子的供应任务，国家对所供种子价格进行限制；农业生产用种多直接销售给农民；生产与经营活动纳入政府的行政管理计划，并把此管理作为保障本国食物安全、改善公共福利、平衡不同行业分配的重要措施。②私人种子企业。其企业发展和种子生产经营活动均由企业自主决定，种子的供应价格一般决定于市场。种子企业从国家得到的财政支持微乎其微，国家对其限制也极少，生产和经营较国有公众化公司都相对灵活。

根据种子企业的发展和经营特点，可将国外的种子公司分为以下几种类型。

（1）专门从事种子商品经营的种子公司。此类型种子公司的经营业务只涉及种子，有的是多元化经营，有的是专业化经营，且以玉米种子为主。如美国先锋国际良种公司（Prioneer Hi-Bred International）、德国 KWS 种业集团（KWS Group）、澳大利亚太平洋种业公司（Pacific seeds）、塞尔维亚泽蒙玉米研究所（Zemun Polje），以及美国迪卡布遗传公司（Dekalb Genetics）和 ICI 种子公司（IcI Seeds）等。

（2）化工、医药公司控股的种子公司。此类种子公司种子经营只是整个集团公司产业链上的一个环节。以美国孟山都公司（Monsanto）为代表，较知名的还有瑞士诺华集团（Novais）、美国杜邦—先锋种子公司（Dupon）、道化工公司（Dow Chemica1）等。

（3）由种子业务向多元化发展的种子公司。即从最初的种子专业公司已发展为集团化公司。以法国利马格兰种业集团（Groupe Limagrain）为代表。利马格兰最初专业生产玉米种子，1974年开始从事大田作物种子以及蔬菜种子贸易，1989年开始生物保健和农产品加工业务，之后又从事食品、健美行业。

（4）园艺种子及牧草种子公司。此类型种子公司数目众多，在美国仅蔬菜花卉生产经营公司就有9 000多家。

2. 我国种子企业的类型

我国目前种子企业类型很多，规模相差也很大，大到拥有亿元以上资产的上市公司，小到资产不足万元、家庭式的种子门市部。

（1）根据规模大小可分为以下4种类型。

大型种子企业：资产3亿元以上，部分公司已成功上市。如中国种子集团、山西屯玉种业有限公司、辽宁东亚种业有限公司、山东登海种业股份有限公司、袁隆平农业高科技股份有限公司、北京奥瑞金种业有限公司等。

中型种子企业：注册资金3 000万以上1亿元以下的种子企业。我国现有中型种子企业大约97家，如河北三北种业有限公司等。

中小型种子企业：注册资金在500万元到3 000万元之间的种子企业。我国现有这类种子企业近8 500家。

小型种子企业：即注册资金在500万元以下的种子企业。

（2）根据经营范围可分为：农作物种子公司：主要经营水稻、小麦、玉米、棉花、大豆等大田作物种子；蔬菜种子公司：只经营各种蔬菜种子的种子公司；专业种子公司：专门经营一种作物种子的种子公司；综合型种子公司：经营包括大田作物、园艺作物等各种作物种子；主业型种子公司：以经营各种作物种子为主业，同时经营其他行业。

（3）根据经济性质可分为：国营种子公司、民营种子公司和中外合资种子公司。

（4）根据经营性质可分为：生产经营型种子公司、经营型种子公司、生产型种子公司和产业配套型种子公司。

（5）按公司法规定可划分为有限责任公司和股份有限公司两大类。

（二）现代种子企业的设立

种子企业的设立首先必须得到有关种子管理部门的经营和生产许可，才能在工商行政管理部门申请设立。

（1）农作物种子经营许可证的申请。主要农作物杂交种子及其亲本种子、常规种原种种子经营许可证，由种子经营者所在地县级农业行政主管部门审核，省级农业行政主管部门核发。其他种子经营许可证由种子经营者所在地县级以上地方人民政府农业行政主管部门核发。

从事种子进出口业务公司的种子经营许可证，由注册地省级农业行政主管部门审核，农业部核发。

（2）农作物种子生产许可申请。主要农作物杂交种子及其亲本种子、常规种原种种子的生产许可证由生产所在地县级农业行政主管部门审核，省级农业行政主管部门核发。主要农作物常规种的大田用种生产许可证由生产所在地县级以上地方人民政府农业行政主管部门核发。

（3）工商行政管理部门申请设立。得到了农作物种子经营许可证和农作物种子生产许可证以后，就可到工商行政管理部门申请设立种子企业。

（三）现代种子企业管理组织构架

《中华人民共和国公司法》规定："本法所称公司是指依照本法在中国境内设立的有限责任公司和股份有限公司。"也就是说在我国法律中只将公司划分为两种类型——有限责任公司和股份有限公司。其管理组织构架见图7－3和图7－4。

1. 有限责任公司

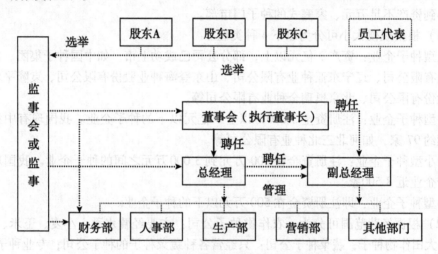

图7－3　有限责任公司管理架构示意图

2. 股份有限公司

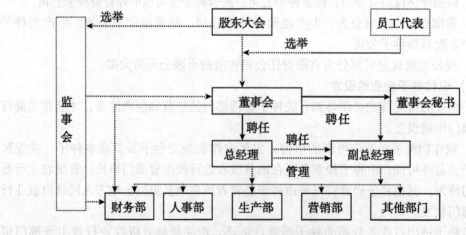

图7－4　股份有限公司管理架构示意图

(四) 现代种子企业决策机构设置及程序

1. 种子企业决策机制

决策是管理者识别并解决问题以及利用机会的过程，是对多个备选方案作出的决断，是权利更是责任，它所遵循的原则是满意而不是最优。它可分为战略决策、战术决策和业务决策 3 个层次。分别由企业高层（股东大会、董事会）、总经理、部门经理负责，其中总经理和部门经理应分别担当起关键性的连接作用，这样才能提高决策效率，使企业能够高效运转。

2. 决策程序

决策负责人在决策时要遵循一定的基本程序，即决策的过程。决策程序通常包括以下 7 个步骤。

（1）识别机会或诊断问题。指决策者必须知道哪里需要行动，或哪里出了问题，出了什么问题。

（2）识别目标。即决定组织想要获得的结果，结果的数量和质量都要明确。

（3）拟订备选方案。指拟出达到目标和解决问题的尽可能多的各种备选方案。

（4）评估备选方案。即根据自身和外界条件，一定的标准，确定要采取的最优方案。

（5）做出决定。即决策者在仔细分析全部的事实或信息后，决定实施方案。

（6）选择实施战略。方案的实施是决策过程中最关键的一步，方案开始实施就意味着企业要付出相应的成本。所以方案要具体，要让有关执行人员充分接受和彻底了解，目标要细分，并具体落实到人。

（7）监督和评估。因为形势通常是不断变化的，在方案进行过程中，需要分阶段地监督和评估，并根据情况的变化及时进行修正和完善。

二、种子企业人力资源管理

在知识经济时代，知识与资本成为企业经营的重要因素，企业的竞争最根本的是知识竞争，知识的竞争归根结底是掌握知识的人才竞争。种子企业，一方面需要大批科研人才，即育种专业技术人才；另一方面，还需要优秀的企业管理人才，即具有企业创新管理理念、能够根据企业内外环境适时整合企业资源、积极推动企业经营管理、组织机构、管理制度的创新、有效实现企业经营管理目标的企业管理人才。

(一) 人力资源概述

人力资源指劳动生产过程中，可以直接提供的体力、智力、心力总和及其形成的基础素质，包括知识、技能、经验、品性与态度等。在任何组织结构中，人力资源都是最关键和最重要的因素。由此，人力资源是企业的一种战略性资源。

人力资源具有活动性、可控性、实效性、能动性、变化性与不稳定性、再生性、开发的持续性、个体的独立性、内耗性以及资本性等特点。

人力资源管理在现代种子企业管理中居于重要地位，人力资源管理者通过管理来获得和保持企业在市场竞争中的战略优势。

（二）战略性人力资源管理

在现代社会，人力资源是组织中最具能动性的资源，如何吸引到优秀人才，如何使组织现有人力资源发挥更大的效用，支持组织战略目标的实现，是每一个领导者必须认真考虑的问题，也是企业最高领导越来越多地来源于人力资源领域的一个原因。战略性人力资源管理认为人力资源是组织战略不可或缺的有机组成部分，包括了公司通过人来达到组织目标的各个方面。

战略性人力资源管理是系统地把企业人力资源管理同企业战略目标结合起来，通过有计划的人力资源开发与管理活动，增强企业战略目标的实现。战略性人力资源管理有如下一些特点。

（1）开发性。即企业要舍得对人力资源进行开发投资，以激发员工的潜能，赢得长期、持久的潜力。

（2）整体性。指企业应统筹环境、战略及情景因素，从组织整体、跨部门的角度去思考对人的管理。

（3）系统性。即应有机地结合人力资源管理的各个部分，进行系统化的管理。

（4）竞争性。指企业应采取与企业竞争战略相配合的人力资源管理制度和政策，使企业有效地开发和利用人力资源。

（三）种子企业人力资源管理

种子企业人力资源管理，是运用现代科学方法，对种子企业中与一定物力相结合的人力进行合理的培训、组织与调配，使人力与物力经常保持最佳比例，同时对人的思想、心理和行为进行恰当的诱导、控制和协调，充分发挥人的主观能动性，使人尽其才、事得其人、人事相宜，最终实现组织目标。

1. 种子企业人力资源规划

种子企业人力资源规划是通过预测种子企业未来的人才需求状况，制定计划和实施计划使人力资源供求关系协调平衡的过程。通过对未来人才需求的预测，种子企业可以提早培养所需要的人才，从而保证人才的供给。

种子企业人力资源规划有利于种子企业制定和实施宏观的发展规划；有助于控制和检查人力资源供给和需求平衡；可以有效地配备和使用组织的人力资源，实现人力资源配置最优化，以最少的投入达到最大的产出；它还具有先导性和战略性，不断调整人力资源管理的政策和措施，指导人力资源管理活动。

种子企业人力资源规划主要包括5方面的内容。

（1）晋升规划。对于种子企业人力资源管理者来说，通过管理获得和保持企业在市场竞争中的战略优势，有计划地提升有能力的人，以满足职务对人的需求，是组织的一种重要职能。

（2）补充规划。由于晋升计划的影响，组织内的职位空缺逐级向下移动，最终积累在较低层次的人才需求上。补充规划即种子企业根据需要吸收适量各层次人员，以补充组织中长期内可能产生的空缺。它与晋升计划密切相关。

（3）培训开发规划。培训开发规划的目的是为企业中、长期所需弥补的职位空缺事先准备人员。

（4）调配规划。通过有计划的人员内部流动以实现组织内人员未来职位的分配。

（5）工资规划。为确保未来的人工成本不超过合理的支付限度，而对工资层级等进行的计划、协调平衡过程。

2. 种子企业人力资源的培训与开发

种子企业人力资源培训就是向种子企业新员工或现有员工传授完成本职工作所必需的相关知识、技能、价值观念、行为规范，是由种子企业安排的对本企业员工所进行的有计划、有步骤的培养和训练。在人力资源管理中，培训和开发是经常联系在一起使用的两个概念，二者在内涵上有一些差别，但其实质是一致的，培训强调的是帮助培训对象获得目前工作所需的知识和能力，以更好地完成现在所承担的工作。开发则是指一种长期的培训，它强调的是鉴于以后工作对员工将提出更高的要求面对员工进行的一种面向未来的人力资本投资活动。它们的目的都在于提高员工的各方面素质，使之适应现任工作或未来发展的需要，它们所使用的技术通常也是相同的。

（1）培训的原则。种子企业员工培训的原则有：①系统性原则。主要表现为全员性、全方位性和全程性。②理论与实践相结合的原则。指符合企业的培训目的；符合成年人的学习规律；发挥学员学习的主动性。③培训与提高相结合的原则。即全员培训和重点提高相结合；组织培训和自我提高相结合；人格素质培训与专业素质培训相结合。④人员培训"三个面向"原则。指人员培训必须面向企业，面向市场，面向时代。⑤促进人员全面发展的原则。

（2）培训的步骤。培训的具体步骤主要有：①前期准备阶段；②设计培训计划（目标、希望的结果、方式、对象、方法、时间、地点、预算）；③培训方法的选择（案例研究、研讨会、授课、游戏、电影、计划性指导、角色扮演、小组、电脑化训练、模拟、参观、头脑风暴、辩论等）；④培训方案的实施。

3. 种子企业员工的绩效评估

（1）绩效评估的概念和作用。绩效评估又称绩效考核，它是定期考察和评估个人或部门工作业绩的一种正式制度。绩效评估是人力资源管理中主要的控制手段，同时具有激励、标准、发展和沟通的作用。①种子企业进行绩效考核，为人力资源管理提供了一个客观而公平的标准，员工的晋升、奖惩、调配都将依据考核的结果进行。②对员工的工作成绩给以肯定，能使员工体验到成功的满足；可以使工作过程保持在合理的数量、质量、进度和协作关系上，使各项管理工作能够按计划进行；可以使员工记住自己的工作职责，提高其按规章制度工作的自觉性。③根据考核的结果发现员工的长处和特点，制定正确的培训计划，以达到提高全体员工素质的目标，推动企业的发展。④考核结果出来后，管理者向员工说明考核结果，听取员工的申诉与看法，从而为彼此提供沟通的机会，增进彼此的了解。

（2）绩效评估方法。绩效评估的基本方法主要有：①相对比较法。是指在某一绩效标准的基础上把每一员工与其他员工相比较，计算每个人的总成绩并根据总成绩的高低判断谁较好的一种绩效评估方法。②小组评价法。指由两名以上熟悉该员工工作的主管组成评价小组，按绩效表现从好到坏的顺序依次给员工排序的评估方法。小组评价法仅适合员工数量较少的种子企业。③等级评估法。是先由评估小组或主管拟定有关的评价目标、绩效等级以及各等级上的比例分配，然后按评估项对员工的绩效做出粗略排序，接着根据粗略排序进一步确定具体等级的评估方法。

种子绩效评估是一项很敏感、很复杂的管理工作，需要根据种子经营单位的实际情况不断总结、改进。

4. 种子企业的报酬管理

报酬是指作为个人劳动回报而得到的各种类型的酬劳。报酬一方面可激励员工卓有成效地工作，是达成企业目标的主要手段，另一方面又是企业运作的主要成本之一。因此，报酬管理是人力资源开发与管理中的重要环节。设计一套科学、合理、行之有效的报酬系统是企业人力资源开发与管理的一项中心任务。报酬系统模型如图7-5。

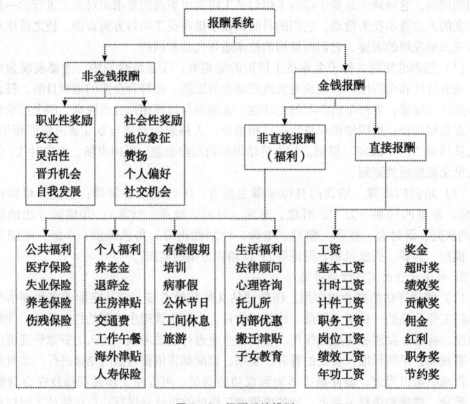

图 7-5　报酬系统模型

种子企业报酬管理是指种子企业为了达成组织目标，主要由人力资源部门负责，由其他职能部门参与的涉及报酬系统的一切管理工作。种子企业报酬管理也应遵循公平、公正、公开的原则。报酬公平是企业吸引、激励和留住有能力员工的重要条件。

三、种子企业财务管理

（一）企业财务管理概述

企业财务管理是根据财经法规制度，组织、规划和控制企业资本运动，处理财务关系的综合性经济管理活动。包括资金的筹集、投放、使用、回收、分配、财务分析、财务计划和控制等一系列行为。企业财务管理的目的是使企业全部资产的市场价值最大化，提高企业潜在的和预期的获利能力。从财务上支持和帮助企业实现整体战略是企业财务管理的主要任务。

（二）种子企业筹资管理

1. 筹资管理的含义

企业筹资是企业根据生产经营活动对资金需求数量的要求，通过金融机构和金融市场，采取适当的方式，获取所需资金的行为。

筹资管理是依据企业生产经营环节对资金的需求，针对客观存在的筹资渠道，选择合理的筹资方式进行筹资，以利于企业进行有效筹资组合，降低筹资成本，提高筹资效益的一种管理活动。

2. 筹资的渠道与方式

种子企业的筹资渠道有多种，如国家财政资金、银行信贷资金、非银行金融机构资金、其他企业资金、居民个人资金、企业自留资金；筹资方式有吸收直接投资、发行股票、银行借贷、商业信用、发行债券、融资租赁等（表7–2）。

表 7–2　企业筹资方式分类表

资金需要分类	筹资方式	筹资渠道	协助单位
长期资金	长期银行贷款	债权人投资	银行
	企业债券	债权人投资	证券市场
	企业股票	股东投资	证券市场
	融资租赁	出租人信用	租赁公司
	其他外部投资	有关部门或单位投资	有关部门或单位
短期资金	短期银行借款	债权人信用	银行
	商业信用	客户信用	客户

不同来源的资金，其使用时间的长短，附加条款的限制，财务风险的大小，资金成本的高低都不一样。因此企业在筹集资金时，不仅需要从数学上满足生产经营的需要，而且要根据各种筹资方式给企业带来的资金成本高低和财务风险大小，选择最佳筹资方式，实现财务管理的总体目标。

3. 选择筹资方式的原则

种子企业在筹资时应综合分析影响筹资的各个因素，选择最佳的筹资方式。

具体来讲，企业可按下述原则选择筹资方式。

（1）首先选择内部积累。这种方法筹资阻力小，保密性好，风险小，不必支付发行成本。

（2）从外部筹资时，可首先考虑向各金融机构贷款；然后再考虑公司债券；最后才考虑发行普通股票。

（3）解决短期资金需求时，可采用出售短期金融资产，借入短期债务等手段弥补资金缺口。

（4）进行资金时间价值、风险报酬与资金成本分析，合理选择配置筹资渠道和筹资方式，提出最佳的筹资方案。

（三）种子企业资产管理

种子企业资产管理指企业将资金用于购买或自主建造固定资产，开发无形资产，直接投放于企业本身经营活动，或者通过金融市场购买股票、债券、基金等金融投资，形成各种类型的资产。主要包括流动资产管理、固定资产管理和流通费用管理。

1. 流动资产管理

流动资产管理即对在 1 年内或超过 1 年的一个营业周期内变现或者耗用的资产，包括现金及各种存款、短期投资、应收及预付款项、存货等进行的管理。流动资产管理的基本任务是保证企业生产经营所需资金得到正常供应，在此基础上减少资金占用，加速资金周转。

种子企业流动资产的管理一般包括下述工作内容：①做好企业流动资产的记录和保管工作；②做好货币资金的流量计划并加强企业日常收支管理；③加强种子库存的出库、入库、调拨、结构、批次和库存预警、报警等管理，努力降低存货的储备成本；④在合理利用信用政策，树立良好企业形象的同时，加强坏账管理；⑤注意资金来源与资金运用的匹配，保证企业有足够的偿债能力。

种子企业流动资产管理必须遵守以下原则：①必须实行计划管理。为保证资金需要，资金的分配和使用必须有计划地进行；②按财经制度规定正确地使用流动资金，保证商品种子正常流转和种子加工；③坚持"钱货两清"，保证商品种子流转通畅。

例如，某县种子企业某年承揽玉米杂交种子合同 10 000 吨，安排制种面积 2 700hm^2，实产种子 10 500 吨，预测市场供求形势为供过于求，如果采取款到发货，钱货两清的营销结算方式，预计合同履行率不会超过 40%；如果与客户商定发货后一个月内结清账目，即信用期为 30 天，预计合同履行率可达 85%，积压种子 2 000 吨；为避免积压种子占用资金，增加银行贷款利息和保管费用，拟把信用期延长到 90 天，即发货后 3 个月结清账目，这样预计可销出 10 000 吨种子，积压种子 500 吨。延长信用期后，坏账损失将由 0.1% 增加到 0.5%，库存种子保管费用为 40 元/吨，收残费用预计增加 6 万元，可与多积压的 1 500 吨种子的保管费用相抵顶，种子的平均收购价为 4 元/千克，平均销售价 4.8 元/千克，看延长信用期是否可行。进行盈利分析比较：3 种结算方式取得的毛利、保管费用和坏账损失见表 7 - 3。

表 7 - 3　3 种结算方式盈利分析表

结算方式	款到发货	30 天付款	90 天付款
销售量/1 000 吨	10 ×40% = 4	10 ×85% = 8.5	10
销售额/万元	480 ×4 = 1 920	480 ×8.5 = 4 080	480 ×10 = 4 800
售出种子收购成本/万元	400 ×4 = 1 600	400 ×8.5 = 3 400	400 ×10 = 4 000
毛利/万元	320	680	800
保管费用/万元	4 ×4 = 16	4 ×2 = 8	4 ×0.5 = 2
坏账损失/万元	0	4 080 ×0.1% = 4.08	4 800 ×0.5% = 24

现阶段我国种子企业的自有资金都很少，销货款回不来，只能靠银行贷款支付制种基地农户的种子款，银行贷款利息考虑到越期加息、加罚等因素平均按月息 1.2% 计算，三种结算方式的银行贷款利息支出为；

第一种，款到发货。积压种子 6 500 吨，需占用资金 2 600 万元，按积压 1 年计息：1.2% × 2 006 × 12 = 374.4 万元。

第二种，30 天付款。积压种子 2 000 吨，需占用资金 800 万元，按积压 1 年计息，销出种子按 1 个月计息：12% × 800 × 12 + 1.2% × 3 400 × 1 = 115.2 + 40.8 = 156 万元。

第三种，90 天付款。积压种子 500 吨，需占用资金 200 万元，按积压 1 年计息，销出种子按 3 个月计息：1.2% × 200 × 12 + 1.2% × 4 000 × 3 = 28.8 + 144 = 1 728 万元。

在只考虑贷款利息、保管费用、坏账损失和收账费用，而不考虑其他费用的情况下，三种结算方式相比如下。

（1）款到发货。虽无坏账损失，但积压种子利息支出 374.4 万元，加上种子保管费用支出 26 万元，高于销售毛利（320 万元）80.4 万元，绝对是不可取的。

（2）30 天付款结算方式。销售种子毛利（680 万元）减去银行贷款利息（156 万元）、保管费用（8 万元）和坏账损失（4.08 万元），盈利额 511.92 万元。

（3）90 天付款结算方式。销售种子毛利（800 万元）减去银行贷款利息（172.8 万元）、保管费用（2 万元）、坏账损失（24 万元）和收账费用（6 万元），盈利额 595.2 万元。

90 天付款与 30 天付款相比，虽银行贷款利息、坏账损失和收账费用增加，但销售额和毛利增加，保管费用减少，盈利额提高了 595.2 - 511.92 = 83.28 万元，还是可取的。这样，为客户承担了一定的贷款利息，赢得了经营信誉，并提高了经济效益。

2. 固定资产管理

种子企业的固定资产管理是指对使用年限在一年以上的房屋、建筑物、机器、设备、器具、工具等进行的管理。不属于经营主要设备的物品，并且使用年限超过 2 年的也应作为固定资产。

（1）固定资产的折旧管理。固定资产折旧是固定资产由于损耗而转移到产品中去的那部分以货币形式表现的价值。

影响固定资产折旧额大小的因素有 3 个：一是折旧的基数，即计提折旧的依据，一般为固定资产原值；二是固定资产净残值，指残值收入减去清理费用后的差额。《工业企业财务制度》中规定：净残值率按照固定资产原值的 3% ~ 5% 确定；三是固定资产的使用年限。种子企业应参照《工业企业财务制度》中对各类固定资产折旧年限的规定，结合本企业的实际情况合理地确定固定资产的折旧年限。

固定资产计提折旧的方法主要有平均年限法、工作量法、双倍余额递减法和年数总和法。企业固定资产折旧方法一般采用平均年限法。

平均年限法是指按固定资产使用年限平均计算折旧的一种方法。计算公式如下：

年折旧率（%）＝（1 - 预计净残值率）/规定的折旧年限 × 100

月折旧率 = 年折旧率/12

月折旧额 = 固定资产原值 × 月折旧率

以上公式适宜计算某项固定资产的折旧率和折旧额，计算的折旧率称为个别折旧率。在种子企业的实际工作中还可采用分类折旧率和综合折旧率。

分类折旧率即把固定资产归类，按性质和使用年限相同的为一类计算折旧率。

综合折旧率是一种按企业全部固定资产计算折旧率的方法。

（2）固定资产投资决策。企业在进行固定资产投资前，一般应该进行项目可行性研究，并做出有效的投资决策。固定资产投资决策一般包括：估算投资方案的收入现金流量；估计预期现金流量的风险；确定资金成本的一般水平；确定投资方案的收入价值；通过收入现值与所需资金支出的比较，决定拒绝或确认投资方案。其中，估计投资项目的预期现金流量是投资决策的首要环节。

3. 流通费核算与管理

（1）流通费构成。流通费是种子企业在生产经营过程中发生的各项耗费，包括经营费用、管理费用和财务费。其中，经营费用指企业在整个经营环节所发生的各项费用；管理费用指企业行政管理部门为管理和组织经营活动发生的各项费用。对流通费管理的目的在于不断降低费用水平，节约人力、物力消耗，减少资金占用，以最少的活劳动和物化劳动消耗，取得较好的经济效益。

（2）流通费计划。流通费计划是对种子流通费进行计划管理的工具，它是以货币形式综合反映种子企业在计划期内流通费构成、费用水平和可比流通费降低程度，是计划期管理和控制流通费的目标和依据，增强对费用消耗的预见性，减少盲目性。具体包括：一是计划期内，完成一定销售量所必须的流通费数额；二是确定流通费用各费用项目的构成和比例；三是确定本期流通费较上期流通费的降低额和降低率；四是流通费的经常性控制方法。

（3）流通费控制。流通费控制是对流通领域每项费用的开支、人力物力使用情况进行监督、检查和管理，使各项耗费控制在计划范围之内，并不断改进措施，解决种子经营过程中的损失浪费现象。

对经营费用中各项费用，要区分情况，采取适当方法加以控制。一是严格检验手续，保证收购和调入种子质量，减少种子晾晒、烘干、精选加工等整理费和种子消耗；二是把好入库种子质量关，各品种单存单放，避免混杂，加强种子贮藏期间的管理，杜绝种子发热霉变现象，保证种子贮藏质量，降低种子商品率，减少库存损耗和保管费用；三是对种子运输费、装卸费、整理费、包装费等采取定额管理，对保管费和检验费实行费用承包，降低费用水平；四是搞好市场调查和预测，依据种子市场供求状况确定适宜的营销方式，合理支付广告费、展览费和差旅费。

4. 利润分配管理

利润分配是指企业利润在国家、投资者、企业之间的分配。企业的利润总额应依法缴纳所得税，税后利润在弥补以前年度亏损、提取公积金和公益金以后，按投资协议、合同以及法律法规规定在投资者之间进行分配。

参与利润分配的项目如下。

（1）企业亏损及其弥补。企业营业收入减去营业成本、税金再减去管理费用、营业费用、财务费用，加上投资净收益，加上或减去营业外收支净额后，如果计算的结果小于 0，即利润总额为负数，为企业亏损。如果企业亏损，应认真分析原因，采取切实有效措施，尽快扭亏增盈。

（2）公积金。公积金是企业在税后利润中计算的用于增强企业物质后备、防备不测事件的资金。公积金包括法定公积金和任意公积金两种，其中，法定公积金是国家财务制度规定的，必须在税后利润弥补亏损、罚款后按剩余部分的 10% 计算该项公积金，当企业的公积金达到企业注册资本 50% 后可不再计算。

（3）公益金。公益金是企业在税后利润中计算的用于购置或建造职工集体福利设施的资金。企业的公益金应当在提取法定盈余公积金以后，支付优先股股利之前计提，其提取比例或金额可由企业章程规定，或由股东会议决议确定。

（4）向投资者分配利润。又称分配红利，企业在弥补亏损、提留公积金和公益金以后才能向所有者分配利润。通常情况下，企业当年如无利润，就不能进行利润的分配，但企业在亏损弥补后仍可以动用一部分公积金分配红利。

5. 成本费用管理

成本作为一种资源耗费，是企业为获得一定经济效益所付出的代价，最终要从企业利润中得到补偿。在经济效益不变的前提下，需要企业补偿的成本越低，企业的利润便越高，成本管理与效益提高的统一，要求成本的支出能够为企业效益的提高创造条件。

企业追求经济效益的最大化，必须树立成本意识，并将全面成本管理应用到现代财务管理中。企业成本费用管理的工作有以下主要内容。

（1）树立全面成本管理意识。全面成本管理具有全员性又具有全过程性。只有调动起全体员工自觉参与成本管理的积极性，才能使降低成本有坚实的基础和保证。

（2）降低成本要真正有效。企业严格遵循降低成本原则，使每个员工清楚自己的职责，提交经过研究认可的实施成本降低建议书；建立机制使员工工资提高与成本降低直接挂钩。

（3）让资金成本参与投资决策。企业在筹集资金时，不仅需要从数量上满足生产经营的需要，而且要考虑各种筹资方式给企业带来的资金成本的高低和财务风险的大小，选择最佳筹资方式，实现财务管理的总体目标。

（4）做好成本预算，传递预支信息。即企业每年在预算中都应有降低成本的计划，使预算工作保持在公司规章制度范围内，各部门分派责任，随时修订预算。

（5）确定企业最佳资本结构。资本结构是企业筹资决策中最核心的问题，是企业各种资本的构成及其比例关系。没有债务的资金状况并不是最佳的资金结构，其核心问题是确定企业债务资本在总资本中的比例占多大。因此，企业应依据生产经营环节对资金的需求，针对客观存在的筹资渠道，选择合理的筹资方式进行筹资和使用，以利于企业进行有效筹资组合，降低筹资成本，提高筹资效益。

（6）防范风险，走向成功。风险是损失与不确定因素。投资活动中的风险，主要有违约风险、流动性风险、通货膨胀风险、期限风险。企业应有相应的防范风险的方法，在生产经营过程中，严格按照成本预算执行，对各经济事件实行事前、事中、事后的控制与管理。

（四）种子企业财务分析

财务状况分析通常被用来作为衡量企业竞争地位与对投资者吸引力的最佳指标，确保财务的正常运行是实现种子企业战略的一项基本工作。

财务分析是指以财务报表和其他资料为依据和起点，采用专门方法，系统分析和评价企业过去和现在的经营成果、财务状况及其变动。财务分析的最基本功能，是将大量的报表数据转换成对特定决策有用的信息，减少决策的不确定性。财务分析的起点是财务报表，分析使用的数据大部分来源于公开发布的财务报表，财务分析的结果是对企业的偿债能力、盈利能力和抵抗风险能力作出评价或找出存在的问题。

1. 财务分析的目的

财务分析的一般目的可以概括为：评价过去的经营业绩；衡量现在的财务状况；预测未来的发展趋势。根据分析的具体目的，可将财务分析分为：①评价企业的偿债能力；②评价企业的盈利水平；③评价企业的资产管理水平；④评价企业的盈利潜力。

2. 财务分析的方法

财务分析的方法主要有比较分析法和因素分析法两种。

比较分析是对两个或几个有关的可比数据进行对比，揭示差异和矛盾。比较分析的具体方法种类繁多。

因素分析是依据分析指标和影响因素的关系，从数量上确定各因素对指标的影响程度。它具体可分为：差额分析法、指标分解法、连环替代法和定基替代法。

3. 财务分析的一般步骤

财务分析的步骤主要包括：明确分析目的；收集有关信息；根据分析目的把整体各个部分分割开来，予以适当安排，使之符合需要；深入研究各部分的特殊本质；进一步研究各部分的联系；解释结果，提供对决策有帮助的信息。

（五）种子企业的财务计划和财务控制管理

1. 种子企业的财务计划管理

财务计划是在财务预测为其提供数据资料的基础上做出的以货币形式表示的反映企业财务目标，控制企业财务活动，保障企业财务目标顺利实现的经营计划。财务计划的编制一般包含以下几方面。

（1）根据企业经营计划的安排与要求，确定为实现公司经营计划所必需的资产及为购置这些资产所需要的资金数额。

（2）分析企业计划期内可利用的各种资金来源及可得到的数额。

（3）建立和推行资源分配控制系统，保证资金按计划分配使用。

（4）制定计划调整程序。在计划执行过程中，实际情况常常会偏离制定计划所作的预测，从而使原计划变得不再适用，这就需要根据新情况随时对原计划进行修正，只有事先对计划的调整和修正的方法及与程序作出规定，才能保证计划调整的顺利进行。

财务计划管理活动主要包括以下内容。

（1）投资决策。也称资本预算，即对企业资金与资源按项目、作物品种、资产类别、职能部门等进行有效配置以保证已形成的战略得到成功实施。

（2）融资决策。即如何为企业决定最佳的筹资组合与资本结构，并对各种筹资方案进行比较分析。

（3）股息决策。主要针对各类股份制公司所涉及的包括付息比率、股息稳定性、股票的发行与再购等进行决策。

2. 种子企业的财务控制管理

企业财务控制是指对一个组织的活动进行约束和指导，使之按既定目标发展。企业的财务控制体系由组织系统、信息系统、考核制度和激励制度等内容组成。

总之，财务管理对于种子企业的日常运行，企业战略的顺利实现是举足轻重的。为了确保财务管理的正常和科学运作，必须建立一套与之相关的、行之有效的财务管理制度，如财务制度、投资和融资制度、资金运作和库存管理制度等。

四、种子企业销售管理

营销是种子企业战略实施最关键的手段，也是企业获得效益和得以发展的动力。种子营销战略是种子企业总体发展战略的一个重要组成部分，营销战略的实现与否直接影响到企业战略实施的成败。

（一）销售人员管理

销售环节的成功与否，很大程度上依赖于销售人员的素质和工作成效。

1. 销售人员的工作内容

种子企业销售人员的工作在各种类型企业不尽相同。较为正规的销售工作包括：收集市场信息、寻找目标市场、寻找目标顾客、业务洽谈、订立合同、组织发运、货物交接、封存样品、催款结款、协助客户销售、定期拜访老客户、售后回访、当地用种户意见及生产情况调查等。

2. 销售人员的素质要求

一名合格的销售人员应具备以下几方面的素质。

（1）熟悉本行业的市场情况。

（2）熟悉经营品种及同类品种的特点。

（3）了解同类企业情况。

（4）敏锐的市场洞察能力。

（5）吃苦耐劳的心理和身体素质。

（6）牢固的质量意识。

3. 销售人员培训

对适合从事种子销售工作但又缺乏经验的人员，企业要对其进行必要的培训。培训应包括以下内容。

（1）熟悉科研、生产、收购、贮运、包装、检验等种子生产环节。

（2）从事门市销售，了解用户心理。

（3）了解本企业经营品种及相关品种的特性。

（4）跟随有经验的销售人员，从事与销售有关的辅助性工作。

（5）传授业务经验和技巧。

（6）独立从事简单的销售业务。

4. 销售人员管理的基本原则

对销售人员的管理一般应遵守以下基本原则。

（1）分配合理的任务指标。

（2）采取与业绩挂钩的奖金办法。

（3）保持与同类型企业相当或稍高的收入水平。

（4）日常管理以弹性工作时间与定期汇报相结合。

（5）在销售人员工作进展困难时，主管领导应及时给予指导和鼓励。

（6）严禁销售人员借企业的名义做其他种子业务。

（7）严格供销合同管理。

（8）明确企业业务费用类型及标准，并严格执行。

（二）销售渠道管理

1. 我国目前种子销售渠道模式及存在问题

在现阶段，种子营销渠道的主要模式有种子直销、经销、代理等。它们各有特色，为我国的种子销售做出了应有的贡献，但也不同程度地存在以下几个方面问题。

（1）种子销售渠道运作成本过高。成本过高主要由以下因素引起：①种子企业规模小，实力弱，经营作物单一，质差量少，种子销售额不高，致使种子流通费用额占销售额的比例，即种子流通费用水平过高。②种子流通组织不合理，运杂费支出过大。③种子保管不善，损耗和转商率高。

（2）种子营销渠道中，资金流出现滞流，应收账款居高不下。

（3）种子销售渠道成员服务不到位。

（4）种子营销渠道冲突激烈。主要表现为：种子渠道垂直冲突；种子渠道水平冲突，其突出表现为区域间串货；以及种子公司与种子生产基地农民的冲突，主要表现在种子紧俏年份制种基地收种难，在种子积压年份，种子公司对基地种子要求苛刻、压级压价，甚至不收购。

2. 销售渠道冲突及管理

渠道冲突是营销渠道存续过程中普遍存在的一种客观现象。如果冲突水平过高，无论多么合理的营销渠道，都达不到预期的效果。因此，研究及避免渠道冲突是种子销售管理的重要方面。

（1）种子营销渠道垂直冲突管理。针对种子营销渠道垂直冲突，可以整合渠道成员，提高其对渠道领导者和整个渠道系统的忠诚度，构建关系型渠道，加强渠道成员间的合作。

合作的精髓是将种子批发商、零售商视为长期的合作伙伴，将渠道成员的关系由交易型向伙伴型发展。对渠道成员进行激励，可从以下几个方面着手：①划定合理的利润空间，满足渠道成员的利益需求。②满足渠道成员的价值需求。③种子公司与种子经销商密切合作。合作的形式很多，如联合促销、信息共享、培训等。

（2）种子营销渠道中串货的控制。串货是指经销商或代理商在其规定的辖区外销售产品的行为。按种子串货的不同动机和串货对市场的不同影响，可将种子串货分为3类：恶性串货、自然性串货和良性串货。恶性串货的危害很大，应采取相应的策略，有效遏制。具体可以从价格、产品、促销及渠道政策等制定措施。

价格策略。在确保销售渠道中各个层次各个环节的种子经销商都能获得相应利润的前提下，根据经销商的出货对象，规定严格的价格，控制好每一层级的利润空间，防止经销商跨越其中的某些环节进行串货。

产品策略。为了保护推广者的积极性，需在新品种推广时就确定谁推广谁获得该品种在该地区的经销权，允许退货，与种子经销商共担风险。

促销策略。企业在进行促销时，要制定现实的营销目标与稳健的经营作风，防止一促销就串货，停止促销就销不动的局面。

渠道策略。用合同约束种子经销商的市场行为，对发生跨区销售的经销商采取相应的惩罚措施。

（3）种子公司与生产基地农民的冲突管理

针对种子公司与生产基地农民的冲突，公司要进一步加强内部机制建设，提高服务质量，加强法制宣传，强化管理。①加强法制宣传力度，规范繁育合同。②与制种农户利益共享，现金付款，以户结算。③建立种子保密制度。使制种农户以及村干部不知道所生产品种的名称。④种子公司也要提高自身的信誉度。

五、种子企业信息管理

（一）种子经营信息的作用

种子经营信息是创造种子价值的一种资源，是种子生产和经营工作的指南，在种子企业经营中具有重要作用。

（1）种子经营信息是种子经营决策的依据。种子市场的容量、规模与库存数量、价格、同类企业经营情况等方面的信息，为企业领导进行种子经营决策提供科学依据。

（2）种子经营信息是新品种选育、开发、引进的先导。

（3）种子经营信息对种子企业的运营具有调节作用。

（4）种子经营信息的交流有利于企业各部门的协作。

（二）种子经营管理中所需信息的种类和特征

种子企业在种子生产经营管理过程中，需要的信息大致包括：①国家的法律法规、方针政策、计划规划、农业战略、种植结构、信贷和价格政策等种子社会信息；②环境、需求、供给、价格等种子市场信息；③基地建设、品种动向、种子数量、新技术新方法的采用、信誉水平的高低等种子生产信息；④财会状况、资金筹集使用、成本与价格变动、收入及盈余状况等种子财务信息；⑤经营管理体制、组织结构、领导人特质、经营目标、总方针与发展战略、计划和规模、经济效益等种子经营管理水平信息。

种子是有生命力的特殊商品，种子经营信息除具有一般信息的特征外，还具有自身的特殊性，农作物种子是重要的农业生产资料，尤其主要农作物的杂交种子，必须经省、地级人民政府农业、林业主管部门批准并核发"种子生产许可证"、"种子经营许可证"才能组织生产和经营。任何品种都有一定的适应范围，对外界环境和生态条件有一定要求。种子的自然属性、遗传性、多样性决定了种子经营信息的区域性。种子经营不单纯是买卖种子，还包括新品种的推广宣传、技术咨询等，具有较强的服务性。

总之，种子经营信息总的表现为社会性、时间性或季节性、专一性、区域性和服务性等特征。

（三）种子经营信息的收集

种子经营信息的收集是种子经营信息服务的基础。有条件的企业应成立专门情报收集机构，进行种子经营信息的收集。信息收集的方法和渠道包括。

（1）不失时机查阅有关农业科技刊物和内部种子资料，及时掌握国内外最新种子科研动态。

（2）采取范围广、成本低、时间长的经济有效的调查方法。例如，在农作物生长的关键时期，组织有关人员到科研单位进行实地考察，及时掌握育种新动向，对好的材料和苗头品种进行记载，作为下年种子生产、经营的依据。

（3）积极收集并参加国内外有关种子方面的会议或组织召开会议。如重大的种子研讨会、学术会、交易会、洽谈会、展销会等，都是猎取种子经营信息的大好时机，应不失时机地组织参与，并进行充分的信息沟通。

（4）建立种子信息情报网，及时收集、整理和反馈信息。

（5）依靠老客户在主要经营区域建立本企业局域信息网络。

（四）种子经营信息的加工处理

种子经营信息的加工处理即对所收集来的初级信息进行分类、合并、分析、比较，去伪存真。信息的加工处理工作要遵循以下原则。

（1）尊重信息的客观性。

（2）挖掘信息的潜在价值。即注意从不同的角度去观察、分析信息，通过横向、纵向、逆向思维，发现表象下隐藏的有价值的东西。

（3）注意信息的全面性和系统性。及时、全面掌握大量信息，提高信息的系统化程度，使之形成比较全面、准确的资料，避免因信息片面而导致决策失误。

（4）注意信息的保密性。

由于信息来源渠道多，在处理信息过程中要务必注意：一防有假，二防过时，三防片面，四防迟缓，五防讹传，六防草率，七防失密。

（五）种子经营信息的应用

对企业来说，种子经营信息的应用，一是作为企业领导经营决策的重要参考和依据，二是企业对外宣传。在种子经营信息的应用中需时刻注意以下几个问题。

（1）种子经营信息传播要因人而异。

（2）种子经营单位在应用信息时，必须注意它的时间性（季节性）。要在有效时间内，最大限度地发挥信息的作用。

（3）遵循系统性、相关性的原则。即在应用种子经营信息的过程中，应通过对掌握的大量而全面的信息进行系统、综合、冷静的分析，形成比较准确的认识，避免经营决策上的失误。

（4）注意信息价值的开发。有的信息在本地区没有什么价值，甚至没有市场，但换一个地区却可能非常有价值。

（5）种子经营信息要注意积累。每一条有用的信息不论当时应用与否都要输入计算机记录，以利于日后应用参考。

（6）注重信息的预测作用。种子从生产计划制定到开始销售，一般要经过将近一年的时间，在亲本播种后几乎就成为不可更改或不可停的作业。因此，理论上讲，种子经营必然承担风险，实际情况也是如此。这就要求企业必须注重对经营信息的预测作用。

（六）种子经营信息预测

种子企业要取得市场主动、减少经营决策失误，必须对市场进行预测，市场预测的主要依据是对市场信息的分析和预测。

1. 种子经营预测的必要性

（1）种子生产经营的特点。一方面种子生产的周期长，同一品种每年的表现不尽相同，另一方面农民选择品种依据上一年当地种植各品种的表现。这势必造成市场需求难于准确预测。

（2）全国种子生产的无序性。虽然农业部有关部门每年都对全国的种子生产进行宏观调控，但只要种子经营形势见好，第2年种子生产单位和生产量都会大幅度增加，造成种子生产的盲目扩大和无序化。

（3）老品种的退化和新品种的涌现。老品种的退化表现在许多时候不是渐进的，而是大面积突然爆发。同时新品种大量推出，等待机会随时准备顶替老品种。

（4）企业的生存发展。没有对市场的前瞻能力，种子企业要想生存和发展相当困难，尤其非地方国营生产经营型企业。

（5）政策和产业结构的变化。国家或地区从宏观考虑，对产业结构进行调整，另外，农民根据农产品的市场需求和价格变化也会对种植类型和品种进行调整。

2. 种子经营信息预测的依据

①本年种子销售情况；②上一年品种表现；③当年种子库存；④上一年亲本生产量；⑤本生长季气候；⑥竞争性新品种及其表现；⑦主要制种基地调查；⑧同类企业的举措；⑨客户的反馈意见；⑩国家和地方产业政策；⑪农产品市场信息；⑫科研单位即将推出的品种情况等。

（七）种子经营信息的发布

种子企业无论是公布经营状况，宣传自己的新成果或广告经营品种、价格等都要进行信息发布。信息的发布需要选择合适的渠道，也需要考虑适当的形式。

（1）专业性报纸。报纸的发行量大、覆盖面广，但针对性和效果较差，对于准备在全国推广的品种、增加企业的知名度较适合。

（2）电视台。电视节目受众广，宣传效果好但费用高。

（3）专业期刊。专业期刊主要针对专业人士和种子企业的经营管理人员，较适合科研单位新品种介绍以及批发业务为主的企业。

（4）种子交易会。在种子交易会上发布信息或做宣传是许多中小型企业采取的方法。

（5）示范现场会。这是国内外种子行业普遍采用的方法，宣传效果好且见效快，但宣传范围小、组织难度大。有些企业在种子交易会期间筹备组织现场会也是一种较好的办法。

（6）网上信息发布。利用互联网发布经营信息，对种子行业来说，目前，只能作为一种辅助手段，因为许多基层单位和农民还未普遍使用计算机。对于一些科研单位，利用互联网建立自己的网页，介绍新品种，费用不高，还是较理想的信息发布渠道。

实例：秋乐种业的价值链

秋乐种业有限公司以"秋乐"牌玉米、小麦品种和种子商标而著名。它成立于2000年12月，是以河南农业科学院为主，联合全省市区县农业科研院所及投资公司等共40家，引入高科技创业投资基金共同组建的大型科技种业有限责任公司。公司注册资金3 000万元。主要从事各类作物良种及相关产品的科研、生产、加工、包装和销售；公司连续5年实现跨越式发展，市场份额居河南省同行业首位，快速成为黄淮海区域最具实力的经营单位之一。

在秋乐5年的发展历程中，公司依靠良好的管理和企业文化，从品种研发到种子生产加工、质量控制及销售网络的构建，多方位进行品牌打造，构建良好的种子经营体系，以提高企业的价值为目标，创优良品牌为目的，严抓种子质量，将企业打造成跨地区、跨行业、集科工贸于一体的现代种子企业。秋乐种业的具体经营情况如下：

（1）严抓企业管理。引入先进的"A"管理模式，建立了公司运作的垂直指挥系统、横向联络系统和检查反馈系统；财务管理实现电算化，开通网上银行，省内同行业首家开通了刷卡业务，实施农行"卡汇"业务，大大方便了客户，5年来，公司总销售额4亿多元，创利税7 000多万元，应收赔款全部按期收回，未形成一笔坏账损失；形成了公司人才招聘任用、培训、激励机制，建立完善的公司员工再教育制度，并与中邮物流有限责任公司联合举办种子配送培训，进行公司的业务培训和拓展训练；公司实行股东大会、董事会、监事会和总经理法人治理结构，按照现代企业制度运行。

（2）品种研发途径多元化。在几十家科研院所强大的科研实力支撑下，公司建立之初就成立了繁育部、从事科研、生产工作，通过联合买断、独家买断、合作经营等方式，开发了一批优良的玉米、小麦新品种。常年销售种子5 000万 kg 以上，其中，玉米杂交种子为公司的拳头产品，2005年营业额达到1.7亿元。

（3）重视种子生产与加工。公司在国内一些有代表性的区域建有良种繁育基地1 万 hm^2（15 万亩），在河南农科院农业高新技术园区建有占地6 万 hm^2（80 万亩）的种子研发、加工中心，在甘肃张掖建有占地2 万 hm^2（30 万亩）的加工中心．仓库面积达2 万 m^2，晒场2 万 m^2，21 条种子加工生产线和成套的种子检验、检测设备。2004 年上半年，首次尝试性在西北基地就地分装。公司按照有实力、信誉好、质量好的原则，在西北制种区还选择了几个较大的制种公司进行委托代繁制种，建立了长期稳定的合作关系。

公司对仓储进行科学化管理。仓库实行了电脑程序化管理，做到了每批种子的入库来源、检验结果、销往去向对应化管理，细化到每个客户的详细资料。

（4）严把种子质量关。公司建立了一整套的质量管理制度，采用严格的质量检测体系，配备先进的检验设备，对每批种子不管数量多少，都进行严格的检验，做到对每批种子都能心中有数。为提高质量意识，公司在全省同行业率先引入了 ISO 9001：2000 版国际质量管理体系，于 2003 年 9 月通过认征，并确定了公司的质量方针是："依靠科技进步、培育优良品种，加强基地建设、繁育优质种子，依托网络优势、强化售后服务"。2005 年在玉米种销售中，公司投巨资采用了先进的防伪系统，农民购买产品时可通过系统所提供的 800 免费电话、手机短信、水印、彩色水笔涂抹等方法进行鉴别。

（5）营造稳定的销售网络。《种子法》实施后，公司在全省同行业较早采用代理和独家代理制相结合的方法建设自己的销售网络，把以网络建设为中心的销售工作作为龙头来抓，划区进行了网络建设与管理。在全国范围内划定四大区域进行销售网络管理，设置区域负责人，配置年轻人进行帮、学、带，各大区域业务人员各负其责，积极开辟新市场，加强了公司与经销商之间的沟通，从而使公司网络队伍连年增长，代理商已达 600 多家，覆盖渗透 20 多个省（市、区）。

在以上的各种措施的基础上，通过严格控制种子生产经营中的每一个环节，形成企业的价值链，综合提高企业的竞争力。河南省农科院种业有限公司的企业形象树立起来，并打造出"秋乐"这个品牌。

根据上述"秋乐"种业发展及经营管理创新情况，分析其核心竞争力主要体现在哪些方面。

本章小结

运用系统方法对种子企业的经营效益、竞争发展力及企业素质等进行静态和动态发展的综合分析，即种子企业管理系统分析，也称为种子企业经营状况的总体评估。种子企业的效益分析包括对种子企业的盈利能力、资产运营能力、偿债能力等的分析，具体包括年利润额、销售净利率、总资产报酬率、资产周转率和资产负债率等指标；种子企业的竞争发展力表现为其在复杂、开放的动态环境中的应变力、创新力和竞争力；种子企业的素质则可归纳为技术素质、管理素质和人员素质。

种子企业的生产经营活动可分为"研发、生产、市场与销售、服务"等主体活动、一些支持主体的活动和一些诸如委托外包一类的拓展和延伸活动，不同的活动对企业的价值生产有着不同的作用。

现代种子企业管理表现为系统管理，即应用系统的理论、观点和方法，全面分析和研究种子企业的管理活动和管理过程。种子企业管理系统包括企业组织战略子系统、企业主价值链子系统、企业基础管理子系统、企业经营法律支持子系统，这些子系统下又分若干个体系。它们分属于基础层面、高级层面和核心层面。对种子企业进行系统管理时，还须遵循"统一指挥，分权授权管理，等级明确，分工协作，整体效应和信息反馈"等原则。

现代种子企业依据不同的划分方法有不同的类型和特征，从而管理的组织架构也各有不同。根据经营性质的不同，现代种子企业可分为：生产经营型种子公司、经营型种子公司、生产型种子公司和产业配套型种子公司。现代种子企业的管理模式主要包括组织制度与决策、人力资源管理、财务管理、销售管理和信息管理等。现代种子企业决策负责人在决策时一般遵循以下程序：①识别机会或诊断问题；②识别目标；③拟订备选方案；④评估备选方案；⑤做出决定；⑥选择实施战略；⑦监督和评估。

种子企业战略性人力资源管理是系统地把种子企业人力资源管理同企业战略目标结合起来，通过有计划的人力资源开发与管理活动，增强企业战略目标实现的活动。它具有开发性、整体性、系统性、竞争性等特点，包括种子企业人力资源规划、培训与开发、种子企业员工的绩效评估和薪酬管理。其中人力资源规划主要包括晋升、补充、培训开发、调配和工资五方面内容；在培训中要遵守"系统性，理论与实践相结合，培训与提高相结合，面向企业市场和时代，促进人员全面发展"等原则；并按照前期准备、设计培训计划、选择培训方法、实施培训方案等步骤具体实施。

复习思考题

1. 名词解释

种子企业系统管理　种子企业效益分析　企业素质

2. 一个典型的大中型企业通常由哪些子系统组成，它们各自承担的职能怎样？

3. 简述种子企业管理的系统框架。

4. 阐述种子企业管理系统的层次。

5. 试述全面、协调的系统管理必须遵循哪些原则？

6. 阐述种子企业经营的效益评价指标体系。

7. 简述企业科技创新体系所包含的相关内容。

8. 阐述种子企业发展竞争力的量化指标。

9. 简述企业素质的相关内容。

10. 从种子生产经营循环角度阐述企业产出的各个方面及其与效益的关系。

11. 试述种子企业住价值链上各环节对企业价值生产的作用。

12. 从发展和经营特点阐述国外种子公司的类型和特点。

第八章　种子企业的科技管理与知识产权保护

学习目标： 1. 理解掌握种子企业科技管理的内涵、内容、目标和过程；

2. 了解种子企业品种研发的组织、途径、目标作用，以及战略性管理；

3. 理解掌握种子企业知识产权保护相关法律知识和技巧策略，并能将之用于种子企业管理实践。

关键词： 种子企业科技管理　品种研发　种子企业知识产权保护

保持种子企业的科技创新能力，是种子企业具备持久核心竞争力的重要方面。

《种子法》颁布实施后，中国种业进入市场化发展阶段，种子经营主体多元化趋势凸显，种子市场竞争越来越激烈，农业科研单位兴办的种子企业快速发展，民营企业、大专院校以及非种子行业的各类企业纷纷进入种子市场，跨国公司逐步向中国种子市场渗透。为了在激烈竞争的种子市场占有一席之地，实现可持续发展，种子企业对科技创新越来越重视，科技管理日趋成为种子企业管理的重中之重。

第一节　种子企业的科技管理

种子企业核心竞争力要靠科技支撑，种子产品在育繁销一体化过程中的科技含量越高，种子企业发展竞争力就越强。种子企业科技管理是种子企业保持和提升科技创新能力的重要手段和体制保障。

一、种子企业科技及科技体系

1. 种子企业科技

种子企业科技是指种子企业经营各个环节涉及的所有科技内容的集合。内容包括：种质资源创新技术；基因鉴定、筛选与克隆技术；育种技术；分子标记辅助育种技术；种子生产技术；种子贮藏技术；种子包膜延迟发芽技术；种子包衣、丸化技术；种子活力检测技术；同工酶分析鉴定种子的真性技术；品种真实性与纯度鉴定技术；商标识别防伪技术；信息化技术等。

2. 种子企业科技体系

种子企业科技体系是指在种子企业科技活动中涉及的各个方面的有机结合体。科技体系包括科技活动的物质基础、科技活动本身、科技活动资金运作、科技活动人力资源、科技活动制度规范、科技活动信息、科技活动文化建设等方面。

二、种子企业科技管理的内涵与主要内容

1. 种子企业科技管理的内涵

种子企业科技管理是指种子企业围绕科技活动并为保障科技活动正常运转而进行的管理活动。理解种子企业科技管理，需要注意以下两方面内容。

首先，种子企业应该认识到，科技管理是为科技活动服务的，管理的重点应是针对从事科技活动的科技人力资源。企业应积极探索适宜科技人员的有效管理模式。

其次，种子企业要想生存，必须不断地进行科技创新。现代科学技术的迅猛发展使人们意识到必须将现代生物技术、信息技术等高新技术的最新成果充分运用到科技创新中去，以种质创新带动品种创新，获得高科技品种及品种贮备。同时，在种子的生产、加工、包衣、包装、贮藏、运输、售后服务等各环节也要重视科技的支撑，提高自身的综合科技竞争力。

2. 种子企业科技管理的主要内容

现代种子企业的科技管理包括科技管理的技术体系管理、科研投资管理、科技人才管理、知识产权（专利、商标、品种权）管理等多个方面的内容。

（1）技术体系管理。种子企业的生产经营活动，涉及不同学科领域的知识与技术，它们共同构成了一个完整的技术体系，它使得种子的科技含量提升，树立种子的品牌形象。但这些环节中有一环或几环未做好，就会影响种子在消费者心中的印象。因而，在种子企业技术体系管理中，除了要抓好新品种的培育外，还要做好整个技术体系的管理。

（2）科研投资管理。科研投资管理的根本目标是用最少的资本创造最大的效益，使有限资金发挥更大的作用。世界范围内，科技研发经费投向企业已成为发展趋势，形成了"企业研究技术、大学研究科学"的格局，对于研发资金的管理也显得越来越重要。

（3）科技人才管理。科技人才是科技活动诸要素中最积极、最活跃的因素。实现科技的创新，一定要有一支科技创新队伍，有优秀的技术带头人和技术梯队，只有做到对科技人才的科学管理，种子企业科技创新成果实现的可能性才会更大。

（4）知识产权管理。当今世界，虽然企业仍然可以通过对有形资源的利用来提高经济效益，增强竞争力，但增强竞争力的最重要途径正在向主要依靠对无形资源，特别是对自主知识产权的利用上转移。科研项目在立项、实施的过程中应当明确本项目成果是否适用知识产权保护，对于适用知识产权保护的科技成果，在项目完成的同时，应当明确采取何种知识产权保护形式并给予相应的落实；要关注科技成果向知识产权转化的结果。种子企业只有有效利用知识产权，才能提高经济效益，增强竞争力，促进经济发展。

三、种子企业科技管理的目标

种子企业的科技管理需要运用科学的管理方法、规范的制度约束、创新的思想渗

透、科技人才的鼓励以及科研资金的合理利用，促成科技成果的实现与转化，最终实现企业效益目标。科技管理的目标即尽快取得有价值的创新成果实现最大的商品价值和市场价值。

1. 促进科技创新成果的实现

科技创新能力的强弱、科技创新成果的多少，都直接影响企业的生存与发展。所以，科技管理首先要促进科技创新成果的实现。

2. 促进科技成果商品化

企业开展科技活动的最终目标是要让科技成果能够创造有别于其他企业的价值。另外，科技成果应尽量转化为知识产权，成为企业增强竞争力的无形资产，并从法律方面增强对自身无形资产的保护。

四、种子企业科技管理的过程

过程管理是科技管理的具体操作，也是实现科技管理目标的保证。具体包括以下方面内容。

1. 建立规范的制度与体系

制度建设是科技管理的基本要求，种子企业在日常的科技管理中必须有法可依，有章可循，才能做到管理有序，保证各方面工作分工到位、责任明确。科技管理制度建立的首要任务就是建立用人机制，培养一批会经营、懂管理，敢于创新的人才，并鼓励人才进行创新。

种子企业的科技管理只有从立项、项目实施、项目成果形成到后期的成果转化，都始终围绕科技成果转化的目标进行管理，才可能真正为企业带来经济效益。在科技管理体系中知识产权管理是科技管理的重要方面，在科技成果形成后，转化为知识产权前，要建立一套完善的、严格的保密制度，严格控制技术的外漏。

2. 注重企业文化培养，营造科技创新氛围

种子企业的科技创新不仅要靠科研小组成员的努力，还要调动全体员工的科技创新积极性，挖掘大家的创新潜能。在企业文化的渗透下，员工的创新意识不止局限于科研项目，而是渗透到工作的方方面面。对种子生产、加工、贮藏、销售、包装等每个生产细节都可以进行技术上的改进，最大限度地提高工作效率，拓宽创新范围。

优良的环境是促进科技进步和创新的重要保证，科技创新的实现需要全体成员的努力，为员工营造宽松的创新和工作环境，使其有成就感、被尊重，有利于激发其创新灵感；同时，不断提高员工的整体素质和知识水平，也可一定程度增强种子企业创新力。

3. 重视企业科技人才管理

科技人才管理既要注意营造良好的文化氛围，也要有适当的层次和分工，在纵向上将组织划分为不同的等级；在横向上将组织分解为若干个并列部门，按部门职能各司其职，各自独立，这种组织形式中间层次较多，信息传递速度较慢，运转不灵活，容易压制员工的主动性和创造能力。现代科学技术的发展十分迅速，信息的及时传递十分重要，高度集权已不能适应科技发展的需要，种子企业必须将纵向的金字塔型组织扁平化，使等级型组织与科研计划小组并存，使具有不同知识的人分散在结构复杂的组织形

式中；建立从知识结构、能力、研究经验到性格特征、工作风格等优势互补的科研群体，形成一种沟通交流的信息与知识网络，进行科研成果的交流与讨论，利用头脑风暴等激发人们的创新能力，加速知识的全方位运转，不断锻炼科技人才的创造性思维，提高其科技研发能力。

4. 加大企业科技资金的管理力度

（1）科技资金风险管理。种子企业的科研项目具有很大的风险性，一般可从以下方面采取措施减少风险：①注意立项的针对性、严谨性和实用性；②进行不同获取渠道的经济性比较；③拓宽科技投入资金的渠道，积极探索风险投资、国外金融机构的科技贷款、创业投资等科技投入渠道，建立一个既有政府拨款，又有自筹资金，既有国内金融机构贷款，又有国外金融机构贷款的全社会、多渠道、多形式的科技投入体系。

（2）科技费用管理。种子企业通常都会设立科研专项资金，在专项资金的管理上应力争做到：①坚持专项科研资金专款专用；②强化科技管理人员和科技人员的成本意识；③制定较严格的用款计划和监管机制。

（3）科研仪器设备管理。种子企业只有配备一定的先进仪器、设备，强化基础条件建设，才可能使企业具有创新的能力，从而推动其科学技术达到领先水平，拥有核心技术。对种子企业的仪器设备进行管理，提高种子企业固定资产的使用效率，首先要提高现有仪器设备的利用率，物尽其用；其次，在购置新设备的时候，必须根据财力状况和轻重缓急，制定年度购置计划。

5. 多途径、全方位强化企业产品创新管理

种子企业技术创新的根本目的在于通过满足顾客不断变化的需求，保持和提高企业的市场竞争力，从而提高企业的当前和长远经济效益。

（1）种质资源管理。未来种子企业的科技与发展，特别是核心产品的研发，很大程度取决于拥有和利用作物种质资源的程度。种质资源是作物育种的物质基础，育种成就的实现，取决于种质资源的选择。因此，育繁销一体化种子企业对于种质资源的搜集和管理必须予以充分重视，尤其对于档案管理，一定要强化和规范。

育种的原始材料、亲本、育成品种的原种等种质资源，要实行严格的集中统一管理，不得随意扩散。主要育种单位要建立种质资源库，宝贵的育种材料、原原种等入库存放，专人管理，有效地防止种质资源扩散和流失。

（2）核心产品创新管理。种子企业的核心产品就是品种，品种是企业进入市场的重要核心竞争力，品种创新是树立企业品牌和推动企业发展的原动力，企业技术创新首先必须树立品种创新战略，把培育新品种放在重要位置。另外，品种创新要特别注重延续性，以保持在同类产品中的优势地位。当一个品种进入成熟期后，企业要及时推出同类新品种，以保持企业在市场竞争中所占有的市场份额，并通过新品种的不断超越，进一步扩大市场占有率。

（3）有形及附加产品创新管理。有形及附加产品创新主要包括产品的商标、品牌、包装、价格、质量、规格、式样、说明、付款交货方式、使用指导、产品担保、服务等方面的创新。

核心产品创新的成果要持续高效转化为企业的经济和社会效益，必须有相应的产品

外围创新与之配合。一方面，当核心产品创新达到一定程度之后，往往会呼唤和迫使企业管理体制和运作方式发生相应变化，满足新的核心产品的要求，从而实现有形及附加产品创新。另一方面，有形及附加产品创新也使得新的企业管理体制和运作方式最大限度地发挥各种资源的作用，进一步推动核心产品的创新。

第二节　种子企业品种研发管理

品种研发是现代种子企业育繁销一体化发展的基础。随着国家种业政策和法规的不断完善，品种研发及其科技管理在种子企业经营管理中发生了位移，并逐渐居于重要地位。我国品种研发工作受到政府与种子企业的极大关注始于 1995 年"种子工程"的实施，1999 年，我国作为第 39 个成员国，正式加入国际植物新品种保护联盟（UPOV），标志着我国开始在国际公认的植物新品种保护准则下进行新品种研发，也进一步促进了国内种子企业和个人对植物育种领域的投入，种子企业品种研发与管理越来越成为种子行业的研究重点。

一、品种研发的概念

项目管理对研发的解释是研究与发展，包括所有科研与技术发展工作。种子企业的品种研发是指种子企业利用自身已有的研究基础或借助外部研究力量，进行新品种的选育以及与品种开发相关的技术活动。目前，品种开发包括独立培育、合作培育和外源新品种权的购买等方式。

二、品种研发的作用

（1）品种是种子企业最主要的核心竞争力。企业要在市场竞争中立于不败之地，必须重视新品种研发工作。对一个种子企业来说，科技创新是企业发展的原动力。科技创新包括很多方面，有育种技术的创新，种子生产和加工技术的创新，营销管理手段的创新等。归根到底，种子企业科技创新的核心工作就是如何创新品种，并把品种推销出去。只有一流的品种才能带动一流的种子企业，一流的种子企业也只有拥有了一流的品种才能领航种业的发展。

（2）新品种是种子企业市场竞争取胜的重要因素。我国加入 UPOV，不但有益于鼓励国内外企业和个人增加对植物育种领域的投入，还从本质上打破了以往新品种选育与种子生产、经营脱钩的局面。如果一个种子企业没有自主知识产权的品种，就只能给其他种子企业做代销，其主要经营活动就会很大程度受制于其他种子企业，经济效益也会受到影响。

许多大的种子公司已经充分认识到这一问题的严重性，纷纷组建自己的种子科研机构或与有一定研究基础的科研单位合作，从事新品种的选育；一些小的种子公司，因自身的经济实力有限，无法从事新品种的研究，无法获得新品种的独立开发权，就与其他公司合作购买品种的开发权，或作为大公司的地区经营代理代销种子。

三、品种研发目标的确定

品种是指在一定的生产条件和经济条件下，根据人们的需要确定的某一作物的群体。新品种选育的目的是为生产利用服务的，它是一个较长的过程。一个新品种能否被审定并在生产中推广，关键在于其育种目标定位的准确性。

品种研发目标的确定一般有以下步骤。

（1）环境分析。研发作物的种类及品种的类型应与国家的产业政策、国家相关法律与法规、行业总体营销环境等因素相吻合，因此，研发目标的确定应建立在对国家的产业政策、国家相关法律与法规、行业总体营销环境充分研究的基础上。

（2）市场调查与分析。品种研发目标确定前还须对研发作物及品种类型的市场需求进行充分的调查和分析，既要从目前的市场需求预测未来 8 ~ 10 年后的市场需求，也要能预测未来市场的变化与发展，品种研发要有一定的预见性。

（3）企业的 SWOT 分析。品种研发目标确定还要综合考虑企业的资金状况、研发人才素质和研发条件等，分析本企业实现研发目标的内部优势（Strengths）及劣势（Weaknesses），对如何发挥本企业的优势、克服劣势做出具体的计划，同时将自己的研发计划和目标与同一地区或相邻地区的同行所进行的研发工作相比较，分析本单位研发项目的外部机会（Opportunities）与外部威胁（Threats），并对自己的研发计划作相应的调整，可通过改变研究方向或增加人、财、物的投入，挤垮竞争者，或与竞争者联盟。另外，还要寻找自己有研发优势而其他同行未开展或无条件开展的研发项目。

（4）市场定位。企业在对市场和自身资源进行充分研究的基础上，进行本企业的市场定位，在市场定位的基础上确定品种研发目标、制定研发计划。

（5）产品定位。产品定位是种子企业根据市场定位的要求，研发适合目标市场需求的新品种过程。因为企业市场细分过程中，会有不同类型的市场定位，相应地要求研发部门紧紧围绕企业各细分定位市场进行新品种的研发。

四、品种研发的途径

（一）品种研发的不同途径

根据企业的经济实力、研发能力、外源科研关系、现有品种或品系状况，品种研发可以采取多条腿走路的办法。

1. 自主研发

要想成长为一流的种子企业，就必须建立自己的育种机构，扎扎实实地做好自己的品种创新工作。要像国外大型种业集团公司一样，将企业经营利润的一定比例用于品种科研，夯实自己发展的基础。

拥有自身的品种研发能力和自主知识产权的品种是现代种子企业的必需，是种子企业保持自身竞争的最根本的保证。国内外没有一家大型种子企业不是靠强大的品种研发能力来生存和发展的。

2. 联合开发

即企业同科研院所建立紧密的合作关系，资源与收益共享。如盐城市种子公司与盐城市农科所联合开发啤酒大麦品种"苏啤3号"就是一个成功的案例。啤酒大麦品种"苏啤3号"是盐城市农业科学研究所选育，2003年通过审定，盐城市农业科学研究所与盐城市种子公司的具体合作形式是，盐城市种子公司先支付农科所"苏啤3号"育种补助经费45万元人民币，经营净利润的30%归盐城市农业科学研究所，农科所每年为种子公司生产基础种子，公司以良种两倍的价格进行收购，2005年"苏啤3号"在江苏销售500多万kg，品种的推广面积迅速上升、实现了双赢。

3. 购买

如果企业因自身的研发能力有限或受研发范围的限制，遇到有开发潜力的品种，可以采用购买品种使用权的方式，从而取得品种的生产或经营权，对品种进行开发与运作。这种研发方式有时表面上看可能代价较高，但企业避免了品种研发的高风险，也能有效弥补自身资源的不足。如所购买品种选择较准、自己的市场开发和营销能力较强，很可能会获得较好的回报。但种子企业如果长期完全或主要依靠此方式，一般很难做大做强。

4. 引种

企业还可以根据自己的需要，有选择地从国内外众多的品种中引进一些品种弥补自己的市场空缺，起到拾遗补缺的作用。企业在市场调查的基础上，若发现本地区对某种类型的种子有一定的需求，但本地区没有相应的品种，选育还需要一段时间，同时了解到其他相同或相似生态地区有此类品种，企业便可以通过引种、试验，进而进行示范推广。

（二）品种研发不同途径的经济分析

自主研发不但要求种子企业拥有一定数量的品种研发人员，更需要较长时期保持对品种研发的较高投入。它是一项高投入、高风险，同时从长远看具有高收益的活动，纵观国内外比较成功的巨、大型种业公司都拥有较强大的自主研发团队，并依靠其自主研发能力收获着较高的利润和较持久、稳定的市场竞争力。与自主研发相比，联合开发对投入要求低些，风险因联合而相对分散，如果运作成功的话，可推动联合者共同做大做强。它是面对现代市场激烈竞争，有一定特色、优势而势力又不是足够雄厚的种子企业经常选择的品种研发途径，也是一些风险回避型种子企业在很多情况下选择的品种研发策略。购买品种使用权虽然能避免品种研发中的种种风险，但购买来的品种是否能给公司带来利润，以及利润的多少与种子公司购买品种时选择是否准确、自身的市场开发和营销能力等关系密切，如果操作不当，不但不能获取好的回报，还可能使公司蒙受不同程度损失。另外，种子企业是否能购买到性价比比较高的品种很多时候都只能是靠运气。所以，购买充其量只能是种业公司品种研发的"补充"途径。引种具有简便易行、见效快的优点。但要想引种成功，引种时需充分考虑到引种地区与原产地区的生态条件差异程度，如：气温、日照、纬度、海拔、土壤、植被、降水分布及栽培技术水平等，其中气温和日照长度是决定性的因素，差异越小引种越容易成功。以上限制条件决定了引种只能是一种"拾遗补缺"的品种研发策略。

种子企业在有多种研发途径可选择的情况下，可通过对新品种的整个开发过程进行现金流量和内部收益率的估算和预测，为选择适宜的品种研发途径决策提供参考。

（1）现金流量。现金流量可以估算和预测欲研发新品种在产品生命周期的总体收益或回报。

（2）内部收益率。内部收益率可以估算和预测欲研发新品种在产品生命周期的总体投资回报率。

现金流量和内部收益率的正确估算都要建立在对所要研发品种市场价值的正确判断及产品生命周期正确预测的基础上。

五、品种研发的组织与战略管理

（一）品种研发过程的组织

品种研发是一个系统工程，除需要各部门人员的丰富经验和不懈努力外，更需要企业内部各部门之间的配合与支持。市场营销人员及时将营销过程中市场需求的新动态、新变化及时反馈给市场研究部门、品种研发部门；市场研究部门对有关信息进行综合分析后，写出研究报告交营销部门，由营销部门向品种研发部门提出对研发品种的要求，及时改变品种的研发策略，从而研发出在市场上有竞争力的新品种。当然品种研发效益的高低还需要人事部门在人员上给予支持，财务部门在研发资金上给予保证，生产部门严格按照要求进行种子的生产，并做好新品种的试验、示范和良种良法配套工作（图）。

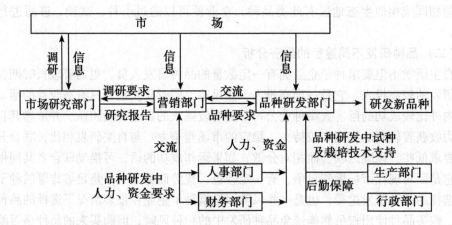

（二）品种研发的战略考虑

为使企业获得持续的竞争力，种子企业在经营目前品种的同时，应对品种研发方面进行战略性的思考。

1. 品种的延续性

品种和其他商品一样，都有一个产品周期问题。一个品种一般要经过投入期、成长期、成熟期和衰退期 4 个阶段。企业在经营现有品种的同时，要考虑有后备替代新品种的储备及后续新品种的研发。

2. 本地化和区域性

通常种子企业对本地市场或已占领市场具有一定的地理优势，其品种研发首先要瞄准本地及已开发的市场，这样可以降低新品种市场开发的成本。在向外进一步拓展市场时，因生态类型，品种的适应性及不同区域的消费需求等存在一定的差异。在确定研发目标时，企业要充分考虑营销目标市场的区域特点，进行有针对性的研发工作。

3. 多样化或细分化

为适应不同消费者和市场的需求，在企业研发人力、物力和场所得到保障的前提条件下，企业研发作物和品种的类型应尽可能多样化。根据种子企业经营作物种类的特点。可将种子企业分成两类，一种是专营某一作物，如屯玉种业就专营玉米种子，其研发目标就是培育适合全国各地玉米种植地区的不同用途的品种。另一种是多作物经营，如江苏中江种业股份有限公司，其经营范围包括水稻、玉米、小麦、棉花、油菜及蔬菜等作物的种子，其中，杂交水稻的经营遍布全国，其研发目标既注意作物的多样性，也注意品种的多样性。

4. 领先与垄断

企业要在市场中具有竞争力，关键在于其研发品种在市场中的竞争力，如一个企业研发的品种在市场中处于领先地位，加上合理的营销策略，企业就有可能在特定市场竞争中取得优势地位。品种垄断经营是企业获得高额回报的营销策略，一个优异的品种应尽量保持垄断性经营，特别是在企业实力不强的情况下，要注意预防其他企业的恶意或故意侵权。

5. 知识产权

知识产权是企业无形的宝贵财富，也是企业保持竞争优势及获得产品高附加值的重要方面。种子企业对自己研发和获得经营权的新品种，要从品牌、商标、品种权等多方面设置保障措施，以保证企业应得的利益。

6. 种质资源与研发人才

品种研发目标能否实现在很大程度上取决于种质资源和研发人才。种质资源是品种研发最基本的条件之一，品种研发是对种质资源的开发利用。没有丰富的种质资源，就难以研发出好的品种。有了丰富的种质资源，再运用科学的品种研发手段和方法，就有可能选育出好品种。因此，从战略的角度考虑，种子企业的品种研发，一要从研发人才的引进、挖掘、稳定上下工夫；二要尽可能地搜集和研究种质资源。

六、品种研发的人力资源管理

种子企业的研发人员是企业有别于其他生产经营人员的特殊群体，他们是企业宝贵的财富和生存、发展的支柱，企业要根据他们各自的特点，采取灵活多样的管理思路和管理方式，将他们留住。

（一）种子企业对研发人员的需求

品种研发是一项专业知识技术性强，工作艰辛、持久，创造性和风险性较大的工作。作为品种研发人员，应具有良好的体质、心理素质和承担风险的意识，较强的环境适应性、自主独立性和毅力，敏锐的洞察力、扎实的现代生物遗传育种知识和技能以及追逐知识前沿的意识和能力，较强的社会责任感和团队意识。

研发人员可分为：研究型人才、开发型人才、研究开发型人才 3 种类型，其中，研究开发型人才最理想，深受各种各类企业青睐；研究型人才和开发型人才也因其独特的自身优势，在一些大型企业可大显身手。总之，无论哪种人才，均须有一定的理论文化作为基础，且具有一定的挑战精神。

（二）种子企业对研发人员常用的激励方法

所谓的激励就是组织通过设计适当的外部奖酬形式和工作环境，以一定的行为规范和惩罚措施，借助信息沟通，激发、引发、保持和规范组织成员的行为，以实现组织及其成员个人目标的系统活动。在对研发人员进行激励时，要根据每个人的具体需求制订方案。在管理中常见的激励方法如下。

1. 事业激励

让研发人员的发展和单位的事业紧紧联系在一起，充分调动研发人员的内在潜力。因为一个人的事业一旦被发掘就可以焕发出无穷的力量，研发人员为实现一个实实在在的目标或理想，会很认真考虑自己如何才能做得更好。

2. 目标激励

即单位和研发人员一起共同设立具有一定挑战性的短、中、长期目标，并根据其目标实现的程度给予不同的奖励，以满足研发人员的成就需要，激发其为目标而持续不断努力。

3. 物质激励

每个人都需要物质的支持和保证。单位对研发人员在保证一定的基本生活需要前提下，还要设立不同的工资档次和奖金标准，根据各人研发工作的投入程度和贡献大小，公正、科学地确定每位研发人员的收入标准，以达到激励研发人员不断努力争取更高的收入的目的。

4. 产权激励

产品的产权与企业的股权相类似，均是最终经济效益分配的依据。为激发品种研发者的研发热情，多出品种，企业可根据研发人员对品种贡献的大小，分配部分品种产权给他们，并根据产权的多少进行效益分配。

5. 动态职务激励

为真正体现"能者上、庸者让"的用人原则，单位可对中层及部分高层领导岗位实行公开竞争，让那些懂业务、会管理的人才进入管理层，提高研发效果。

6. 情感激励

企业还可通过各种方式表达单位对研发人员生活的关心，了解他们的所思所想，帮助他们解决物质和精神的难题、困扰，使他们时时能感受到生活在单位这一温暖的大家庭中的幸福，从而心甘情愿地为单位全身心奉献。

在知识经济时代，智力资本和知识积累已成为改变经济产出的显著变量，知识和人才是创造机会和迅速积累财富的源泉。人才是科研创新的关键，也是品种研发的最基本条件之一。种子产业的品种研发既需要具有专业技能的优秀人才，也需要企业管理者通过多种激励手段激发他们的工作热情与创造力。

第三节　种子企业的知识产权保护

种子企业完成了品种的研发后，还应重视其知识产权的保护。知识产权保护既是对劳动成果的尊重，也是对市场规则的尊重。在新品种选育过程中，企业投入大量的人力、物力和财力，优良品种既是育种工作者多年辛勤劳动的结晶，更是企业和国家的财富。由于品种创新成果具有可分享、可扩散等特点，品种侵权行为时有发生，给品种育成单位带来很大的经济损失。因此，保护知识产权在企业经营管理中，特别在保持企业核心竞争力方面具有极其重要的意义。

一、种子企业知识产权

种子企业知识产权

知识产权泛指人类就其智力创造的成果所依法享有的专有权利，其实质是法律赋予权利人对科技成果在一定期间内（技术秘密权除外）独占支配，禁止他人擅自利用的垄断权利。种子企业知识产权主要包括植物新品种权、专利权、商标权等。

（1）植物新品种权。是指完成育种的单位或个人对其授权品种享有排他的独占权，任何单位或个人未经品种权所有者许可，不得为商业目的生产或销售该授权品种的繁殖材料，或者为商业目的将该授权品种的繁殖材料重复使用于生产另一品种的繁殖材料。

（2）专利权。是指依法批准的发明人或其权利授让人对其发明成果在一定年限内享有的独占权或专用权。专利权是一种专有权，它由申请者向国家专利局提交专利申请文件，经过审批获得。专利保护具有时间限制，一旦超过法律规定的保护期限，就不再受法律保护。

目前，只有美国、日本和澳大利亚对植物品种本身给予专利保护，美国授权数量最多。在美国，植物品种也可以被授予标准的发明专利。在我国，在有关植物（包括转基因植物）的发明中，植物的种子以及植株本身，属于"植物品种"的范畴，因而不能授予专利权。植物的细胞（系）、组织、器官及其发育程度与作为"品种"的特性有较大的差距，可以授予专利权。对于植物产品的生产方法，也可授予专利权。

（3）商标权。商标是种子企业在其生产、加工、经销的商品或提供的服务项目上使用的，由文字、图形或者其组合表示的具有显著特征、便于识别的标记。商标注册是一种商标法律程序。由商标注册申请人提出申请，经商标局审查后予以初步审定公告，三个月内没有人提出异议或提出异议经裁定不成立的，该商标即注册生效，受法律保护，商标注册人享有该商标的专用权。商标权包含使用权系用权、续展权、转让权和许可使用权等。

二、种子企业知识产权的取得

种子企业知识产权的获得途径除通过自主研发获得外，还包括购买他人专利、商标、植物新品种等专有权利，抢注、抢先登记等方法将别人未注册的技术、商标变为已有以及并购目标企业等间接获得途径。

1. 自主研发

尽管企业可以通过很多渠道取得自主知识产权，但大量的实践证明，企业要想取得更多适合本企业利用的知识产权，只有而且必须把努力的方向建立在依靠企业自己的科技创新上。在现实中，虽然有些企业在取得了一两项自主知识产权之后，通过有效利用也维持了一个时期的强大和发展，但从长远看，要想确保长期稳定的强大与发展，始终在激烈的国内外市场竞争中保持良好的发展势头，企业必须确保能持续拥有更多可被有效利用的自主知识产权。

2. 购买他人专利、商标、植物新品种等专有权利

人类社会的进步离不开每个国家和民族的贡献，技术的繁荣和发展离不开各国科技人员的共同努力和分工合作，即使美国这样技术发达的国家，顶多也只能向世界提供 1/5 的新发明，每年还花数亿美元引进技术。因此，获得许可购买他国或他人专利、专有技术、商标、软件、植物新品种等权利，立足于高起点的开发创新，也是高新技术企业拥有自主知识产权的一种手段。不管是"自产"还是"外购"的技术或标记等知识产权，都需要确定其权属。企业对新产品或工艺设想从产生、引进、研究、开发、商业化生产到扩散、保护的过程中，都必须花足够的精力去检索已有的专利和非专利技术文献，了解目前该技术国内外的状况，熟悉目前该类产品生产制造者各自采用的手段和方法，进行综合性的特征和价格分析，确定不可逾越而需要购买（或防备他人提起侵权诉讼）技术的内容，明确自己占领市场的优势、主攻方向，并超前介入未来起主导作用的技术领域，制定好知识产权保护的战略和策略。

3. 通过并购企业，间接获得

这是国际上对企图购买的商标、专利或其他商业秘密采取的最根本的方法。当然需要事先了解真正的知识产权的权利人，然后通过企业并购的方法，一举囊括其有形资产和无形资产。

三、种子企业知识产权的保护

对于种子企业知识产权的保护，除了申请植物新品种权以外，还有很多的途径和方法，比如，申请技术专利、商标专利、申请地理标志和原产地标记．聪明的商家还会把几个方法结合起来使用。无论采取何种保护措施，都应该及时进行相应的知识产权保护申请，以免被他人抢注。

（一）植物新品种权的保护

新品种育成后应及时办理申请品种权手续，依照植物新品种保护条例，育种单位还可以转让品种申请权，一次性取得科研成果的合理收益。在新品种推广过程中，除企业自己利用外，还可以进行品种权有偿转让，这样不仅可以加速成果的推广应用，促进农业科技进步，还可有效地防止假冒种子和苗木充斥市场。

种子企业要想实现有效利用植物新品种权，必须在国家外部对自主知识产权加强管理和保护的同时，从企业内部强化对植物新品种权的管理和保护。

1. 种子企业依靠自身保护植物新品种权

植物新品种权将选育种单位和个人的权益以法律的形式予以保障。

对于企业来讲，要想从内部强化对自主知识产权的管理和保护，必须采取如下措施。

（1）从思想观念上高度重视且充分认识到强化自主知识产权管理、保护和实现有效利用自主知识产权的重要性和必要性。

（2）建立健全企业内部自主知识产权管理和保护机构，同时配备高素质的管理和保护人员，使其与有效利用自主知识产权的需要相适应。

（3）完善企业内部自主知识产权管理和保护制度，以法治种，建立监督、经济制裁制度。确保所有有关管理和保护自主知识产权的政策、法律与规章制度都能在企业中得到彻底贯彻和执行。

（4）加大对自主知识产权管理和保护的投入，加快具有高科技含量的管理和保护设备的研究、开发、配备和使用。

（5）育种单位应掌握自育品种的种子销售动态，及时发现品种侵权行为，对侵犯知识产权者，报送管理部门，请求给予经济制裁。

（6）严格控制原种的保管，品种育成单位独家经营原种（技术转让除外），繁育任务分开。种子经营企业设有育种机构的，实行科研与企业分开，前者负责自育品种的原种繁育，后者承担生产种产销业务，但不得销售原种。

2. 植物新品种权侵权与处理

品种权作为一种无形的财产权，易被侵犯却不易发现，侵犯品种权的常见行为有 3 类：一是未经品种授权人许可，以商业目的生产或销售授权品种；二是假冒授权品种；三是销售授权品种未使用其注册登记的名称。

（1）未经品种授权人许可，以商业目的生产或销售授权品种的繁殖材料的，品种权人或者利害关系人可以请求省级以上人民政府农业、林业部门依据各自的职权进行处理，也可以直接向人民法院提起诉讼。

（2）假冒授权品种的，由县级以上人民政府农业、林业行政部门依据各自的职权责令停止假冒行为，没收违法所得和植物品种繁殖材料，并处违法所得 1 倍以上 5 倍以下的罚款；情节严重，构成犯罪的，依法追究刑事责任。

（3）销售授权品种未使用其注册登记名称的，由县级以上人民政府农业、林业行政部门依据各自的职权责令限期改正，并处以一定的罚款。当事人就植物新品种的申请权和品种权的权属发生争议的，可以向人民法院提起诉讼。有关部门工作人员滥用职权、玩忽职守、徇私舞弊、索贿受贿，构成犯罪的，依法追究刑事责任；尚不构成犯罪的，依法给予行政处分。

总之，种子企业必须善于协调企业内外对植物新品种权的管理和保护关系，使外部的管理和保护功能与企业内部的管理和保护功能有机结合在一起，并都能得到充分的发挥。要时刻关注品种权的使用动态，一旦发现侵权行为，要立即与侵权人进行协商，妥善解决，以免造成更严重的经济损失与信誉损失。

（二）专利权的保护

在科技创新中，研究开发新技术的成功只意味着在占领商机的制高点上取得了突破，种子企业能否在激烈的竞争中争取主动，占据优势，还要看企业能否成功地保护自己的技术。通过专利保护不仅可以为企业的产品自由进入市场奠定基础，而且可以起到扩大宣传，提高信誉，吸引投资，防止竞争对手进入自己潜在市场的作用。

1. 树立专利申请的意识

企业在发明了一项专利时，必须要有专利申请的意识，如此，才能获得专利权的保护，其他企业、研究机构等使用该专利时必须缴纳专利使用费用，企业可以因此而获得收益。如：美国孟山都公司的"生命圈地运动"曾引起国内外广泛关注，该公司从中国上海地区的野生大豆品种中找到了与控制大豆高产性状有密切关系的分子标记，然后向 101 个国家提出了共有 64 项权利要求的专利申请，包括与控制大豆高产性状的基因有密切关系的标记、所有含有这些标记的大豆及其后代、检测生产具有高产性状的栽培大豆的育种方法以及凡被植入这些标记的所有转基因植物，其中包括：大麦、甜菜、甘蔗、马铃薯、米、番茄、玉米等，孟山都公司在美国等许多国家的专利都已经获得授权，这意味着，中国此后在向上述一些国家出口这种高产大豆时，都要缴纳不菲的专利费。

2. 专利权申请获得前应采取一定的保护策略

（1）专利申请前的保护。在产品和技术的研发过程中，实行严格的保密制度。向专利局提出申请前，不宜向社会公开发明成果或参加评奖，也不宜向社会销售产品或扩散技术，以防止失去新颖性。

（2）在专利申请后授予前的弱保护期内，首先要考虑缩短弱保护期的时间；其次申请专利时保留关键技术；再次通过市场调查及时发现实施者，然后在专利申请文件之一的权利要求书中对显示发明创造内容的技术特征，不能只想到如实描述、叙述完整、按格式书写等方面，企业应站在市场的高度评价技术的创新，其目的除了为保护自己的技术外，还要制约竞争对手，并占领未来发展的空间。

3. 专利权申请获得后应采取的保护策略

专利保护不仅包括申请专利，还包括利用专利法赋予的垄断权，打击不法竞争者和不法侵权。种子企业在获得专利权后，必须善于选择最佳的专利权使用方式，企业能否在特定的背景条件下选择最佳的利用专利权方式，是其能否实现有效利用专利权的关键。而要想选择最佳的利用方式，首先必须对各种利用方式及选择每一种利用方式的必备条件以及利用后的利弊趋势有全面了解和准确把握。从利用主体的角度观察，专利权的利用方式有两种：一是企业自己利用；二是企业与他人合作利用，包括把专利权作为投资方式利用，有偿许可他人利用和有偿转让他人利用等。

当企业选择自己的专利权利用方式时，必须具备以下基本条件，一是企业必须已具备或能争取到足够的人、财、物的支撑；二是必须既有近期的市场需求也有远期的市场需求；三是风险小或能控制在可承受的范围内；四是经预测能取得超过投入和风险的市场价值。

（三）商标权的保护

商标权即利用商标法保护科研成果的知识产权。科研成果以产品形式投放市场的，应及时办理商标注册手续。并同时申请种子包装外观设计专利，有效防止假冒种子上市。

　　首先，种子企业可以通过将与自己所拥有的商标具有类似图案或文字的商标以及同一商标在相关产品的注册，进行外围防范，防止他人恶意注册使用与企业自身商标类似的商标，误导用户。其次，加大市场的案源查处力度，坚决打击侵犯商标专用权的违法行为，要求企业全体员工要维护本企业的商标专用权，尤其是营销人员要在重点市场、重点区域注意发现有关假冒现象，一经发现应及时与商标监管部门取得联系，及时查处。

（四）种子企业自主知识产权管理和保护的原则

　　从整体上看，企业对自主知识产权的管理和保护，一是必须有利于自主知识产权载体的完整和安全。二是必须有利于自主知识产权的充分利用，并在利用中不断实现利益的最大化、扩大化和持续化。三是必须有利于自主知识产权的不断产生或形成，有利于企业成长为拥有自主知识产权的企业。四是必须有利于避免或减少自主知识产权纠纷案件的发生，一旦发生时能及时处理。五是必须有利于企业不断提高利用自主知识产权的成功率和自主知识产权对经济发展的贡献率，有利于企业所在地区乃至我国整个国民经济的快速、健康和持续地向前发展。

实例：屯玉种业的品种研发及研发人员管理

　　山西屯玉种业科技股份有限公司是一个以玉米种子育繁销一体化为核心产业的现代种子企业。屯玉种业依靠外部资源，组建科研队伍。自公司成立，先后共邀请国内 40 多名玉米育种专家加盟电玉或与屯玉进行合作，互外引与内培结合，提高科研实力。

　　公司以自主创新、合作研究、购买品种开发权 3 种途径推动经营品种的更新换代。先后投资 6 000 多万元．健全技术创新组织体系．整合创新工作流程。在全国建立了 4 个研究中心、5 个育种试验站、1 个研究所和 1 个南繁工作站，52 个生态试验点，科研用地达 100 多 hm^2（1 500 多亩）。以不低于销售收入的 5% 建立公司 R&D 基金，形成对技术创新的持续稳定支持。

　　（1）公司成立了自己的育种部，并先后引进以周宝林、徐家舜、潘才退等为代表的国内著名玉米育种及栽培、植保专家 40 多人。自主研发并拥有品种权的品种有："屯玉 1 号"、"屯玉 2 号"、"屯玉 3 号"、"屯玉 6 号"、"屯王 7 号"、"屯玉 8 号"、"屯玉 24 号"、"电玉 28 号"、"屯玉 51 号"、"屯玉 52 号"、"屯玉 65 号"等。

　　（2）加强与大专院校、研究院所、区域试验站点的合作，在全国不同生态区共建立独资、合资、合作育种研究机构 12 个，与全国近 20 家大专院校、科研院所保持长期友好的合作关系。

　　2002 年 3 月，与中国农业科学院作物研究所、中国农业大学北京思农玉米育种中心等共同入股成立山西屯玉种业科技股份有限公司。到 2006 年，合作育成或购买品种商业化开发权的品种有："电玉 26 子"（"皖玉 8 号"）、"屯玉 27 号"（"成单 27"）、"电玉 31 号"（"兴黄单 901"）、"电玉 30 号"、"兴黄革 988"、"屯玉 35 号"、"京科 23 号"等。

　　（3）以购买方式独家买断经营权的品种有："濮单 5 号"、"濮单 6 号"、"农大 81"、"农大 84"、屯王牌"吉新 205"等。

研发人员管理如下。

（1）以事业吸引人才、创造环境留住人才。至 2005 年，屯玉先后投资 3 000 多万元，成立了玉米科学研究所、育种部、区试站，在全国不同生态区域建立了 11 个科研机构、68 个试验点，配备配齐了国内一流的试验仪器设备，创造了优良的工作环境，为专家及科研人员搭建起施展才华的平台。

（2）建立长效激励机制，稳住人才。公司每年拿出销售收入的 5% 作为公司的科研基金，按固定工资占 30%、年绩奖金占 30%、远期激励资金占 40% 的比例切块，专款专用。专家和科研人员当年的工作成绩直接与年绩奖金挂钩，未来的科研成果直接与远期激励资金挂钩。

（3）情感感化人才。屯玉种业为所聘专家盖专家搂。专家们一日三餐、日用具公司全部免费供应，工作闲暇还组织他们到省内外名胜景点观光旅游。部分专家有困难，公司都竭尽所能给予帮助，解除他们的后顾之忧。

（4）强化科研育种目标管理。明确育种方向和目标，成立课题组，将任务分解落实到组到人，签订目标责任书，定任务、定费用、定考核、严格过程管理。

2005 年，公司拥有通过省级以上市审定的玉米杂交种 62 个，其中，通过国家审定的品种有 18 个，有力地保证了公司产品的更新换代。一些优质、高产、多抗的玉米新品种诞生，加速了经营品种的更新换代，拓宽了市场领域，增加了市场销量和提高了市场竞争的优势地位。

根据上述材料试分析：

（1）屯玉种业品种研发有哪几种途径？为什么要采取多种途径的品种研发策略？

（2）屯玉种业针对品种研发人员管理采取了哪些激励手段？

本章小结

种子企业科技管理是种子企业围绕科技活动，并为保障科技活动正常运转而进行的管理活动。它包括技术体系、科技投资、科技人才与知识产权等方面的管理，意在促进科技创新成果的实现，促进科技成果商品化。

品种研发即品种的研究与发展，包括所有科研与技术发展工作，其项目可分为基础研究、产品开发和工艺改造三种类型。种子企业的品种研发能力是其科技势力的主要指标，最主要的核心竞争力。进行品种研发前，需对环境、市场与市场定位、产品以及企业的 SWOT 进行全面、到位分析，以确定企业品种研发的目标。

品种研发是一项系统工程，企业可根据自身实力，选取"自主研发、联合开发、购买、引种"中的一种或几种开展自己的品种研发工作，并注意考虑以下几方面工作：①品种的延续性；②品种的本地化和区域性；③品种的多样化或细分化；④品种的领先与垄断；⑤品种的知识产权；⑥种质资源与人才。

复习思考题

1. 名词解释

种子企业科技管理　品种研发　知识产权　专利权

2. 简述种子企业科技管理的主要内容和目标。

3. 阐述种子企业科技管理的具体过程。

4. 简述品种研发的作用。

5. 简述品种研发目标确定需遵循的步骤。

6. 阐述品种研发的途径。

7. 论述种子企业应从哪些方面对品种研发进行战略性思考。

8. 试论种子企业对研发人员常用的激励方法。

9. 简述种子企业知识产权的种类。

10. 种子企业可通过哪些途径取得知识产权?

11. 论述种子企业内部强化对自主知识产权管理和保护的措施。

12. 试述在专利权的申请过程中，保护专利权的策略。

第九章　种子进出口和外资种子企业的管理

学习目标： 1. 了解国际种子市场的总体状况；
2. 理解掌握国外种子企业的跨国经营模式；
3. 了解国外种子企业跨国经营的思路与特点；
4. 掌握国外种子企业国际市场营销的主要策略；
5. 掌握我国种子企业应对外国种子企业竞争的一般策略；
6. 了解我国种子企业参与国际竞争的营销策略；
7. 了解我国种子企业进入国际市场的可能模式。

关键词： 外资种子企业　跨国经营策略　我国种子企业　国际竞争策略

　　国际市场营销是跨国界的市场营销活动，是企业将产品或服务由一个国家或地区向国外市场拓展的营销活动。随着我国加入 WTO 以及经济全球化的发展，我国种子企业将在更加广阔、更加激烈的国际市场中参与竞争。跨国种业集团不断进行新的战略和战术性策略调整，通过收购、兼并及合资等资本运营方式，扩张种子市场范围，并逐渐向中国种子市场渗透。我国种子企业应认真学习和借鉴国际种业集团公司的营销和经营管理经验，积极参与国际种子市场的竞争。

第一节　国际种子市场总体状况

　　随着国际种子市场的飞速发展，跨国种子公司规模越做越大，不断兼并与重组，形成种业巨头。面对竞争不断加剧的国际种子市场，我国种子企业不得不时刻关注国际种业状况，以采取相应的措施主动参与国际市场竞争。

一、国际种子市场的概念

　　国际市场指在世界范围内通过国际贸易联系起来的各国市场的总和，它是国际分工和跨国性商品交换活动的产物。国际种子市场则是指各个国家或地区之间种子商品交换的场所和通过国际贸易把各范围内种子市场联结起来的整体。它是国内种子市场发展到一定程度向国外的延伸。

二、国际种子市场总体状况

1. 世界种子贸易总体供大于求

　　各国都非常重视农业生产的发展，重视品种的开发与应用，品种研发水平和速度不断提高；种子生产能力、加工能力和贮藏能力也不断提升；世界范围内的种子产品数量充足，市场总体呈现出了供给大于需求的局面。

2. 种子产品结构性短缺

虽然世界种子贸易总体供大于求，不同国家和地区都建立了自己的种质基因库，各类型育种单位品种研发速度也不断加快，但适合当地气候和土质状况的高产、优质、专用、抗逆等较好综合性状的种子产品却很少，造成了种子产品结构性相对短缺的现状。再加上行业保护、贸易保护、技术限制、品种特性、气候等原因，使得各国、各地区之间的品种推广和经营一定程度受到限制。

3. 发达国家对种子出口实施财政补贴

在国际种子市场上，非关税壁垒已经成为贸易保护主义的重要手段，种子出口补贴是发达国家贸易保护主义的主要手段，建立区域性种子贸易集团和双边自由贸易区已经成为主要的发展趋势。

4. 不同国家和地区的种子市场对品种的需求存在差异

不同国家和地区的经济发展不均衡造成了种子市场上购买力水平、种植技术、田间管理技术、目标市场国家和地区的市场机制等差异，使企业在不同的目标市场上进行种子营销活动时，必须着力调查研究所要进入的目标市场的基本经济环境，为营销决策提供依据。

5. 跨国公司控制着国际种子市场

在国际种子市场上，以欧洲、美国、法国、丹麦等发达国家为代表的大型、高科技型、育产销一体化种子集团公司注重产品品种开发，研制适应世界不同地域、气候的市场需要的品种，并依靠其技术实力位于世界领先地位，垄断着国际种子市场。在全球企业并购热潮中，种子企业也以各种方式进行整合重组，以壮大自己的科研、销售、服务等实力。发展中国家由于技术、资金等因素的制约，种子品种较少，品种更新期较长，种植和管理技术落后，营销模式、手段滞后，营销经验不足等，在国际种子市场上明显处于不利的竞争地位。

第二节　国外种子企业的跨国经营模式与策略

一、国外种子企业跨国进入模式

国外种子企业进入国际市场的方式主要有出口进入模式、契约进入模式和投资进入模式3种。

1. 出口进入模式

出口进入模式是指产品在国内生产，然后通过适当渠道进入国际市场的方式。这是一种传统方式，也是目前普遍采用的方式。采用这种模式，生产地点不变，生产设施仍然留在国内，出口的产品可与内销产品相同，或根据国际市场需要进行适当的变动，产品在国际市场遇到阻力时，可及时转向国内市场。这种进入方式的经营风险相对较小，对产品结构调整、生产要素组合带来的影响都不大。它具体包括两种方式。

（1）间接出口。间接出口是指种子企业利用本国的中间商从事产品的出口，它是企业开始走向国际市场最常用的模式。间接出口进入模式的基本类型有：①种子企业把种子出售给外贸公司，然后销往国际市场；②种子企业委托外贸公司代理出口种子；③种子企业委托本国其他企业在国外的销售机构代销自己的种子。

（2）直接出口。直接出口指种子企业直接从事种子的出口，中间不经过任何中间环节。在直接出口方式下，种子企业的一系列重要活动都是由自身完成的，这些活动包括：调查目标市场，寻找客户，联系分销商，办理外贸事务等。直接出口使企业更能直接掌握国际营销规划，可以从目标市场快捷地获取更多的信息，并针对市场需求制定与修正营销规划。直接出口进入模式的类型包括：①直接向外国用户提供种子；②直接接受外国政府或经销商订货；③根据外商要求生产销往国外的种子；④委托国外代理商代理经营业务；⑤在国外建立自己的销售机构。

2. 契约进入模式

契约进入模式是指国际化种子企业与目标国家的法人单位之间建立的长期非股权联系，前者向后者转让技术或技能。它主要包括以下两种方式。

（1）许可证进入模式。许可证是一种较广泛采用的进入模式。在许可证进入模式下，种子企业在一定时期内向外国法人单位转让其产权，如专利、商标或其他有价值的无形资产的使用权，获得提成费用或其他补偿。许可证合同的核心就是无形资产使用权的有条件转移。

（2）特许经营进入模式。特许经营是指种子企业将专利、商标、包装、技术和管理服务等无形资产许可给独立的企业或个人（受许方）。受许方用特许方的无形资产投入经营，遵循特许方制定的方针和程序作为回报，受许方除向特许方支付初始费用以外，还定期按照一定的销售额比例支付报酬。特许经营可分为两种基本类型：商品商标型特许经营和经营模式特许经营。

3. 投资进入模式

随着经济全球化及各国经济对外开放的发展，越来越多的种子企业将对外直接投资作为进入外国市场的主要模式。对外投资可分为两种形式。

（1）合资进入。合资进入是指与目标国家的种子企业联合投资，共同经营、共担风险、共同分享管理权和利益。合资投资方式可以是外国公司收购当地公司的部分股权，或当地公司购买外国公司在当地的部分股权，也可以是双方共同出资建立一个新的企业。如美国孟山都公司与河北省种子公司合资成立了冀岱棉公司，引进美国的抗虫棉品种和先进的管理。

（2）独资进入。独资进入是指种子企业独自到目标国家设立种子公司，进行种子生产经营活动。

二、国外种子企业跨国经营运作思路与特点

国外种子企业跨国经营模式各不相同，其经营运作的具体思路和特点也各不一样。

（一）国外种子企业跨国经营的运作思路

1. 生产经营本土化明显

国外种子企业跨国经营力争从普通员工到高层管理人员，从资源采集到品种研发，从新品种推广到建立营销网络，乃至从企业文化及公共关系都努力实现本土化；人员聘用形式上表现为企业管理人员本土化、研究开发人员本土化、种子生产人员本土化，由此，较顺利地融入目标国的种子市场。

2. 营建庞大有效的国际化种业产业链

跨国公司经营战略遵循"全球化链条定律"，认真研究目标国家的种业市场、销售网络、企业管理以及选择适宜的"合作"伙伴，在企业产业链和价值链的每个环节上寻找适宜的"客户"或"伙伴"，构成商业价值链上紧密环节。因此，目标国种子企业面临的不仅仅是单个的跨国种业公司，而是一个庞大而有效的国际化产业链。

（二）国外种子企业跨国经营运作的特点

国外种子企业跨国经营运作特点主要有：①容易受目标国农业种业保护的限制，如在中国，资本运营手法从兼并、购买转变为合资或强强联合；②加大研究与开发的资金投入，保持在目标国目标市场的科技领先；③集中开拓玉米、蔬菜等高价值种子市场；④利用科研优势，开拓目标国的空白市场。

三、国外种子企业国际市场营销策略

国外种子企业国际市场的营销策略主要包括产品推广策略、产品策略、营销渠道策略和种子定价策略。

（一）产品推广策略

在国际种子市场上常用的产品推广方式有以下几种。

（1）现场推广。种子企业常通过各种专业的国际博览会和展览会进行现场推广。因为，在那里有许多世界各地的经销商，外国政府代表团和有关社会团体，前来洽谈生意或参观访问。企业常设法通过外贸公司，争取使自己的产品参加这些交易会，向更多的外国经销商和用户介绍自己的产品，扩大企业在国际市场上的影响，开辟新的营销渠道，努力促成交易。

（2）直接对消费者的推广。直接对消费者的推广主要是通过折价出售、补贴或参加抽奖等活动直接吸引消费者购买产品。这类促销方式推陈出新很快，例如，送优惠券或代金券，附赠其他相关产品等，是否成功主要取决于是否能吸引消费者的眼球，是否能给消费者带来乐趣或实惠。

（3）直接对中间商的推广。为了让经销商购进自己的产品，企业通常要给经销商一些实惠，如购买折扣、分期付款、资金资助和促销补贴等。企业常给成绩优异的中间商一定的奖励，用于刺激、鼓励他们努力推销本企业的产品。

（二）产品策略

1. 空白市场策略

跨国种子企业为了减少在目标国家种子市场的竞争，一般更愿意首先进入目标国家的种子空白市场或相对薄弱的市场。

2. 优势组合策略

这是一种进攻型的策略。跨国种子企业凭借其优势，在产品策略上通常采取"一流品种＋高质量＋知名品牌＋优良包装"的产品组合策略。但由于种子商品的特殊性及跨国种子企业经营成本高，这种策略往往存在品种单一和价格高的弱点。

3. 知识产权保护策略

由于跨国种子企业的营销经验丰富，经济实力雄厚，某品种在推向市场前，一般都会围绕核心产品，不惜财力和时间，做好知识产权的保护和防范工作。

（三）营销渠道策略

国际营销渠道分为国内营销渠道和国外营销渠道。国内渠道是出口国国内所经过的流转环节，它由出口国国内各种中间商组成；国外渠道一般由进口国各种中间商组成。以下分别介绍国际种子市场上美国种子营销渠道模式和日本种子营销渠道模式。

1. 美国种子营销渠道模式

美国是市场经济高度发达的国家，种子行业已基本形成有秩序的市场，种子营销渠道有下列特点：①种子市场集中。由于美国农产品生产区域化程度高，形成了玉米、小麦、大豆、蔬菜、水果等生产区域，因而为这些产地提供种子的种子市场也集中。②渠道短、环节少、效率高。美国种子80%以上从产地通过配送中心，直接到零售商，由于渠道环节少，种子流通速度快，成本低，从而大大地提高了渠道效率。③服务性渠道组织齐全。为配合种子高效流通，产生了许多专门为种子交易服务的渠道组织，如装卸公司、运输公司、加工和分类配送中心以及银行等。④种子批发市场内部交易主要以拍卖、代理销售为主，以批发市场为基础，形成了种子期货市场，如芝加哥种子期货市场等。由于采用公开拍卖、代理销售和期货交易，种子市场价格一般能充分反映其市场的供求变化。

2. 日本种子营销渠道模式

日本的种子主要依赖进口，种子流通渠道复杂，主要包括中央批发市场、地方批发市场、中间商批发市场、零售组织和供货组织等。其渠道特点如下：①渠道环节多，流通成本高。日本种子一般通过两级或两级以上批发渠道后，才能把种子转移到零售商手中。日本《批发市场法》规定禁止中间商从事批发业务，因此绝大多数种子要经过多级批发市场交易，从而提高了流通成本。②利润分配不均。日本较早制定了《零售法》，对从事零售的组织给予利益保证。因此，日本种子市场零售价格是世界种子市场最高的。③渠道流通规范化、法制化。尽管流通环节多，但日本种子批发市场采用拍卖、投标、预售、样品交易，甚至同一产品两家机构同时拍卖，形成的价格公正、公开。④形成了以批发为主导的市场功能。如集散功能、价格形成功能、服务功能、结算和信息功能等。

（四）种子定价策略

在种子国际市场营销中，一般有4个因素会不同程度地影响到定价策略，这4个因素分别是定价目标、成本、市场供求状况和公共政策。

1. 定价目标

定价目标通常与营销目标相一致，企业借助国际市场营销定价可以达到的目标主要有：保持或提高市场占有率；开拓新的国外市场，采取这种市场战略，不仅可以避免损失，还能为企业带来更多的利润。

2. 成本

成本包括生产成本、关税及其他税收、运输成本与保险费用、融资与风险成本以及分销成本。

3. 市场供求状况

当市场产品供应大于需求时，价格会下降；反之，当产品供应小于需求时，价格则会上升。

4. 公共政策

当一个企业进行国际营销时，它就要受本国政府与外国政府的双重影响。对于种子，各国政府一般通过各种手段进行直接或间接的价格补贴。由于 WTO 农业协议要求削减和限制直接的价格补贴，许多国家都采用间接补贴的办法。这些间接补贴对国际种子价格会产生很大的影响。

第三节 我国种业国际市场策略

1995 年，中国对外贸易经济合作部制定了《指导外商投资方向暂行规定》和《外商投资产业指导目录》，把粮、棉、油、糖、果树、蔬菜、花卉、牧草、林木等优良新品种列为鼓励外商投资的产业。1997 年，中国政府对种业外商投资政策进行调整，即把粮、棉、油 3 类种子由鼓励类改为限制乙类，规定外商投资必须由中方控股或居主导地位。从 1995 年起，很多跨国种业纷纷进入中国种业市场，如杜邦、孟山都、先正达等；至 2000 年，约有 100 家外国种子公司通过各种形式进入中国市场，主要营销蔬菜、棉花、牧草和油葵种子以及果树、花卉种苗，粮食作物种子较少。

目前，中国种业正步入一个大分化、大改组、快速整合的发展时期，也必将融入全球经济一体化的发展过程中。中国种子企业不可避免地必须面对国际种子市场的竞争，只有积极参与国际种子市场竞争，才能真正增强实力并发展壮大。

一、我国种子企业应对外国种子企业的竞争策略

面对国外种子企业对国内市场的渗透，我国种子企业应充分分析国内种子企业的优缺点，沉着应对，在不同的市场和不同的阶段采取不同的策略。

1. 巩固优势市场

（1）种子企业可避其锋芒，暂时避开对一些高端种子市场的竞争。

（2）固守低端市场，抢占中端市场。低端市场利润较低，外国种子企业运营成本难以接受；同时，我国种子企业还可依靠已有的地域知名度品牌，抢占中端市场。

2. 重视细分市场，增强竞争实力

目前，我国种子营销的重点置于采取各种措施壮大自己的实力，打造我国的名优品牌，以备将来展开反击和扩展。具体应选择的策略如下。

（1）调整种子结构，培育高档种子。我国种子种类十分丰富，产量较大，但大多

数属于低档产品，虽也有一些传统名牌，但缺乏真正具有国际知名度的高档产品，因而在整体上缺乏竞争力。因此，除了实施加大科技和资金投入等经济措施外，在营销策略上，种子企业要真正体会只有产品不断创新才有出路的理念，意识到创造种子产品品牌的紧迫感和重大意义。

（2）多形式联合种子企业，扩大企业规模和总体实力。一方面加强国内各地区种子生产和加工销售企业间的联合，建立共同的守则与规范，求同存异，尽量避免自己内部间的不当竞争。另一方面利用不同外来种子销售企业之间的矛盾，通过互惠互利原则，利用一些知名产品，建立战略联盟和伙伴关系，进行渗透营销。

3. 合作经营，资源互补

国内一些比较有实力的企业，如果有机遇，应积极争取与进入中国的国外种子企业进行合作或合资。在资源互补，共同发展的同时，增强自身的实力，也在市场营销和企业经营管理中学习国外先进的企业运作经验。

4. 缩短差距，争夺高端市场

我国种子企业不仅要在经济实力上积累，还要在科技创新与管理、营销、经营管理等方面学习国外跨国种子企业的经验，培养与外国企业竞争的能力。我们不仅要进入国内高端种子市场，而且还要进入国际市场，开展国际竞争，扩大中国种子在国际市场上的占有率。

二、我国种子企业国际市场营销策略

我国种子企业要想走出国门，参与国际市场竞争，在营销策略上应注意如下几方面的问题。

1. 分析种子营销国际化的途径，寻找和评价种子营销市场机会

种子营销国际化主要包括 4 个方面：①种子产品国际化。随着市场的不断扩大，种子产品的消费者越来越多地跨越国界寻求性能更优良的品种，其销售便不再局限于某一国家或区域市场。②种子生产国际化。跨国种子企业依照比较优势原则进行种子生产，与东道国的自然资源、劳动力和市场优势相结合，实现生产要素的最优配置和企业利润的最大化。③种子生产资料国际化。跨国企业在品种、化肥、农药、农膜等农业资源和农用物资的推广和使用上，打破国界限制，实行种子生产资料的国际化营销。④种子技术国际化。跨国企业将其研制和开发的新品种和新技术在全世界范围内推广使用。在对目标市场国或地区的营销环境进行全面调查研究的基础上，发现、分析和评价市场机会。在现代科学技术不断发展的今天，种子产品的市场生命周期越来越短，必须采取各种方法对企业的营销环境加以分析和评价，确定市场机会的可利用程度。

2. 多角度、多层次分析竞争者，准确选择目标市场

从行业的角度看，提供同一类种子产品或可替代种子产品的企业，属于行业竞争者。一类种子产品价格上涨，会促使消费者转向消费其他品种。从市场的角度看，那些满足相同市场需求或服务于同一目标市场的企业，属于市场竞争者。必须对每个竞争者的目标组合如成本、技术、服务、盈利能力、市场占有率等，进行分析和研究，了解市场竞争者的重点目标是什么，以利于企业有针对性地做出竞争决策。如一个以"技术

领先"为主要目标的企业，对其他企业推出的新的产品品种会非常敏感，会做出强烈的竞争反应。

由于种子产品的特殊性，各国政府在引进种子产品时，都会充分考虑其技术安全、环境保护、产业发展等多种因素，给种子企业进入国际目标市场设置诸多障碍。因此，企业必须对不同的营销环境进行认真研究和分析，了解细分市场的各种资源条件、顾客的需求和潜在需求，注意产品对细分市场的适用性，即种子产品适合于当地气候、温度、湿度、土壤等自然条件和生产、管理技术等社会资源条件的程度，恰当地运用市场细分的方法选择市场，提供适用性强的种子产品、取信于顾客，才能在竞争激烈的国际市场上站稳脚跟。

3. 以技术为先导，强化品牌意识、创种业市场国际品牌

加强种子产业科技研究与开发，加快推出名、特、优、新品种，加速优质、高产、抗性强品种的选育、开发和引进，抢占国际种子市场和科技制高点，利用科技优势开展国际种业市场营销活动。加快种子质量认证步伐，按照国际种子检验规程严格质量控制，强化质量意识和品牌意识，创种业市场国际品牌。我国杂交水稻、杂交玉米和杂交油菜等育种处于国际先进水平，在国际种业竞争中具有明显的科技优势、品种优势和市场优势，有利于打造国际市场知名品牌。

三、我国种子企业进入国际市场的可能模式

我国种子走出国门参与国际市场竞争才刚刚起步，还没有形成比较成熟的进入国际市场模式。参照国外大的种业公司进入国际市场模式，中国种子企业进入国际市场可考虑如下几种模式。

1. 出售品种权

品种权作为一种知识产权保护形式，同其他知识产权一样具有专有性、地域性、时间性和无形性的特点。品种权出售是指品种权持有者将本企业品种在国外一定区域的品种权出售给外国政府或某一公司，使其能在当地生产、销售该品种的种子。

2. 国际种子援助

国际援助是当代国际经济关系的重要组成部分，是国际经济合作的主要方式之一，是援助国或援助组织、社会团体以提供种子的方式，帮助受援国发展农业生产，提高当地农民的经济收入。

国际种子援助的性质由其产生的目的决定。首先，国际种子援助属于资本运动范畴，资本运动的基本特点是盈利性，因此国际种子援助的本质属性是其经济性。其次，国际种子援助是一种援助行为，是援助国对受援国短期的种子价格上的优惠，具有让利性。再次，国际种子援助是双方或多方参与的行为，具有互利性。最后，在当代，经济利益与政治利益密不可分，国际种子援助是反映一个国家、国际组织支持或反对的政治表态，具有强烈的政治性。

3. 委托生产

委托生产是指种子公司发现在拟出口国繁殖生产自己开发的新品种比自己在本国繁殖生产的成本低，就委托这些地区的种子公司代为繁殖生产，然后以自己的商标出售该

品种。这种经营手法，把过去种子的独家经营，变成了现在的联合经营。

委托生产经营方式可以节约销售成本。特别是种子企业面对国外市场时，由于地域广，各国商业习惯不同，自己很难建立完全的独立流通网。借用现有的外国种子公司的营销网络，可以很快进入目标国种子市场，但这样做可能面临亲本流失的风险。

4. 建立国际合资公司

合资进入指与目标国家的种子企业联合投资，共同经营、共同分享股权及管理权，共担风险。也可以是与目标国家的某些种子公司双方共同出资建立一个新的企业，共享资源，按比例分配利润。

实例：中外种子企业抗虫棉种子市场争夺战

中国是世界上最大的棉花生产大国和消费国，棉花种植面积在 467 万 ~ 533 万公顷，棉花种子商品量约为 10 万吨/年，市场价值在 2 亿 ~ 4 亿元。

20 世纪 90 年代初，中国华北棉田发出棉铃虫大范围肆虐危害棉花的警报。在各西南、冀南、豫北等重灾区，棉花减产 50%，有的地区几乎绝收。棉铃虫危害每年造成的损失达人民币 100 多亿元。喷施化学药剂的传统防治方法，用药量大，成本费用高。多次连续施用高浓度杀虫剂，导致棉铃虫产生抗药性。棉铃虫灾害成为我国棉花生产发展的"拦路虎"。面对连年的棉铃虫灾害，当时，最理想的方法就是使用抗虫棉品种。在此情况下，中国政府特许孟山都公司在中国进行转基因抗虫棉经营。

1996 年，孟山都公司与河北省种子公司合资成立冀岱棉种技术有限公司，1998 年，孟山都公司与安徽名种子公司合资成立安岱棉种技术有限公司，试验、示范、推广其培育的抗棉铃虫棉花新品种。随后，孟山都公司在我国获得转基因抗虫棉的商业化生产许可。

转基因抗虫棉以良好的抗虫性被中国棉农们所接受。孟山都冀岱棉种公司凭借先进的生物技术、雄厚的经济实力、灵活的营销策略，以前所未有的速度打开中国市场。1996 年全国特基因抗虫棉示范田种植面积仅 1 万公顷。1998 年．中国转基因技虫棉种植面积为 25 万公顷，其中，95% 为孟山都抗虫棉，而国产抗虫棉仅占 5% 左右。

虽然孟山都公司抗虫棉品种的推广挽救了华北地区的棉花生产危机，但垄断经营使抗虫棉棉花种子市场价格高居不下，农户生产成本相当高。

1991 年，中国政府启动了"转基因抗虫棉"高科技研究项目，1995 年，中国转基因抗虫棉项目列为国家 863 计划、"八五"重大关键技术项目和重大中试转化项目。1997 年，中国快速培育的部分抗虫棉商业化，其核心技术在 1998 年获国际专利，成为继美国之后独立研制成功抗虫棉，并拥有自主知识产权的国家。

中国农业科学院棉花研究所、江苏省农业科学院经济作物研究所、南京农业大学、中国科学院上海生物技术研究所等多家单位合作，经过多年艰苦努力，将抗虫基因导入多个棉花推广品种，从个选育出新的转 Bt 基因抗虫棉品系，其抗虫能力均达到 80% 以上，在山东、江苏、河南、安徽、湖北、江西、河北、天津 8 省市推广 l57 万公顷，累计增产皮棉 4.1×10^8 kg，共增加直接经济效益 47.9 亿元。

为了将抗虫棉成果尽快推向市场，1998年8月，在政府的推动下，由国内科研单位与企业共同成立深圳创世纪转基因技术有限公司，实施特基因抗虫棉品种在全国棉区的产业化。针对孟山都公司在我国的经营特点，特别是其抗虫棉的弱点——种子价格高、品种单一，深圳创世纪采取了相应的营销策略如下。

（1）采取规避策略，避开孟山都的主要市场。孟山都的转基因棉花主要分布在河北和安徽；而创世纪的则分布在江苏、新疆、湖北、安徽、山东、江苏等省份。在市场份额方面，深圳创世纪占据六成，美国孟山都占据四成。

（2）针对孟山都抗虫棉品种单一的弱点，采取多品种策略。

（3）采取跟进渗透策略，争取孟山都抗虫棉国内已开发市场，并开拓国际抗虫棉市场。

（4）利用成本低的优势。深圳转基因抗虫锦价格与美国孟山都抗虫锦价格相比占绝对优势，深圳转基因抗虫棉价格比美国孟山都抗虫棉价格平均低40%，而质量却旗鼓相当。在国际市场上，在美国孟山都开始攻克日、韩、欧盟等市场后，中国转基因产品就紧随其后。

抗虫棉种子市场激烈竞争、抗虫棉巨大的经济效益和中国极具成长性的市场使得国内外抗虫棉企业展开了激烈的竞争。中国的转基因棉花市场主要是深圳创世纪转基因技术有限公司与美国孟山都公司在竞争，双方均保持强劲的发展和竞争势头。创世纪公司自1998年成立以来，相继组建了面向长江流域棉区、黄河流域棉区、面向西北内陆棉区的新疆棉区，形成了覆盖全国各棉区的抗虫棉产业化网络。同时还与国内大型种业集团建立了战略合作伙伴关系，共同推动国产抗虫棉的产业化。为应对挑战，创世纪公司力争在2～4年时间内，在国内主产棉区建立10～15个子公司和分公司，完善国产抗虫棉的销售网络；在完成抗虫棉核心技术向印度和巴基斯坦转让的基础上，力争向东南亚和太平洋地区植棉国家转让技术，开拓国际市场。

根据上述资料，试分析孟山都公司成功开拓中国抗虫棉种子市场的优劣势是什么？中国转基因抗虫棉本土种子产业崛起的原因有哪些？

本章小结

随着我国加入WTO以及经济全球化，我国种子企业应该时刻关注国际种业状况，采取相应措施主动参与国际市场竞争。当前世界范围内种子市场总体呈现出了"供给大于需求；产品结构性相对短缺；发达国家对种子出口实施财政补贴；不同国家和地区的种子市场对品种的需求存在差异；跨国公司控制着国际种子市场。"的状况。国外种子企业主要采取直接出口、间接出口、许可证、特许经营及投资等具体模式进入国际种子市场。从"产品推广、产品组合、营销渠道、产品定价和知识产权保护"等方面采取丰富多样的市场营销策略。在坚持生产经营尽量本土化的运作思路基础上，注意营建庞大有效的国际化种业产业链。从而减少其进入国际市场的阻力，实现其市场份额不断增多，利润价值和空间越来越大的可持续发展经营目标。

我国种子企业在融入全球经济一体化过程中，应充分分析国内种子企业各自的优缺点，分析种子营销国际化途径，寻找种子营销市场机会，准确选择目标市场，以技术为先导，巩固优势市场；重视细分市场，多形式联合种子企业，合作经营，资源互补，扩大企业规模，增强企业总体竞争实力，强化品牌意识，创新种业市场国际品牌；缩短与大型跨国种子企业的差距，争夺高端种子市场，扩大中国种子在国际市场上的占有率。

复习思考题

1. 名词解释

   国际种子市场　出口进入模式　契约进入模式
2. 阐述国际种子市场总体状况。
3. 阐述国外种子企业进入国际市场的主要模式。
4. 阐述国外种子企业跨国经营的基本思路与特点。
5. 论述国外种子企业国际市场营销的主要策略。
6. 简述我国种子企业应对外国种子企业的竞争策略。
7. 论述我国种子企业参与国际市场竞争时，在营销策略上须注意的主要问题。
8. 简述我国种子企业进入国际市场的可能模式。

第三篇

法律法规

第十章　种子企业的行政管理与执法

学习目标： 1. 了解种子行政管理的特征和主体；
2. 理解掌握种子行政管理法的制定和效力；
3. 了解种质资源管理、新品种选育与审定法律制度的相关内容；
4. 理解掌握种子生产与经营计划管理及许可证制度；
5. 了解种子调运准调证制度和质量检验制度；
6. 了解掌握种子行政执法的机构与主要内容；
7. 掌握种子行政执法的原则；
8. 了解种子违法案件查处的主要程序；
9. 了解种子质量检验机构和仲裁检验的相关内容；
10. 了解种子违法行为的认定、处理和具体处罚；
11. 了解种子行政处罚的种类。

关键词： 种子行政管理　相关制度　执法机构　执法原则　主要程序

第一节　种子行政管理

　　行政管理是国家行政机关以国家的名义对国家事务的管理活动，它通过法律的形式，以国家的强制力作为保证，在全国和全民范围内实施。种子行政管理，是指国家行政机关依法对种子市场进行管理的活动。广义的种子管理包括种子的行政管理、计划管理、生产管理、经营管理、质量管理、价格管理、财务管理等多方面的内容。

　　我国的种子行政管理工作随我国的经济体制改革而不断发展、加强和完善。种子管理工作也由行政、技术、经营"三位一体"，到政企分开、实行国有种子公司经营为主渠道的多家经营，到强化种子执法，种子真正进入市场，引入竞争机制，实现种子产业化、种子管理规范化的三个发展阶段。

一、种子行政管理的特征

　　种子行政管理与其他行政管理活动相比，具有以下显著特征。

　　首先，从事种子行政管理活动的主导方是国家行政机关，即政府及其农业主管部门。它们代表国家来行使职权，具有权威性。

　　其次，种子行政管理活动必须依据国家的法规、规章、政策和法令。法规、规章是国家相对稳定的、比较严谨的、严格的准则；政策则是国家在一定时期内比较灵活且易变的准则。

再次，种子行政管理手段多种多样，包括思想政治工作、行政指令、经济手段、纪律手段、法律手段等。其中，法律手段是强制性的，具有绝对实现的效力。

种子行政管理的过程，要通过行政机关不断地进行计划、组织、指挥、协调和控制来实现。通过这些行政职能的运行，可以达到推广良种、促进生产和供需平衡的目标。

种子行政执法是种子行政管理中的硬性管理活动，它要求执法的种子行政管理机关必须严格依照法律、法规、规章的规定；要求被管理方必须服从，违背者依据法律制裁。因此，种子行政执法是带有国家强制性的管理活动，是其他管理活动的保障性活动。

二、种子行政管理法的制定

种子行政管理法是规定和调整从事种子活动的各种社会关系的法律规范的总称。这类法律规范文件由三个层次不同的行政管理部门制定。

（1）国家行政法规。由国务院颁发，如《种子法》《中华人民共和国植物新品种保护条例》《植物检疫条例》等。

（2）行业部门行政法规、规章。由农业部、林业总局（原林业部）或相关部委联合发布，如农业部颁发的《主要农作物品种审定办法》《农作物种子生产经营许可证管理办法》《农作物种子质量标准》，等等。

（3）地方性的种子规章和规范性文件。一般由各省（直辖市）农业（林）局（厅）等行政部门制定，如《×××省（市）农作物种子管理条例》《×××省（市）农作物新品种审定办法》等。

基层种子执法管理部门、市县级种子管理站都必须严格执行上述法规，种子企业也必须按这些法规行事。

三、种子行政管理法的效力

种子行政管理法规对种子管理部门、种子生产与经营企业都具有一定的法定约束力。具体表现在以下方面。

1. 时间上的效力

无论哪个层次的行政管理部门制定的有关种子生产、经营等法律、法规文件都会规定具体实施日期，只有到达实施日期该文件方能生效。如国务院 2000 年公布的《种子法》规定："本法自 2000 年 12 月 1 日起施行"；农业部 2001 年颁布的《主要农作物品种审定办法》规定："本办法自发布之日起施行"。又如农业部 2001 年 2 月 26 日颁布的《农作物种子标签管理办法》中第二十二条规定："本办法自发布之日起施行。本办法发布前制作的标签与本办法规定不符的，可以沿用至 2001 年 6 月 30 日"。

在这些法律依据的使用过程中，当前后规范性文件不一致时，新法优于同级的旧法。

2. 地域范围内的效力

国家及相关行业部委颁布的相关种子条例及其实施细则在全国范围内有效，农业部颁布的条例解释权归农业部，林业总局颁布的条例解释权归林业总局；地方性的规章和规范性文件，效力范围仅限于地方范围内，且解释权归地方农业行政主管部门。

在这些法律依据的使用过程中，当不同层次行政部门颁布的规范性文件之间不一致时，专门法优于一般法，国家行政法规的效力高于地方法规。这些行政法规都是进行种子管理的法律依据，但在司法审判中，地方性法规不一定都予以支持，因为地方性法规不能突破行政法规的原则框架。

3. 对具有法人资格者的效力

凡从事农作物种子选育、生产、经营、使用和管理工作的企业和个人都必须严格遵守上述相关法律、法规，违犯者将受到相应的行政和经济惩处。

四、种子行政管理的主体

从事种子行政管理工作的单位和个人依法确定。一般包括种子主管部门、其他种子管理机关和具体种子管理人员。

1. 种子主管部门

《种子法》规定，国务院农业、林业行政主管部门分别主管全国农作物种子和林木种子工作，是种子行政执法机关，对全国农作物种子工作进行指导，负责种子贮备，对种子生产、流通过程进行执法检查。县级以上地方人民政府农业、林业行政主管部门分别主管本行政区域内农作物种子和林木种子相关管理工作；各省（直辖市、自治区）农业（林、牧）厅（局）、各市、县的农业（林、牧）局是机关法人。农业、林业行政主管部门为实施《种子法》，可以进行现场检查。各级农业厅（局）设置的种子管理和质量检验机构是各级农业部门内设的执行机构，不是机关法人。农作物品种审定委员会和质量检验机构的职权，以法规授权，应以自己的名义进行活动。

2. 其他种子管理机关

农作物种子涉及的管理机关相当多，包括各级人民政府、工商行政管理机关，以及税务、物价、财政、审计、粮食、技术监督、交通、邮电等部门，在对种子活动的管理中，都有其一定的职权范围，应当注意协调配合。《种子法》第二十六条规定："种子经营实行许可制度。种子经营者必须先取得种子经营许可证，方可凭种子经营许可证向工商行政管理机关申请办理或者变更营业执照"；第五十七条规定："国务院农业、林业行政主管部门和异地繁育种子所在地的省、自治区、直辖市人民政府应当加强对异地繁育种子工作的管理和协调，交通运输部门应当优先保证种子的运输"等。各级各类行政管理机关都应在各自的法定职权范围内进行种子管理方面的行政执法，不能超越职权，滥用职权，也不得失职、渎职。

3. 种子管理人员

种子管理人员主要从事检查和监督管理，具有法律效力，但其行为属于行政代理，其行政活动的法律后果依法由聘请的农业行政部门承担。

种子执法人员依法执行公务时，应当出示行政执法证件，即《中国种子管理员证》和佩戴《中国种子管理》胸章，向管理对象表明身份，并依法行使职权，履行职责。

农业、林业行政主管部门及其工作人员不得参与和从事种子生产、经营活动；种子生产经营机构不得参与和从事种子行政管理工作。种子的行政主管部门与生产经营机构在人员和财务上必须分开。

第二节　种子行政管理的法律制度

在我国现行的种子管理方面，有计划管理制度、经济合同制度、有偿转让制度、品种定期更新更换制度、种子贮备制度等多个法律制度。在新颁布的《种子法》中，对种子（苗）行政管理还确立了种质资源管理，新品种选育与审定，种子生产、经营计划管理及许可证，种子调运准调证，种子质量检验，种子质量监督抽查等法律制度。

一、种质资源管理法律制度

种质资源在农业生产中是非常重要的资源，是选育新品种的基础材料，一旦被破坏、毁灭，难以恢复。农作物种质资源包括作物种用籽粒、果实和根、茎、苗、芽等繁殖材料和近缘野生植物以及人工创造的各种植物遗传材料。20 世纪 50 年代以来，各国政府对种质资源都非常关注，不断加大投入，收集包括植物的栽培种、野生种的繁殖材料以及利用上述繁殖材料人工创造的各种植物的遗传材料等各种资源。

合理利用种质资源是每个公民的权利，保护种质资源也是每个公民的义务，国家扶持种质资源保护工作和选育、生产、更新、推广使用良种，鼓励品种选育和种子生产、经营相结合，奖励在种质资源保护工作和良种选育、推广等工作中成绩显著的单位和个人，对违反种质资源管理的有关单位和个人要受到相应的处罚。

《种子法》对种质资源管理保护做出了非常明确的规定，如第八条规定：国家依法保护种质资源，任何单位和个人不得侵占和破坏种质资源。禁止采集或者采伐国家重点保护的天然种质资源。因科研等特殊情况需要采集或者采伐的，应当经国务院或者省、自治区、直辖市人民政府的农业、林业行政主管部门批准。第九条：国家将有计划地收集、整理、鉴定、登记、保存、交流和利用种质资源，定期向社会公布可供利用的种质资源目录。具体办法由国务院农业、林业行政主管部门规定。第十条：国家对种质资源享有主权，任何单位和个人向境外提供种质资源的，应当经国务院农业、林业行政主管部门批准；从境外引进种质资源，须依照国务院农业、林业行政主管部门的有关规定办理。

二、新品种选育与审定法律制度

根据《种子法》规定，主要农作物品种和主要林木品种在推广应用前应当通过国家级或者省级审定，申请者可以直接申请省级审定或者国家级审定。由省、自治区、直辖市人民政府农业、林业行政主管部门确定的主要农作物品种和主要林木品种实行省级审定。

农业部确定水稻、小麦、玉米、棉花、大豆、油菜和马铃薯 7 个作物为主要农作物，各省、自治区、直辖市农业行政主管部门可以根据本地区的实际情况确定其他 1 ~ 2 种农作物为主要农作物，如北京把小麦、玉米、大豆、大白菜和西瓜定为主要农作物。

农业部设立了国家级农作物品种审定委员会，各省（自治区、直辖市）的农业、林业行政主管部门分别设立省级农作物品种和林木品种审定委员会，承担主要农作物品种和主要林木品种的审定工作。在具有生态多样性的地区，省级人民政府农业、林业行政主管部门可以委托设区的市（自治州）承担适宜于在特定生态区域内推广应用的主要农作物品种和主要林木品种的审定工作。通过国家级审定的主要农作物品种和主要林木良种由农业部、林业行政主管部门公告，可以在全国适宜的生态区域推广。通过省级审定的主要农作物品种和主要林木良种由省级人民政府农业、林业行政主管部门公告，可以在本行政区域内适宜的生态区域推广；相邻省、自治区、直辖市属于同一适宜生态区的地域，经所在省级人民政府农业、林业行政主管部门同意后可以引种。

国家对植物新品种实行保护，也就开始保护植物新品种权所有人的合法权益。选育的品种得到推广应用的，育种者依法获得相应的经济利益。应当审定的主要农作物品种未经审定通过的，不得发布广告，不允许经营、推广；违规经营的，由县级以上人民政府农业、林业行政主管部门责令停止种子的经营、推广、没收种子和违法所得，并处以1万元以上5万元以下罚款。

转基因植物品种在选育、试验、审定和推广过程中应当进行安全性评价，并采取严格的安全控制措施，对转基因农作物品种实施生物安全认证后，获得转基因生物安全证书的品种方可在指定区域推广应用。

三、种子生产计划管理及许可证制度

我国主要农作物和主要林木的商品种子生产实行许可制度。凡从事农作物商品种子生产的单位和个人，必须到农业主管部门申请领取《生产许可证》，持证进行生产。申请领取具有植物新品种权的种子生产许可证的，应当征得品种权人的书面同意。禁止伪造、变造、买卖、租借种子生产许可证；禁止任何单位和个人无证或者未按照许可证的规定生产种子。

《生产许可证》实行分级审批制度。常规种子的生产，纳入县以上各级种子管理机构的计划；杂交种子的生产计划，由省级农业主管部门根据各地计划统一制定；主要农作物杂交种子及其亲本种子、常规种原种种子、主要林木良种的种子生产许可证，由生产所在地县级人民政府农业、林业行政主管部门审核，省级人民政府农业、林业行政主管部门核发；其他种子的生产许可证，由生产所在地县级以上地方人民政府农业、林业行政主管部门核发。

对申请领取种子生产许可证的单位和个人有严格的要求：①具有繁殖种子的隔离和培育条件，出省繁殖制种需经双方省级种子管理机构批准。②具有无检疫性病虫害的种子生产地点或者县级以上人民政府林业行政主管部门确定的采种林；在林木种子生产基地内有采集种子的，由种子生产基地的经营者组织进行，采集种子应当按照国家有关标准进行。禁止抢采掠青、损坏母树，禁止在劣质林内、劣质母树上采集种子。③具有与种子生产相适应的资金和生产、检验设施。④具有相应的专业种子生产和检验技术人员，执行种子生产技术规程和种子检验、检疫规程。⑤法律、法规规定的其他条件。同时，商品种子生产者应当建立种子生产档案，载明生产地点、生产地块环境、前茬作物、亲本种子来源和质量、技术负责人、田间检验记录、产地气象记录、种子流向等内容。

四、种子经营计划管理与许可证制度

种子经营实行许可制度。凡经营农作物种子的企业和个人，均须向农业行政主管部门申请领取《经营许可证》，凭《经营许可证》到工商行政管理部门办理登记注册，领取《营业执照》后，方可按照核定的经营范围、经营方式、经营地点开展经营活动。

种子经营许可证实行分级审批发放制度。种子经营许可证由种子经营者所在地县级以上地方人民政府农业、林业行政主管部门核发。主要农作物杂交种子及其亲本种子、常规种原种种子，主要林木良种的种子经营许可证，由种子经营者所在地县级人民政府农业、林业行政主管部门审核，省级人民政府农业、林业行政主管部门核发。实行选育、生产、经营相结合并达到国务院农业、林业行政主管部门规定的注册资本金额的种子公司和从事种子进出口业务的公司的种子经营许可证，由省级人民政府农业、林业行政主管部门审核，国务院农业、林业行政主管部门核发。农民个人自繁、自用的常规种子有剩余的，可以在集贸市场上出售、串换，不需要办理种子经营许可证，其管理办法由省级人民政府制定。

主要农作物杂交种子，省内经营，纳入省级种子管理机构计划；省间经营，由双方分别纳入本省调入调出计划，按省级种子管理机构核发的准调证进行。主要农作物常规种子经营应纳入所在市（地）、县种子管理机构的计划。

种子经营者按照经营许可证规定的有效区域设立分支机构的，可以不再办理种子经营许可证，但应当在办理或者变更营业执照后 15 日内，向当地农业、林业行政主管部门和原发证机关备案。禁止伪造、交道、买卖、租借种子经营许可证；禁止任何单位和个人无证或者未按照许可证的规定经营种子。

种子经营者应向种子使用者提供种子的简要性状、主要栽培措施、使用条件的说明与有关咨询服务，并对种子质量负责。任何单位和个人不得非法干预种子经营者的自主经营权。销售的种子能加工、包装的应当加工、分级、包装，一般采用大包装；进口种子可以分装，实行分装的，应当注明分装单位，并对种子质量负责。销售的种子应当有标签，标签标注的内容与销售的种子应当相符，销售进口种子要附有中文标签；销售转基因植物品种种子必须用明显的文字标注，并应当提示使用时的安全控制措施。

国务院或者省级人民政府的林业行政主管部门建立的林木种子生产基地生产的种子，由国务院或者省级人民政府的林业行政主管部门指定的单位有计划地统一组织收购和调剂使用，非指定单位不得在基地范围内组织收购。未经相关主管部门批准，不得收购珍贵树木种子和同级人民政府规定限制收购的林木种子。

申请领取种子经营许可证的单位和个人应具备的条件：①具有与经营种子种类和数量相适应的资金及独立承担民事责任的能力；②具有能够正确识别所经营的种子、检验种子质量、掌握种子贮藏、保管技术的人员；③具有与经营种子的种类、数量相适应的营业场所及加工、包装、贮藏保管设施，检验种子质量的仪器设备；④法律、法规规定的其他条件。

种子经营者专门经营不再分装的包装种子的，或者受具有种子经营许可证的种子经营者以书面委托代销其种子的，可以不办理种子经营许可证。种子经营者要建立种子经营档案，载明种子来源、加工、贮藏、运输和质量检测各环节的简要说明与责任人、销售去向等内容。一年生农作物种子的经营档案应当保存至种子销售后两年，多年生农作物和林木种子经营档案的保存期限按国务院农业、林业行政主管部门规定执行。

五、种子调运准调证制度

在省间、省内地市间调种主要农作物，必须持有种子管理机构签发的准许调运证书。省间调运由省种子管理机构签发，省内市地间调运，由调出地市种子管理机构签发。调运、邮寄种子必须持有准调证、种子质量合格证和植物检疫证。

六、种子质量检验制度

1. 种子质量检验机构

各级农作物种子管理部门的种子质量检验机构负责本辖区内农作物种子质量的监督，各级农业主管部门也可以委托种子质量检验机构对监督辖区内的种子质量进行检验。各生产、经营单位应配备由省农业主管部门核发《种子检验员证》的专职检验员，负责本单位的自检工作。

2. 检验标准

种子质量标准是用来衡量和考核原（良）种生产、良种保纯、种子经营和贮藏保管工作的标准，是种子标准化最重要的内容。我国于1984年颁布了粮、棉、油、麻、薯等种子的分级标准 GB 4404 – 84 – CB 4409 – 84；1995年8月国家技术监督局发布了《农作物种子检验规程》GB/T 3543、1 – GB/T 3543.7 国标。这个系列标准等效或参照采用了 ISTA 的《国际种子检验规程》（1993年版），使我国的种子检验程序、技术和方法与国际接轨。1997年成立了农业部农作物种子质量监督检验测试中心，之后又成立了国家种子认证（筹备）委员会，在全国推行种子论证制度和加强种子质量的监督、抽查和管理。

1996年和1999年先后颁布了《粮食作物种子》《经济作物种子》《瓜果作物种子》《瓜菜作物种子》等质量标准，其他农作物种子的国标标准也在陆续制定，不断完善。

3. 检验方式

种子质量检验包括种子生产田间检验和种子收获后检验两部分。

种子田间检验是在作物生育期间，尤其是苗期、花期等关键生育期，到制种田（繁种田）田间取样鉴定，主要检查隔离条件，亲本杂株率，母本散粉率，品种真实性、纯度，同时检查异作物、杂草、病虫危害等情况。种子收获后检验是狭义的种子质量检验，到储存种子的仓库或者现场扞取样品进行检验。

种子质量监督的检验程序，是由各生产、经营单位的持证检验员先进行自检，再由种子检验机构或委托单位抽检。经营的种子须附有由持证检验员核发、加盖种子检验专用章的《种子质量检验合格证》。

调出县的种子，必须经调出方的县级以上种子检验机构检验，取得检验合格证后方能调出；调入种子后必须持有调出方的检验合格证，在种子调入之后次日起两个发芽试验周期内由所在地的种子检验机构复检完毕。属于外调购进经营的种子，应当双检合格证齐全。

种子质量的复检由同级种子管理站的持证检验员负责。对复检结果有异议时，由上一级种子管理站质量检验机构仲裁，必要时通过种植鉴定进行仲裁。调运双方或经营种子者对经销的该批种子均应封存样品，以备复检和仲裁使用，保留样品的期限为该批种子用于生产收获之后。

禁止任何单位和个人在农作物种子生产基地做病虫害接种试验。南繁基地繁殖种子，必须经省农业（牧）厅（局）报农业部批准，并依法按规定进行检疫。

4.《种子质量合格证》的有效期限

因委托人《种子质量合格证》使用的目的不同，检验的项目及标准不同，颁发的《种子质量合格证》有效期限也有很大差异。其具体差异如下。

（1）调运种子。种子到达调入地次日起两个发芽试验周期内。

（2）销售种子。该批种子销售至播种结束。

（3）库存种子。超过该品种当年有效播种期。

《种子质量合格证》仅对该批校验的种子有效。

七、种子质量监督抽查制度

种子质量监督抽查是指由县级以上人民政府农业行政主管部门组织有关种子管理机构和种子质量检验机构对生产、销售的农作物种子进行扦样、检验，并按规定对抽查结果公布和处理的活动。根据《农作物种子质量监督抽查管理办法》的规定，农业行政主管部门负责监督抽查的组织实施和结果处理。农业行政主管部门委托的种子质量检验机构和（或）种子管理机构负责抽查样品的扦样工作，种子质量检验机构负责抽查样品的检验工作。监督抽查对象重点是当地重要农作物种子以及种子使用者、有关组织反映有质量问题的农作物种子。农业行政主管部门可以根据实际情况，对种子质量单项或几项指标进行监督抽查。

农业部负责制定全国监督抽查规划和本级监督抽查计划，县级以上地方人民政府农业行政主管部门根据全国规划和当地实际情况制定相应监督抽查计划。各有关单位和个人对监督抽查中确定的被抽查企业和作物种类以及承检机构、扦样人员等应当严格保密，禁止以任何形式和名义事先向被抽查企业泄露。

第三节 种子（苗）行政执法与行政检验

一、种子行政执法机构、内容、原则及行政执法机构的管辖

1. 种子行政执法机构

根据《农业行政处罚程序规定》，农业行政主管部门依法设立的农业行政综合执法

机构具体承担农业行政处罚工作。大部分地区农业部门委托省种子管理站行使行政执法。

农业行政综合执法机构和受委托的种子管理站应当以农业行政主管部门的名义实施农业行政处罚。农业行政主管部门对受委托的种子管理站实施行政处罚的行为应当进行监督，并对该行为的后果承担法律责任。

在《北京市实施〈中华人民共和国种子法〉办法》中，北京市人大代表委员会授权市和区县种子管理机构具体负责种子管理和监督工作，核发种子生产许可证和种子经营许可证，对本办法和《种子法》规定的种子违法行为进行处罚，查处新品种授权行为。市种子管理机构对区、县种子管理机构进行指导和监督。

2. 种子行政执法的内容

种子行政执法是指农业行政机关和其他行政机关及其公务人员，代表国家在种子行政管理中执行法规、规章及其他规范性文件，依法对从事种子生产、经营者或企业组织所采取的各种具体的、单方面的、直接产生法律效力的活动。主要包括以下几个方面的内容。

（1）行政确认。指由法定的机构依据一定的标准对有关的行为或标的进行确定或者承认。它往往是行政授权或设置义务的前提。有关种子方面的行政确认，主要是对品种审定委员会审定通过的新品种的确认，对种子质量的认定，对种子生产者和经营者所具备的法定条件的认可等。

（2）行政许可。指由法定的机构对具备法定条件的企业或个人，准许其从事一定活动的授权。如种子生产许可、种子经营许可、种子准调许可。获得某项行为许可的行为人可取得从事某项行为的资格和权力。

（3）设置义务。指被许可的行为人在享有一定权利的同时，也必须承担相应的义务，根据这些义务主动接受行政管理，如必须向主管机关上报经营计划、财务报表，必须接受经营检查、质量检查，必须对消费者负责等。

（4）剥夺权利。指由法定的机关对特定的违法行为人剥夺部分或全部特定的权利的行为。就种子违法行为的制裁而言，有行政制裁、民事制裁、刑事制裁3种。其中行政制裁又有行政处分和行政处罚之分。

《产品质量法》第三十八条规定，生产者、销售者在产品掺杂、掺假，以假充真、以次充好，或者以不合格产品冒充合格产品的，责令停止生产、销售，没收违法所得，并处违法所得1倍以上5倍以下的罚款，甚至吊销营业执照，构成犯罪的，依法追究刑事责任。

《中华人民共和国刑法》第一百四十七条规定，销售明知是假的或者失去使用效能的种子，或者生产者、销售者以不合格的种子冒充合格种子，使生产遭受较大损失的，处3年以下有期徒刑或者拘役，并处或者单处销售金额50%以上2倍以下罚金；使生产遭受重大损失的，处3年以上7年以下有期徒刑。并处销售金额50%以上2倍以下罚金；使生产遭受特别重大损失的，处7年以上有期徒刑或无期徒刑，并处销售金额50%以上2倍以下罚金或者没收财产。

（5）强制执行。指由法定的机关对不履行法定义务的人施以一定的强制性手段以实现其义务内容的行为。

3. 种子行政执法的原则

在种子行政执法过程中，应遵循合法性、合理性、行政效率和一事不再罚四项原则。

（1）合法性原则。即依法行政，执法过程中必须严格按照法律、法规、规章的规定去施行。包括行政主体要合法，内容方式和程序要合法，手段和措施要合法，必须以法律为依据，严格遵守法律对行政的有关规定，违法者必须承担相应的法律后果。

（2）合理性原则。即行政机关在行使权力时，要在法定的范围内，做到适当、恰当、公正，合乎情理；正确行使行政自由裁量权，处罚要轻重适当，做到政通人和；要求必须坚持办事公道，不拘私情，政务公开，一视同仁。

（3）行政效率原则。即有效地进行行政管理，行政机关在施政过程中指挥灵活，办事迅速，运转协调，注重社会的整体效益，真正做到令行禁止，及时有效。

（4）一事不再罚原则。即对当事人的同一违法行为，不得给予两次以上罚款的行政处罚。

4. 种子行政执法的管辖

种子行政执法的管辖是指种子行政管理机关相互之间或与国家其他机关之间，在种子管理对象上的行政权限的划分与确定。

（1）职能管辖。职能管辖指职能范围内的管辖权限。种子管理机关主管范围包括与种子的选育、生产、经营、贮备等活动有关的事宜，如检查种质资源管理、新品种审定管理、种子生产、经营许可证的管理、种子质量及其他管理上的违法行为、种子收购及调运的违法行为等。属于种子管理机关主管范围内的案件，由其主管办理；其他案件，由其他相应的行政机关处理。

（2）级别管辖。是指各级种子管理机关，在其主管事物的范围内，在上下级管理机关之间的分工与权限。如对种子质量检验员，发放种子生产许可证、经营许可证、检验合格证等各类管理和违法案件的处罚权上，法规和规章都有明确的规定和分工。

（3）地域管辖。是指同级种子管理机关在种子管理中的地域分工与权限。地域管辖可由属地主义或属人主义两种原则确定，前者是按从事种子活动的行为实施地域来确定，即在一定的行政区域中从事的种子活动，就归该地域中的种子主管机关处理；后者是按行为人的登记注册地域来实施管理，对其所属的域内域外的行为，都由注册地的主管机关来管理处理。

（4）指定管辖。指上级种子管理部门依法指定其辖区内的下级种子管理部门对某一项具体案件行使管辖权，这种情况只有在两个主管机关对一个行为都主张行政权，或者拒绝处理时才会出现。根据《行政处罚法》的有关规定："对当事人的同一违法行为，根据不同的法律、法规、规章规定，两个以上农业行政处罚机关都有管辖权的，应当由先立案的农业行政处罚机关管辖。行政处罚机关对管辖发生争议时，应当协商解决或报请共同上一级农业行政主管部门指定管辖"。

（5）移送管辖。种子管理机关发现受理的行政处罚案件不属于自己管辖的，应当转送有管辖权的行政处罚机关管辖，并制作案件移送函。

二、种子行政检验

种子行政检验指种子管理机构及其管理人员对有关从事种子生产、经营活动的人、物或场所依法进行检查和督导，以监督并保证生产者和经营者必须具备的法定条件经常处于良好的运行状态以及必须履行的义务得到如期的履行。种子管理的行政检查，可分为平时检查和突击检查，一般检查和专案检查。其检查的重点是检查有无违法生产、经营等情形。

在辖区范围内从事农作物种子生产、经营、推广的企业和个人，以及在本辖区注册登记的、或外来销售经营农作物种子的人员都可列为被检查的对象；生产经营的场所、仓库，在运输、销售中的种子，在田间生产的农作物都可列为检查的范围。

在正常行政管理中发现、或者被检举揭发、或者一般检查监督中查获的、或者当事人交代、或其他行政机关移交的违法案件应作重点检查。

检查有关的票据、证件，检查员须持检查证。对违法行为人的人身、住所的检查，须有公安机关的配合；对当事人账册财物的检查，应当限于有关的种子销售经营情况。

在种子行政检查中，对未取得《种子质量合格证》而经营种子的、销售不符合质量标准种子的，种子管理机构和种子检验员有权扣押种子。实施扣押措施时，应当履行一定的内部审批手续，并对物主出示扣押凭证。

三、种子违法案件查处的程序

种子违法案件查处有严格的程序，分立案登记、调查取证、听取陈述和辩解、审批和行政处罚决定等步骤。

1. 立案登记

凡是属于自己管辖范围而又认为所反映的事实需要追究法律责任时，应当立案登记，依法处理。种子管理部门应在对控告、检举或在市场检查中发现的种子违法案件的有关材料进行审查后，依法决定作为种子违法案件予以处理。

对情节轻微的案件，也可出示"种子管理员证"和"执法公务证"，当场处理，不需立案。如果当事人不服，可以申请复议。

2. 调查取证

证据是正确认定案件性质、情节的根据，没有证据的案件是不能成立的。国家对违法人追究法律责任，给予法律制裁，都须有确凿的证据来证明其违法事实的存在，尤其是在行政诉讼过程中，执法的行政机关负有举证责任，如拿不出有力证据，处罚决定将会撤销。

调查取证的种类包括书证、物证、视听资料、证人证言、当事人陈述、鉴定结论、勘验笔录、现场笔录等。取证时要注意如下事项。

（1）证据的提取要迅速，在查处案件时立即着手，从调查核实工作一开始就应该注意收集各种证据，进入诉讼程序后取证工作则应停止。

（2）取证要合法，同时要防止赃物转移、销毁。

（3）对物证、书证要尽量收取发案时的原物、原件，如因某种原因不能收取时，也可采用拍照影印、复制件，但要注明保存单位和出处，由取证人落款、签名；取到的证明材料原件，任何人无权涂改或毁弃。

（4）所有证据都要写明出处、日期、证人签名，必要时请所在单位盖章。

（5）出证人要求部分或全部更改证言时，应当允许，但要写明更改原因，不退还原件。

（6）在取证时，应二人同行，并表明身份，佩戴公务标志。

3. 听取陈述和辩解

为了澄清事实真相，应当认真听取双方当事人的陈述和辩解，这是种子行政案件处理的一个必要程序。对当事人双方所作的陈述和辩解，应当注意分桥，去伪存真，并查对取证材料，互相验证，最后认定事实真相，作出处理决定。向双方当事人说明认定的事实，依据的法律条文和处理意见，并听取当事人最后陈述。

4. 审批和行政处罚决定

执法人员在调查结束后，认为案件事实基本清楚，主要证据充分，应当制作《案件处理意见书》，报农业行政处罚机构负责人审查。经负责人审核批准后，处罚机关制作《违法行为处理通知书》，送达当事人，告知拟给予的处理内容及其事实、理由和依据，并告知当事人可以在收到通知书之日起 3 日内，进行陈述和申辩，符合听证条件的，可以要求处罚机关依法组织听证。

处罚机关负责人根据各种材料认为违法事实清楚、证据确凿的案件，根据情节轻重，作出处罚决定，由处罚机关制作《行政处罚决定书），这是种子案件查处的最后一道工序，是种子行政管理机关依法对种子案件中的实体行使权利和义务作出的决定。

四、种子质量检验机构和仲裁检验

1. 种子质量检验机构

种子质量检验是在具有合法检验员身份人员借助必要的仪器设备操作下，采用标准的方法对农业生产上使用的种子质量进行细致、科学的检测、分析、鉴定，借以评定种子优劣及其使用价值的一门科学。

承担种子质量检验、监督抽查检验工作的检验机构应当符合《种子法》的有关规定，具备相应的检测条件和能力，并经省级以上人民政府农业行政主管部门考核合格。我国种子检验机构分各级农业主管部门设立的种子检验机构和各种子生产经营单位设立的种子检验机构。农业部组织的监督抽查检验工作由农业部考核合格的检验机构承担。

（1）农业主管部门设立的种子检验机构，主要负责贯彻种子检验管理办法及有关种子检验的技术规程、分级标准等；指导监督辖区内的种子检验工作；承担种子质量监督、抽检和仲裁检验；接受种子生产、经营及有关单位的委托检验；组织经验交流和技术培训。

（2）种子生产经营单位设立的种子检验机构，主要负责本单位的种子自检工作，由持证检验员对本单位生产经营的种子进行质量检验、监督。种子检验员应具有农学、生化或者相近专业中等专业技术学校毕业以上文化水平、从事种子检验技术工作 3 年以上，并经省级以上人民政府农业、林业行政主管部门考核合格才能获得上岗资格。

2. 种子质量仲裁检验和种子质量鉴定

当种子生产者、经营者、使用者之间围绕各自的权益和责任问题对种子质量发生争议而产生种子纠纷时，需要对种子质量进行仲裁检验或种子质量鉴定。

发生争议时，双方当事人自愿把争议提交给双方认可的仲裁委员会作出判断或裁决。若双方没有仲裁协议，一方申请仲裁的，仲裁机构不予受理。仲裁不实行级别管辖和地域管辖，实行一裁终局的制度。仲裁的内容涉及种子质量时，由仲裁机构委托有资质的种子检验机构或鉴定专家组进行种子质量仲裁检验。

（1）种子质量田间现场鉴定。种子在大田种植后，因种子质量或者栽培、气候等原因，导致田间出苗、植株生长、作物产量、产品品质等受到影响，双方当事人对造成事故的原因或损失程度存在分歧，为确定事故原因或（和）损失程度需要进行田间现场技术鉴定。种子质量田间现场鉴定，由田间现场所在地县级以上地方人民政府农业行政主管部门所属的种子管理机构组织实施。现场鉴定由种子管理机构组织，由鉴定所涉及作物育种、栽培、种子管理等方面的具有高级以上专业技术职称的专家具体实施，必要时可邀请植物保护、气象、土肥等方面的专家参加。专家鉴定组现场鉴定实行合议制，本着科学、公正、公平的原则，及时作出鉴定结论，制作现场鉴定书交给组织鉴定的种子管理机构。

（2）种子质量室内鉴定。凡是净度、纯度、发芽率、水分四项指标达到《中华人民共和国农作物种子质量标准》的种子均视为合格种子，达不到标准的种子则视为不合格种子。我国现行的国家标准以品种纯度指标作为划分种子质量级别的依据，纯度达不到原种指标降为一级良种，达不到一级良种的降为二级良种，达不到二级良种即为不合格种。净度、发芽率、水分其中一项达不到指标即为不合格种。

室内鉴定内容严格按《农作物种子检验规程》GB/T 3543.1－1995－GB/T 3543.7－1995标准进行。至于品种真实性和品种纯度测定，目前已开始采用分子标记指纹图谱鉴定技术，如 RAPD（随机扩增多态 DNA）、RFLP（限制性片段长度多态性）、SSR（简单序列重复）、AFLP（扩增片段长度多态性）、SSCP（单链构象多态性）等。

种子产生纠纷的原因一般是有损失发生，争议的焦点在于是否应当承担损失责任，由谁来承担损失责任及损失责任的大小界定等。正确处理种子纠纷首先必须明确造成损失的原因和争执方的权利、义务和责任。在此基础上，种子生产者、经营者与使用者可能通过协商和解、请求第三方调解、向有关行政部门投诉、提请仲裁机构仲裁、向人民法院提起诉讼等 5 种方式进行解决。

五、种子违法行为的认定和处理

种子违法行为，是指从事种子活动的人违反种子管理的法律、法规、规章以及有关的规范性文件的行为。对种子违法行为，应根据其性质、情节、程度和危害后果，使其承担一定的法律责任，接受相应的法律制裁。

1. 种子违法行为认定

（1）认定种子违法行为由 4 个要件构成。①主体必须是具有法定责任能力的自然人或组织；②客体必须是我国种子管理法规明文规定而被违法行为所触犯侵害的社会关系；③必须有种子法规明文规定的，客观上又是违法人实际实施的行为，法规上没有明文规定的行为即不为犯罪和不为违法；④主观方面必须有过错，即违法人实施行为时的主观故意和过失。凡是从事有关种子生产、经营活动的人，都应熟知我国种子管理方面的有关法规。对法规内容不能正确认识或错误地理解，都为过失。

（2）种子违法行为认定的依据。必须"以事实为依据，以法律为准绳"，将事实和法律两个方面结合起来。首先是违法行为是客观存在的事实，且有充分确凿的证据证明，符合法定条件。法律依据是指这一违法行为的名称、责任及制裁的方式、幅度，都是国家以法的形式设置的，由国家事先制定的，公布过的，并且已经开始生效施行的法律规范。

种子行政执法必须遵循有法必依、执法必严、违法必究和在法律面前人人平等的原则。

2. 种子违法行为的处理

（1）共同违法情况的处理。共同违法是指两个或两个以上的主体，共同故意实施了同一个种子违法行为。如个体户合伙倒卖不符合质量标准的种子，或甲、乙两个组织合资或合作经营种子违反了许可证管理制度。共同违法有事前无通谋的共同违法、事前有通谋的共同违法和违法集团3种形式。以组织名义，为了组织的利益，并得到组织的同意或许可而进行的违法活动，是组织与直接责任人之间的共同违法。

在共同违法事件中，根据共同违法行为人在违法活动中的地位、所起的作用和主观过错程度不一样，可分为主要责任人和一般责任人。主要责任人是指在违法活动中起组织、指挥和主要作用，以及起教唆作用的行为人；违法行为的发生与其关系极大，这类人社会危害性和主观恶性较大、应承担主要法律责任，从重处理。一般责任人指在违法活动中起次要作用的行为人，对此类人应从轻处理。

在共同违法当中，每个主体都应承担相应的行政违法行为责任，且负有连带责任。如生产单位和多家经营单位销售不合格种子，共同造成了用种户的经济损失，种子管理站有权根据受害人的请求，依法要求上述生产单位与经营单位共同承担赔偿责任，他们之间在共同赔偿中，负连带责任，如罚赔偿款，经营单位实力雄厚，而生产单位底子薄、暂拿不起赔偿款，管理机构有权要求经营单位先拿出全部（或大部分）的赔偿款赔偿合用种户，随后，经营单位就有权向生产单位要求偿还应由其承担的赔偿款部分。

（2）数责并罚的处理。一人或一个组织进行了数种故意的违法行为，对各违法行为分别确定责任后，依法确定责任人应承担的责任方式称数责并罚。数责并罚的方法有三种。

①相加法。即将法律规定的责任承担方式，全部相加，一起执行。如某单位无"三证一照"经营伪劣种子，对其无证经营处以罚款，而不能没收其种子；违法销售不合格种子不能罚款，但可以没收种子，二者相加，罚款和没收一起执行。②吸收法。就是只对数种违法行为中最严重的一种加以处理，其他行为抵免。如质量违法且又价格违法，这两种违法处罚中，哪一种重，则用哪一种，而另一种不予追究。③限制加重法。

就是先对数种违法行为确定责任承担方式，然后在最高行政责任形式以下，决定责任人应予承担的责任方式。如既要没收种子，又要罚款，又要赔偿损失，分别确定数额以后，然后再在单项处罚以上，总体数额之下，确定一个实际执行的数字。

3. 责任转移和消灭

（1）责任转移。因法律责任承担人的更换，即主体发生了重要变更，其责任也就相应转移。如原承担责任的组织被裁撤、合并，其法律责任也随之转移给承受其权利和义务的组织或决定其裁撤的上一级主管部门。若某个县级种子公司被实力较强的大型种子企业并购，这时，由原县级种子公司承担的责任也就转移到大型种子企业来承担。像个体企业自然人（老板）死亡，他的财产转移给其继承人，他应承担的责任也就随之转移给其继承人，但继承人所承担的责任仅限于遗产所能承担的责任范围。

（2）责任消灭。法律责任被确定以后，因某些法律事实的发生而不再存在，称责任消灭。在现实中常见的有责任已履行完毕、追究责任的决定被变更或撤销、权利人放弃权利、责任人死亡（人身同性的责任）等情况。

六、种子行政处罚的种类

种子行政管理机关有权依法对违反种子行政法律规范的公民或组织实施惩戒。根据行政处罚的内容不同，行政处罚分为以下 4 种。

1. 人身罚（也称自由罚）

人身罚是一种包括拘留和劳动教养等限制和剥夺公民人身自由的行政处罚，但在种子违法处罚中没有关于此项处罚的具体规定。

2. 行为罚（也称能力罚）

行为罚是停止种子生产经营活动、扣留或吊销种子许可证等限制或剥夺违法行为人特定的行为能力的一种处罚，它是仅次于人身罚的一种较为严厉的行政处罚。

停止种子生产、经营活动是限制种子生产、经营者从事种子生产、经营活动的权利。这种处罚形式往往附有改正违法行为的期限或其他条件。

扣留是停止法律对许可证持有者在某一方面的许可，使其不得行使原许可证范围内的权利。当扣留的原因消失或纠正以后，应予发还，无须重新申请。而吊销是撤销法律对许可证持有者特许的权利资格，如果需要，得重新履行申请审批手续。

3. 财产罚

财产罚包括罚款、没收和责令赔偿 3 种形式。它是特定的行政机关或法定的其他组织强迫种子违法者缴纳一定数额的货币或实物，或损害、剥夺其某些财产权的一种处罚，是运用最广泛的一种行政处罚，在《种子法》第十章"法律责任"中对其违法处罚都有明确规定。

（1）罚款。即强制违法行为人在一定期限内向国家缴纳一定数量的货币。

（2）没收。即依法将违法行为人的违法行为所得充归国家所有的强制行为。没收非法收入是指没收违法行为人在违法行为中所获得的全部收入额，包括本钱和利润；没收非法所得是指没收违法行为人在该违法行为中获得的全部利润，即扣除正常的成本费用以后，不应多赚而违法多赚的那部分货币。二者应严格区别。

（3）责令赔偿。即执法机关或组织单方面决定对违法行为人损害他人利益所给予的赔偿。

4. 申诫罚

是特定的行政机关或组织对违法者的谴责、训诫，以及影响其名誉的处罚，通常有警告和通报批评两种。

七、种子违法行为的具体处罚与适用

种子是一种特殊的商品，对种子违法行为人的处罚在我国多部法律、法规中都能找到相应的条款。

1. 根据《种子法》处罚

《种子法》第五十九条规定，生产、经营假、劣种子的，由县级以上人民政府农业、林业行政主管部门或者工商行政管理机关责令停止生产、经营，没收种子和违法所得，吊销假种子生产许可证、种子经营许可证或者营业执照，并处以罚款；有违法所得的，处以违法所得5倍以上10倍以下罚款；没有违法所得的，处以2 000元以上5万元以下罚款；构成犯罪的，依法追究刑事责任。

《种子法》第六十条规定，未取得种子生产许可证或者伪造、变造、买卖、租借种子生产许可证，或者未按照种子生产许可证的规定生产种子的，由县级以上人民政府农业、林业行政主管部门责令改正，没收种子和违法所得，并处以违法所得1倍以上3倍以下罚款；没有违法所得的，处以1 000元以上3万元以下罚款；可以吊销违法行为人的种子生产许可证或者种子经营许可证；构成犯罪的，依法追究刑事责任。

《种子法》第六十一条规定，在境外制种的种子在国内销售的，或从境外引进农作物种子进行引种试验的收获物在国内作商品种子销售的，或未经批准私自采集或者采伐国家重点保护的天然种质资源的，由县级以上人民政府农业、林业行政主管部门责令改正，没收种子和违法所得，并处以违法所得1倍以上3倍以下罚款；没有违法所得的，处以1 000元以上2万元以下罚款；构成犯罪的，依法追究刑事责任。

《种子法》第六十二条规定，经营的种子应当包装而没有包装的，经营的种子没有标签或者标签内容不符合本法规定的，伪造、涂改标签或者试验、检验数据的，未按规定制作、保存种子生产、经营档案的，种子经营者在异地设立分支机构未按规定备案的，由县级以上人民政府农业、林业行政主管部门或者工商行政管理机关责令改正，处以1 000元以上1万元以下罚款。

《种子法》第六十三条规定，向境外提供或者从境外引进种质资源的，由国务院或者省、自治区、直辖市人民政府的农业、林业行政主管部门没收种质和违法所得，并处以1万元以上5万元以下罚款。

未取得农业、林业行政主管部门的批准文件携带、运输种质资源出境的，海关应当将该种质资源扣留，并移送省、自治区、直辖市人民政府农业、林业行政主管部门处理。

《种子法》第六十四条规定，经营、推广应当审定而未经审定通过的种子的，由县级以上人民政府农业、林业行政主管部门责令停止种子的经营、推广、没收种子和违法所得，并处以1万元以上5万元以下罚款。

《种子法》第六十五条规定，抢采掠青、损坏母树或者在劣质林内和劣质母树上采种的，由县级以上人民政府林业行政主管部门责令停止采种行为，没收所采种子，并处以所采林木种子价值1倍以上3倍以下的罚款；构成犯罪的，依法追究刑事责任。

《种子法》第六十六条规定，违反本法第三十三条规定收购林木种子的，由县级以上人民政府林业行政主管部门没收所收购的种子，并处以收购林木种子价款2倍以下的罚款。

《种子法》第六十七条规定，在种子生产基地进行病虫害接种试验的，由县级以上人民政府农业、林业行政主管部门责令停止试验，处以5万元以下罚款。

《种子法》第六十八条规定，种子质量检验机构出具虚假检验证明的，与种子生产者、销售者承担连带责任；并依法追究种子质量检验机构及其有关责任人的行政责任；构成犯罪的，依法追究刑事责任。

《种子法》第六十九条规定，强迫种子使用者违背自己的意愿购买、使用种子给使用者造成损失的，应当承担赔偿责任。

《种子法》第七十条规定，农业、林业行政主管部门违反本法规定，对不具备条件的种子生产者、经营核发种子生产许可证或者种子经营许可证的，对直接负责的主管人员和其他直接责任人员，依法给予行政处分；构成犯罪的，依法追究刑事责任。

《种子法》第七十二条规定，当事人认为有关行政机关的具体行政行为侵犯其合法权益的，可以依法申请行政复议，也可以依法直接向人民法院提起诉讼。

《种子法》第七十三条规定，农业、林业行政主管部门依法吊销违法行为人的种子经营许可证后，应当通知工商行政管理机关依法注销或者变更违法行为人的营业执照。

2. 根据《产品质量法》处罚

《产品质量法》第三十八条规定，生产者、销售者在产品掺杂、掺假，以假充真、以次充好，或者以不合格产品冒充合格产品的，责令停止生产、销售，没收违法所得，并处违法所得1倍以上5倍以下的罚款，可以吊销营业执照，构成犯罪的，依法追究刑事责任。

《产品质量法》第四十条规定，销售失效、变质产品的、责令停止销售，没收违法销售的产品和违法所得，并处违法所得1倍以上5倍以下的罚款，可以吊销营业执照；构成犯罪的依法追究刑事责任。

《产品质量法》第四十一条规定，生产者、销售者伪造或者冒用他人的厂名、厂址的，伪造或者冒用认证标志、名优标志等质量标志的，责令公开更正，没收违法所得，可以并处罚款。

《产品质量法》第四十三条规定，产品标志不符合本法第十五条规定的，责令改正；有包装的产品标识不符合本法第十五条第（四）项、第（五）项规定，情节严重的，可以责令停止生产、销售，并可以处以违法所得15%～20%的罚款。

3. 根据《消费者权益保护法》处罚

《消费者权益保护法》第三十五条规定，消费者在购买、使用商品时，其合法权益受到损害的，可以向销售者要求赔偿。销售者赔偿后，属于生产有的责任或者属于向销售者提供商品的其他销售者的责任的，销售者有权向生产者或者其他销售者追偿。

消费者或者其他受害人因商品缺陷造成人身、财产损害的，可以向销售者要求赔偿，也可以向生产者要求赔偿。属于生产者责任的，销售者赔偿后，有权向生产者追偿。

消费者在接受服务时，其合法权益受到损害的，可以向服务者要求赔偿。

4. 根据《经济合同法》处罚

《经济合同法》第四十二条规定，经济合同发生纠纷时，当事人可以通过协商或者调解解决。当事人不愿意通过协商、调解解决或者协调、调解不成的，可以依据合同中的仲裁条款或者事后达成的书面仲裁协议，向仲裁机构申请仲裁。当事人没有在经济合同中订立仲裁条款，事后又没有达成书面仲裁协议的，可以向人民法院起诉。

5. 根据《刑法》处罚

《刑法》第一百四十条规定，生产者、销售者在产品中掺杂、掺假，以假充真，以次充好或者以不合格产品冒充合格产品，销售金额 5 万元以上不满 20 万元的，处二年以下有期徒刑或者拘役，并处或者单处销售金额 50% 以上 2 倍以下罚金；销售金额 20 万元以上不满 50 万元的，处二年以上七年以下有期徒刑，并处销售金额 50% 以上 2 倍以下罚金，销售金额 50 万元以上不满 200 万元的，处七年以上有期徒刑，并处销售金额 50% 以上 2 倍以下罚金，销售金额 200 万元以上的，处十五年有期徒刑，并处销售金额 50% 以上 2 倍以下罚金或者没收财产。

《刑法》第一百四十七条规定，生产假农药、假兽药、假化肥、销售明知是假的或者失去使用效能的农药、兽药、化肥、种子，或者生产者、销售者以不合格的农药、兽药、化肥、种子冒充合格的农药、兽药、化肥、种子，使生产遭受较大损失的，处三年以下有期徒刑或者拘役，并处或者单处销售金额 50% 以上 2 倍以下罚金；使生产遭受重大损失的，处三年以上七年以下有期徒刑，并处销售金额 50% 以上 2 倍以下罚金；使生产遭受特别重大损失的，处七年以上有期徒刑或无期徒刑，并处销售金额 50% 以上 2 倍以下罚金或者没收财产。

6. 在使用处罚时应注意的事项

在各种行政处罚的使用中，对于法律条文规定为"可以"处罚的，为执行机构选择使用；没有"可以"规定的，为必须使用；对于法律条文规定为"可并处罚款"的，实施罚款时必须与前项处罚同时并用，不能单独使用，但为选择并用方式规定为"并处以罚款"的为必须并用方式，不能不用，也不能单独使用。

在处理农作物种子违法事件上，若上述职权机关法规、规章不一致时，应当优先适用《种子法》。在适用各省制定的实施细则时，应当以《种子法》为框架，授权条款并用。

本章小结

种子行政管理是指国家行政机关依法对种子市场进行管理的活动。它与其他行政管理活动相比，具有以下特点。①从事种子行政管理活动的主导方是国家行政机关；②它必须依据国家的法规、规章、政策和法令开展管理活动；③种子行政管理的手段多种多样且具有绝对实现的效力。

种子行政管理法主要由国务院，农业部、林业总局或相关部，各省（直辖市）农（林）业局（厅）等三个层次不同的行政管理部门制定；并具有时间上、地域范围内，对具有法人资格者的效力。

种子行政管理的法律制度主要有种质资源管理法律制度、新品种选育与审定法律制度、种子生产计划管理及许可证制度、种子经营计划管理与许可证制度、种子调运准调证制度、种子质量检验制度和种子质量监督抽查制度等，每一种法律制度都包含着丰富的与种子相关的内容。

农业行政综合执法机构和受委托的种子管理站是种子行政执法的主要机构。其行政执法的内容包括行政确认、行政许可、设置义务、剥夺权利和强制执行。在行政执法中遵守合法性、合理性、行政效率和一事不再罚的原则。在种子管理中还会用到行政检验，检查的重点是检查有无违法生产、经营等情形。对种子违法案件的查处有严格的程序，分立案登记、调查取证、听取陈述和辩解、审批和行政处罚决定等步骤。

种子违法行为的认定由 4 个案件构成，并将事实和法律两个方面结合起来进行处理。对种子违法行为的行政处罚可以依据《种子法》《种子质量法》《中华人民共和国消费者权益保护法》《中华人民共和国经济合同法》《中华人民共和国刑法》等的相关条款执行，一般可分为人身罚、行为罚、财产罚和申诫罚 4 种。

复习思考题

1. 名词解释

种子行政管理　种子质量监督抽查　种子行政执法　种子行政执法的管辖　种子行政检验　种子质量检验　种子违法行为

2. 简述种子行政管理的特征。

3. 试论种子行政管理法的效力。

4. 概述有关种子行政管理的法律制度。

5. 简述种子行政执法的内容和原则。

6. 简述种子违法案件查处的程序。

7. 试述种子违法行为认定的要件和依据。

8. 论述种子违法行为的处理、责任的转移和消灭。

9. 简述种子行政处罚的种类。

第十一章　种子生产经营的法律法规

学习目标： 1. 掌握种子企业申请领取种子生产、农作物种子经营许可证的条件。
　　　　　　2. 了解外商投资农作物种子企业的具体条件。
　　　　　　3. 理解掌握品种区域试验的一般任务和基本要求。
　　　　　　4. 了解品种区域试验的规划与实施步骤。
　　　　　　5. 了解掌握新品种审定的基本条件和一般程序。
　　　　　　6. 掌握品种推广的主要方式。
　　　　　　7. 了解进出口农作物种子管理的相关知识。
　　　　　　8. 了解申请种子生产、经营许可证需提交的材料和主要程序。
　　　　　　9. 了解外商投资农作物种子生产经营的主要管理规定。
　　　　　　10. 了解种子质量控制、种子包装与标签管理的相关知识。
关键词： 种子生产、经营许可　品种区域试验　新品种审定　种子进出口　外商投
　　　　资　法律法规

第一节　种子企业准入

自2000年《种子法》颁布实施以来，我国农作物种子产业发生了重大变化，种子市场主体呈现多元化，农作物品种更新速度加快，有力地推动了农业发展和农民增收。但是，由于我国种子产业仍处在起步阶段，种子管理仍存在体制不顺、队伍不稳、手段落后、监管不力等问题，一些地区种子市场秩序比较混乱，假劣种子坑农害农事件时有发生，损害了农民利益，影响了农业生产安全和农民增收。

2006年6月，《国务院办公厅关于推进种子管理体制改革加强市场监管的意见》中强调，严格种子企业市场准入，要求地方各级人民政府按照《中华人民共和国行政许可法》等有关法律的规定，尽快完成清理和修订种子市场准入条件的法规、规章和政策性规定等工作。各级农业行政主管部门和工商行政管理机关要严格按照法定条件办理种子企业证照，加强对种子经营者的管理。同时，要消除影响种子市场公平竞争的制度障碍，促进种子企业公平竞争。

企业欲进入农作物种子生产经营行业，首先要获得农业行政部门的种子生产许可和种子经营许可。种子经营者取得种子经营许可证后，方可凭种子经营许可证到工商行政管理机关申请办理营业执照。

一、种子企业申请领取种子生产许可证的条件

种子企业申请领取种子生产许可证除应具备《种子法》第二十一条规定的条件外，还要达到如下 4 项要求：①生产常规种子（含原种）和杂交亲本种子的，注册资金 100 万元以上；生产杂交种子的，注册资金 500 万元以上；②有种子晒场 500m² 以上或者有种子烘干设备；③有必要的仓储设施；④有经省级以上农业行政主管部门考核合格的种子检验人员 2 名以上，专业种子生产技术人员 3 名以上。

二、申请领取农作物种子经营许可证的条件

农作物种子经营许可证实行分级审批发放制度。申请领取农作物种子经营许可证的企业应当具备《种子法》第二十九条规定的条件，对申请不同经营范围的企业，还有注册资金、检验仪器设备、检验人员等其他的具体要求。

1. 申请领取主要农作物杂交种子经营许可证的企业，要达到以下 3 项要求。①申请注册资本 500 万元以上；②有能够满足检验需要的检验室，仪器达到一般种子质量检验机构的标准，有 2 名以上经省级以上农业行政主管部门考核合格的种子检验人员；③有成套的种子加工设备和 1 名以上种子加工技术人员。

2. 申请领取主要农作物杂交种子以外的种子经营许可证的企业，要达到以下要求。①申请注册资本 100 万元以上；②有能够满足检验需要的检验室和必要的检验仪器，有 1 名以上经省级以上农业行政主管部门考核合格的检验人员。

3. 申请领取从事种子进出口业务的种子经营许可证的企业，申请注册资本须达到 1 000 万元以上。

4. 申请领取自选自营种子经营许可证的企业，要达到如下要求：①申请注册资本 3 000 万元以上；②有育种机构及相应的育种条件；③自有品种的种子销售量占总经营量的 50% 以上；④有稳定的种子繁育基地；⑤有加工成套设备；⑥检验仪器设备符合部级种子检验机构的标准，有 5 名以上经省级以上农业行政主管部门考核合格的种子检验人员；⑦有相对稳定的销售网络。

5. 对专门经营不再分装的包装种子的单位或个人，或者受具有种子经营许可证的种子经营者以书面委托代销其种子的，可以不办理种子经营许可证。

三、外商投资农作物种子企业的条件

外商以中外合资、合作开发等形式组建的企业可以投资生产经营农作物种子。为了保护国家的利益，暂不允许设立外商投资经营销售型农作物种子企业和外商独资农作物种子企业。外商投资农作物种子企业应具备的条件，除符合我国有关法律、法规规定的条件和我国种子产业政策外，还应具备如下 4 个条件。

（1）申请设立外商投资农作物种子企业的中方应是具备农作物种子生产经营资格并经其主管部门审核同意的企业；外方应是具有较高的科研育种、种子生产技术和企业管理水平的信誉良好的企业。

（2）能够引进或采用国（境）外优良品种（种质资源）、先进种子技术和设备。

（3）粮、棉、油作物种子企业的注册资本不低于 200 万美元；其他农作物种子企业的注册资本不低于 50 万美元。

（4）设立粮、棉、油作物种子企业，中方投资比例应大于 50%。

外商投资农作物种子企业生产商品种子，应按有关规定于播种前 1 个月，向生产所在地省级农业行政主管部门申请领取《农作物种子生产许可证》。

第二节　品种准入

一、植物新品种的审定与登记

一个植物新品种能否进入种子市场进行大面积推广应用，对此《种子法》有明确的规定。主要农作物品种和主要林木品种在推广应用前应当通过国家级或省级审定，并由相应管理部门发布公告。应当审定的农作物品种未经审定通过的，不得发布广告，不得经营、推广。

品种审定是根据品种区域试验结果和生产试验的表现，由品种审定委员会对参试品种（系）科学、公正、及时地进行审查、定名的过程。实行主要农作物品种审定制度，可以加强主要农作物的品种管理，有计划因地制宜地推广良种，加强育种成果的转化和利用，避免盲目引种和不良播种材料的扩散。

育成的新品种要在生产上推广种植，必须先经过品种审定机构统一布置的品种区域试验和生产示范试验，确定其适宜推广的区域范围、推广价值和品种适宜栽培条件。在此基础上，经省（直辖市、自治区）或国家品种审定机构组织审，通过后取得品种资格，才能推广。

我国自 20 世纪 50 年代起陆续开展各种农作物新品种的审定工作，到 70 年代初，农作物品种区域试验和审定组织已经建立，形成了国家和省两级品种区试、审定体制。目前，每年参加国家区试的作物有 20 余种，安排不同生态类型的区试点 1 000 多个，通过国家审定的主要农作物新品种跨省推广面积占该作物总面积的 50% 以上。

二、品种区域性试验

品种区域试验是由有关种子管理部门组织的、在一定自然区域内（全国或本省范围）的多点、多年的品种比较试验，它是新品种选育与良种繁育推广承前启后的中间环节，为品种审定和品种布局区域化提供了主要依据，农业管理部门、作物育种工作者和农业技术推广人员对此一直十分重视。

转基因作物品种的试验应当在农业转基因生物安全证书确定的安全种植区域内安排，具体试验办法由全国品种审定委员会制定并发布。

1. 区域试验的组织体系

目前，我国主要农作物品种实行国家和省（直辖市、自治区）两级区域试验制度。育种单位或个人育成的主要农作物新品种可以同时申请参加国家级和省级区域试验。全国品种区域试验是在全国农作物品种审定委员会的指导下，由全国农业技术推广服务中心良种繁育处具体负责，组织跨省进行。省级（直辖市、自治区）的品种区域试验是在省级农作物品种审定委员会的指导下，由各省（直辖市、自治区）的种子管理站（局）的品种管理科或良种繁育科具体负责，在各省（直辖市、自治区）的区域范围内组织实施。市、县级一般不单独组织区域试验。

参加全国区域试验的品种一般由各省级种子管理部门根据本省的区域试验结果推荐产生，并统一向国家农业技术推广服务中心良种繁育处提出申请。在中国没有固定居所或营业场所的外国人、外国企业或其他组织，必须委托具有法人资格的中国科研、生产、经营机构代理申请参加试验。参加省级区域试验的品种，一般由各育种单位或个人直接向各省（直辖市、自治区）的种子管理站（局）品种管理科或良种繁育科申报。申请参加区域试验的品种（系）必须有两年以上育种单位的品种比较试验结果，性状表现稳定，比对照品种增产显著，或增产10%以上，或增产效果虽不明显，但抗病虫、抗逆性强，稳产性好，品质优良，或在成熟期等方面具有特殊优良性状。

申请参加区域试验的品种，申请者必须按规定交纳试验费，并无偿提供试验种子，常规品种的品系种子质量要符合原种标准，杂交组合的种子质量要达到一级标准。每个品种在审定前必须参加国家或省级统一组织的在同一生态类型区不少于两个生产周期的区域试验和一个生产周期的生产试验。

2. 区域试验的任务和基本要求

（1）区域试验的任务一般包括：①鉴定参试品种的主要特征、特性，主要是新品种的丰产性、稳产性、适应性和品质等性状，并分析其增产效果和增产效益，以确定其利用价值。②确定各地区最适宜推广的主要优良当家品种和搭配品种。③为优良品种划分最适宜的推广区域，做到因地制宜种植良种，恰当地和最大限度地利用当地自然条件和栽培条件，发挥优良品种的增产潜力。

（2）区域试验的基本要求：①试验点的选择、栽培措施以及对照的设置要能够代表当地的自然条件和生产条件。②试验中要遵循"唯一差异"原则，除品种外的其他条件相对一致，做到"四统一"，即统一参试品种、统一田间试验设计、统一调查记载项目和标准、统一分析试验结果，确保试验结果的可靠性和准确性。③在试验条件相类似的情况下，重复进行试验能够获得相同或类似的结果，即可重复性。④区域试验的结果必须能够客观公正地反映每一个参试品种的真实表现，这是确保农作物品种审定工作公正性和权威性的根本。

3. 区域试验的规划与实施步骤

（1）制定区域试验的实施计划。品种区域试验是一项复杂而细致的工作，周密的实施计划是确保试验成功的前提。区域试验计划包括试验组别、试验目的、试验地点、参试品种及来源、试验设计、田间调查记载和室内考种的项目与标准、田间管理、试验结果的整理总结和报送等内容。

主要农作物的品种区域试验一般根据作物的生态区和生产实际，分成不同的组别安排试验。例如，2006年国家普通玉米品种区域试验根据我国玉米生态区分布和生产实际，设置了京津唐夏播早熟玉米组、东北早熟春玉米组、东华北春玉米组、黄淮海夏玉米组、西南玉米组、西北春玉米组、武陵山区玉米组和极早熟玉米组8个生态区区域试验。同一组试验在同一生态类型区应不少于 5 个试验点。

（2）区域试验的实施步骤。区域试验的实施步骤包括：①选择相适宜的试验点和试验地块；②做好试验地的规划；③试验地的准备和播种，确保播种质量；④按统一要求管理试验地；⑤严格按照试验方案规定的田间调查记载项目、时期和标准，认真做好田间调查和观察记载工作；⑥参试品种成熟后按要求及时收获、称重、取样，逐项做好考种工作；⑦进行品种抗病虫性接种、接种鉴定和品质分析；⑧撰写试验总结，会同试验调查和记载结果报送区域试验主持单位。

新品种审定前，还必须进行生产试验和栽培试验，进一步对新品种在接近大田生产的条件下的丰产性、适应性、抗逆性等进行验证，同时总结配套的栽培技术，为大田生产制定栽培措施提供依据。只有新品种无明显致命缺陷、且在某些指标上比现有品种具有显著优势，才有可能通过审定。生产试验原则上应在区域试验点附近进行，同一生态区内试验点不少于 5 个，生产试验时间为一个生产周期，可以与区域试验交叉进行，对于第 1 年区域试验表现突出的品系或杂交组合，可在第 2 年进行区域实验的同时安排生产实验。

三、新品种审定的组织体系与程序

（一）新品种审定的组织体系

我国农作物主要品种实行国家和省（自治区、直辖市）两级审定制度。农业部设立国家农作物品种审定委员会，负责国家级农作物品种审定工作。省级农业行政主管部门设立省级农作物品种审定委员会，负责省级农作物品种审定工作。全国品种审定委员会和省级品种审定委员会是在农业部和省级人民政府农业行政主管部门领导下，负责农作物品种审定的权力机构。

全国农作物品种审定委员会由农业部聘请的从事品种管理、育种、区域试验、生产试验、审定、繁育推广等工作的专家担任，负责审定适合于跨省、自治区、直辖市推广的国家级新品种，并指导、协调省级品种审定委员会的工作。

省级农作物品种审定委员会一般由农业行政、种子管理、种子生产经营、种子科研、教学等部门及其他有关单位的行政领导、专业技术人员组成，负责该省（自治区、直辖市）的农作物品种审定工作。委员应当具有高级专业技术职称或处级以上职务，年龄一般在 55 岁以下，每届任期 5 年。农作物品种审定委员会设主任 1 名，副主任 2~3 名。品种审定委员会设立办公室，负责品种审定委员会的日常工作，设主任 1 名，副主任 1~2 名。品种审定委员会按作物种类设立专业委员会，各专业委员会由 9~13 人组成，设主任 1 名，副主任 1~2 名。

在具有生态多样性的地区，省级农作物品种审定委员会可以在设区的市、自治州设立审定小组，承担适宜于在特定生态区域内推广应用的主要农作物品种初审工作。各审定小组由 7~11 人组成，设组长 1 名，副组长 1~2 名。

农作物品种审定委员会设立主任委员会，由品种审定委员会主任、副主任，各专业委员会主任，各审定小组组长，办公室主任组成。

农业部或国家林业局植物新品种保护办公室承担植物新品种权申请的受理和审查任

务，并管理其他有关事务。农业部为我国粮、棉、油、麻、糖、菜、烟草、绿肥、食用菌、果树（水果部分）、草本花卉、桑、茶、草本药材、橡胶等植物新品种权的审批机关，国家林业局为我国林木、竹、本质藤本、木本观赏植物（包含木本花卉）、果树（干果部分）及木本油料、饮料、调料、木本药材等植物新品种权的审批机关。

（二）新品种的审定程序

1. 品种审定的申请

稻、小麦、玉米、棉花、大豆以及农业部确定的主要作物品种实行国家或省级审定，申请品种审定的单位和个人（以下简称申请者）可以申请国家审定或省级审定，也可以同时向几个省（自治区、直辖市）申请审定。在中国没有固定居所或者营业场所的外国人、外国企业或者其他组织在中国申请品种审定的，应当委托具有法人资格的中国种子科研、生产经营机构代理。

省级农业行政主管部门确定的主要农作物品种实行省级审定。从境外引进的农作物品种和转基因农作物品种的审定权限按国务院有关规定执行。

2. 申报审定品种的条件

按照《主要农作物品种审定办法》的规定，申请审定的品种应当具备下列基本条件。

①人工选育或发现并经过改良；②与现有品种（本级品种审定委员会已受理或审定通过的品种）有明显区别；③遗传性状相对稳定；④形态特征和生物学特性一致；⑤具有适当的名称。稻、小麦、玉米、棉花、大豆以及农业部确定的主要农作物品种审定的具体标准，由农业部制定。省级农业行政主管部门确定的主要农作物品种审定的具体标准，由省级农业行政主管部门制定，报农业部备案。

申报省级审定的品种须在本省（自治区、直辖市）经过 2 年的区域试验和 1~2 年的生产试验，两项试验可交叉进行。具有特殊用途的主要农作物品种可以缩短试验周期、减少试验点数和重复次数，具体要求由品种审定委员会确定。一般要求报审品种的产量水平高于对照品种5%以上，或者产量水平与对照品种相当，但在品质、成熟期、抗病虫性、抗逆性等方面有 1 项或多项性状表现突出。

申报国家审定的品种应参加全国农作物品种区域试验，且多数试验点连续 2 年以上（含 2 年）表现优异，并参加 1 年以上生产试验，达到审定标准。

3. 品种审定的申报程序

品种审定的申报一般经过以下环节。

（1）申请者提出申请，填写国家农作物品种审定申请书，并签名盖章。申请书的内容包括：申请者基本情况（名称、通讯地址、邮政编码、联系人、联系电话、电子信箱、传真）；品种选育的单位或个人；作物种类、品种名称、品种审定后建议命名名称，品种的名称应当符合《中华人民共和国植物新品种保护条例的规定》；亲本及其来源和选育过程；品种培育起止日期；选育目的；历年区域试验和生产试验结果；品种标准；保持品种种性和种子生产的技术要点（杂交种含亲本）；栽培技术要点；主要优缺点；建议适宜推广区域；申请者所在单位意见；应向国家农作物品种审定委员会说明的问题；申请者所在省级品种审定委员会意见。

申请者需要准备的其他材料包括：①品种选育报告（包括亲本组合、亲本来源、选育方法、他代及特征特性等）；②抗病虫性鉴定报告的复印件；③品质检测报告的复印件；④省级审定证件的复印件（如没有，可不必提供）；⑤品种保护公告的复印件（如没有，可不必提供）；⑥转基因品种允许商业化生产批件的复印件（如不是，可不必提供）；⑦照片4张（个体、群体、成熟期、棒荆籽粒）。

（2）申请者所在单位审查、核实，加盖公章。

（3）主持试验区域和生产试验的单位推荐，加盖公章。

（4）申报国家审定的品种还必须有申请者所在地或该品种最适宜种植地省（直辖市、区）级品种审定委员会签署意见。

（5）申报材料报送品种审定委员会办公室。

按照现行规定，申报国家级审定的农作物品种截止时间为每年3月31日，各省审定农作物品种的申报时间由各省自定。

4. 品种审定与命名

品种审定委员会办公室对申报材料进行审核、整理，确认符合要求后，提交相应的专业委员会初审。初审实行回避制度，专业委员会认为可能影响初审结果公正性的，可以要求有关人员回避。专业委员会主任的回避，由品种审定委员会办公室决定。专业委员会应在两个月内完成初审工作。专业委员会（审定小组）初审品种时应当召开会议，到会委员达到该专业委员会委员总数的2/3以上的，会议有效。专业委员会对报审品种的初审，根据审定标准，对有关材料认真讨论，根据需要也可以邀请申请者到会介绍品种的具体情况，采取无记名投票的方式表决，凡赞成票数超过法定委员总数半数以上的品种才能通过初审。

初审通过的品种，由专业委员会在1个月内将初审意见和推荐种植区域意见提交主任委员会审核，审核同意的，通过审定。主任委员会应在1个月内完成审定工作。

审定通过的品种，由品种审定委员会编号、颁发证书，同级农业行政主管部门公告。编号审定委员会简称、作物种类简称、年号、序号，其中，序号为3位数，例如，国审玉2003040，豫审玉2005001。引进品种一般应采用原名，不得另行命名。

审定未通过的品种，由品种审定委员会办公室在15日内通知申请者。申请者对审定结果有异议的，在接到通知之日起30日内，可以向原品种审定委员会或者上一级品种审定委员会提出复审。品种审定委员会对复审理由、原审定文件和原审定程序进行复审，在6个月内做出复审决定，并通知申请者。

5. 审定品种公告

审定通过的品种，由同级农业行政主管部门发布公告，省级品种审定公告，应当报国家品种审定委员会备案。审定公告在相应的媒体上发布。审定公告公布的品种名称为该品种的通用名称。品种审定公告的内容包括：品种审定编号、作物种类、品种名称、选育单位、品种来源、省级审定情况、特征特性、产量表现、栽培技术要点、种子生产技术要点、国家品种审定委员会审定意见。

审定通过的品种，在使用过程中如发现有不可克服的缺点，由原专业委员会或者审定小组提出停止推广建议，经主任委员会审核同意后，由同级农业行政主管部门公告。

四、品种推广与布局

(一) 品种推广的方式

新品种审定通过后，种子的数量一般很少，必须采用适当的方式加速繁殖和推广，使之尽快地在生产中发挥增产作用。品种所有权人根据作物用种需要，组织建立专门的种子生产基地，配备专门的技术人员、专门的设备，按照一定的技术操作规程、繁殖品种的原种和大田生产用种。种子生产基地有两类：一类是大田用种基地，任务是为大田生产提供优良种子；第二类是原种生产基地，任务是为大田生产基地提供质量更高的原种、新品种和杂交亲本种子。大田生产所需的种子均由大田用种基地生产，大田用种基地所需的种子均由原种基地繁殖，实现种子生产专业化。对基地生产出的种子按照种子质量标准进行精细的机械加工、分级包装，有计划、分步骤地分区域推广，合理使用，尽快地得到应用和普及。

1. 分片式

按照生态、耕作栽培条件，把推广区域划分为若干片，与县级种子管理部门协商分片轮流供应新品种的原种后代种子方案。自花授粉作物和无性繁殖作物自己留种，供下一年度生产使用；异花授粉作物分区组织繁种，使一个新品种能在短期内推广普及。

2. 被流式

首先在推广区域选择若干个条件较好的乡、村，将新品种的原种集中繁殖后，通过观摩、宣传，再逐步普及推开。

3. 多点式

将繁殖出的原种或原种后代，先在各区县每个乡镇，选择 1~2 个条件较好的专业户或承包户，扩大繁殖，示范指导，周围的种植户见到高产增值效果后，第二年即可大面积普及。

4. 订单式

对于优质品种、有特定经济价值的作物首先寻找加工企业（龙头企业）开发新产品，为新品种产品开辟消费渠道。在龙头企业支撑下，新品种推广与种植户实行订单种植。

(二) 品种区域化和品种的合理布局

1. 品种区域化

品种区域化就是根据品种区域试验结果和品种审定意见，使一定的品种在其相应的适应地区范围内推广的措施。要实现品种区域化，必须使品种合理布局。为此，须做到以下两方面。一是根据不同品种的特征、特性及其适应范围，划定最适宜栽培、推广地区，以充分发挥良种本身的增产潜力；二是根据本地自然、栽培条件，选用最适宜的良种，以充分挖掘和发挥当地自然资源的优势。

2. 品种合理布局

品种合理布局就是在较大的地区范围内，选用、配置具有不同特点的品种，从而实现丰产、稳产的生产目标。我国幅员辽阔，各地的气候、土壤、生产水平、栽培条件和耕作制度都很复杂，适宜的品种也存在明显差异；同时，任何一个品种都是育种者在特定的生态和环境条件下选育而成，具有特定的生态和环境条件适应性。不同品种的适应性存在较大差异，很少有品种能同时满足各种生态、环境、耕作栽培和条件的要求。因此，每个品种都必须在其适宜的推广地区种植，每一地区都要选用能适应当地条件的品种。否则，就会给农业生产带来很大的不稳产性隐患，造成不必要的损失。

（三）品种的合理搭配

品种的合理搭配就是在一个生产单位或一个生产条件大体相似的较小地区（乡、村、农场），每种作物应有主次地安排种植一个当家品种和几个搭配品种，使地尽其力，种尽其用。当家品种要具有较好的丰产性、稳产性、抗逆性和适应性，搭配品种各具有不同的特点，可以充分满足不同地形、茬口、土质等生产条件对特定品种的需求。品种的合理搭配不仅可以防止生产上品种过于单一的弊端，也可以避免品种过多而导致多乱杂。通过不同抗原品种的合理搭配，还可以避免或减缓由于种植单一抗原品种而导致同一病虫害的流行蔓延，导致大面积减产和品质降低的后果。

（四）品种的更换与更新

1. 品种的更换

品种更换就是当环境条件改变，原品种不能满足生产要求时，迅速生产出新品种的种子以替代老品种。随着生产的不断发展，各地的环境条件都在不断发生变化，原来大面积推广的优良品种就会因产量水平较低、抗病虫性降低或丧失等原因，不能适应生产上对更高水平品种的要求，逐渐被生产所淘汰；另一方面，随着育种水平的不断提高，育成新品种的产量、品质、抗性、生育期等方面也更符合生产的需求，也会更快地替代老品种。因此，任何一个品种都有其生命周期。

品种的生命周期是指品种从投放市场到最后被淘汰的全过程。它指的是其市场销售寿命，而不是指其使用寿命。典型的品种生命周期可分为 4 个阶段，即投入期、成长期、成熟期和衰退期。

投入期是指品种审定后的小面积生产试验示范阶段，因新品种的优良性状未被消费者所接受，种植面积较小。成长期是指品种开始为使用者所接受，种植面积不断扩大。成熟期是指品种在生产上推广面积相对稳定阶段。衰退期是指该品种已失去竞争力，不能适应生产的需求，最后被生产所淘汰。

2. 品种的更新

品种更新是指在品种的推广过程中，不断生产出优质种子，以保持原有优良品种的种性，并以优质种子替代生产上已混杂、退化的同一品种的劣质种子。即保持品种的遗传特性和生产力。

由于任何品种的稳定性都是相对的，一个新育成的优良品种推广之后，在长期的栽培过程中，由于种种原因，都会逐渐出现不同程度的品种混杂退化现象，在农艺性状和经济性状等方面产生种种不符合人类要求的变异类型，从而在很大程度上失去了其本来的面目，最终导致产量降低，品质下降。因此，在新品种推广利用过程中，要时刻注意种子的质量，防止品种的混杂退化，延长品种的生命周期。

（五）良种良法相配套

由于各品种的特征特性不同，其适宜的栽培技术也各不相同。因此，在生产试验或新品种审定推广的同时，要针对种植密度或播种量、播种期、肥水管理等主要栽培技术进行研究，探索与新品种配套的栽培技术，制定出高产、优质的栽培措施，做到良种良法相配套，充分发挥新品种的生产利用价值。

五、进出口农作物种子管理

1. 实施检疫制度

为防止植物危险性病、虫、杂草及其他有害生物传入或传出，《种子法》第四十九条规定进口种子和出口种子必须实施检疫，具体检疫工作按照有关植物进出境检疫法律、行政法规的规定执行。从境外引进农作物试验用种，应当隔离栽培，收获物也不得作为商品种子销售。

2. 种子进出口贸易许可制度

从事商品种子进出口的法人和其他组织，除具备种子经营许可证外，还应当依照有关对外贸易法律、行政法规的规定取得从事种子进出口贸易的许可。由国务院规定从境外引进农作物、林木种子的审定权限，农作物、林木种子的进出口审批办法，引进转基因植物品种的管理办法。为境外制种进口种子的，可以不受限制，但应当具有对外制种合同，进口的种子只能用于制种，其产品不得在国内销售。

《种子法》第二十六条规定，从事种子进出口业务公司的种子经营许可证，由省辖市人民政府农业、林业行政主管部门审核，国务院农业、林业行政主管部门核发。

3. 进出口农作物种子质量管理

进口商品种子的质量，应当达到国家标准或者行业标准。没有国家标准或者行业标准的按照合同约定的标准执行。禁止进出口假、劣种子以及属于国家规定不得进出口的种子。

第三节　种子生产与经营许可

一、种子企业农作物种子生产许可制度

为规范农作物种子生产、经营许可证的审核、审批和管理行为，根据《种子法》的有关规定，农业部 2001 年 2 月 26 日发布了适用于境内种子企业申请、审核、审批和管理的《农作物种子生产经营许可证管理办法》。该办法规定：主要农作物杂交种子及其亲本种子、常规种原种种子、主要林木良种的种子生产实行许可证制度，由生产所在地县级人民政府农业、林业行政主管部门审核，省、自治区、直辖市人民政府农业、林业行政主管部门核发；其他种子的生产许可证，由生产所在地县级以上地方人民政府农业、林业行政主管部门核发。申请领取具有植物新品种权的种子生产许可证的，还要征得品种权人的书面同意。

该办法规定，种子企业必须达到法定的注册资金、在具备生产种子相关的设施设备和技术人员等条件下，可以向农业行政部门申请种子生产许可证。只有获得种子生产许可才能生产种子。

1. 申请种子生产许可证需提交的材料

申请领取种子生产许可证时需向审核机关提交以下材料：①主要农作物种子生产许可证申请表，需要保密的由申请单位或个人注明；②种子质量检验人员和种子生产技术人员资格证明；③注册资本证明材料；④检验设施和仪器设备清单、照片及产权证明，包括种子晒场情况介绍或种子烘干设备照片及产权证明；种子仓储设施照片及产权证明；种子生产地点的检疫证明和情况介绍；生产品种介绍（品种为授权品种的，还应提供品种权人同意的书面证明或品种转让合同）；生产的如是转基因品种种子，还应当提供农业转基因生物安全证书；种子生产质量保证制度等。

2. 申请办理种子生产许可证的程序

①申请者按规定向审核机关提出申请；②审核机关在收到申请材料之日起30日内完成审核工作。审核时应当对生产地点、晾晒烘干设施、仓储设施、检验设施和仪器设备进行实地考察。对具备规定条件的，签署审核意见，上报审批机关；③审批机关在收到审核意见之日起30日内完成审批工作。对符合条件的，发给生产许可证；不符合条件的，退回审核机关并说明原因，审核机关将不予批准的原因书面通知申请人。审批机关认为有必要的，可进行实地审查；④在种子生产许可证有效期限内，许可证注明项目变更的，应当根据规定的程序，办理变更手续，并提供相应证明材料。

种子生产许可证期满后需申领新证的，种子生产者应在期满前3个月，持原证重新申请。重新申请的程序和原申请的程序相同。

禁止伪造、变造、买卖、租借种子生产许可证；禁止任何单位和个人无证或者未按照许可证的规定生产种子。商品种子生产应当执行种子生产技术规程和种子检验、检疫规程。

在林木种子生产基地内采集种子的，由种子生产基地的经营者有组织进行，采集种子按照国家有关标准进行。禁止抢采掠青、损坏母树，禁止在劣质林内、劣质母树上采集种子。

二、种子企业农作物种子经营许可证制度

农作物种子经营许可证实行分级审批发放制度。主要农作物杂交种子及其亲本种子、常规种原种种子经营许可证，由种子经营者所在地县级农业行政主管部门审核，省级农业行政主管部门核发。其他种子经营许可证由种子经营者所在地县级以上地方人民政府行政主管部门核发。

从事种子进出口业务公司的种子经营许可证，由注册地省级农业行政主管部门审核，农业部核发；实行选育、生产、经营相结合，注册资本金额达到规定的种子公司的经营许可证，可以向注册所在地省级农业行政主管部门申请审核，报农业部核发。只有获得农作物种子经营许可证才能经营限定范围内的农作物种子。

《种子法》对申请领取种子经营许可证的企业规定了应当具备的条件。它们是：①具有与经营种子种类和数量相适应的资金及独立承担民事责任的能力；②具有能够正确识别所经营的种子、检验种子质量、掌握种子贮藏、保管技术的人员；③具有与经营种子的种类、数量相适应的营业场所及加工、包装、贮藏保管设施、检验种子质量的仪

器设备；④法律、法规规定的其他条件。

1. 申请种子经营许可证需提交的材料

①农作物种子经营许可证申请表；②种子检验人员、贮藏保管人员、加工技术人员资格证明；③种子检验仪器、加工设备、仓储设施清单、照片及产权证明；④种子经营场所照片。

实行选育、生产、经营相结合，向农业部申请种子经营许可证的，还应向审核机关提交以下材料。

①育种机构、销售网络、繁育基地照片或说明；②自有品种的证明；③育种条件、检验室条件、生产经营情况的说明。

2. 申请办理种子经营许可证的程序

①向审核机关提出申请；②审核机关应在收到申请材料之日起 30 日内完成审核工作。审核时应当对经营场所、加工仓储设施、检验设施和仪器进行实地考察。对具备本办法规定条件的，签署审核意见，上报审批机关；审核不予通过的，书面通知申请人并说明原因；③审批机关应在收到审核意见之日起 30 日内完成审批工作。对符合条件的，发给种子经营许可证；不符合条件，退回审核机关并说明原因。审核机关应将不予批准的原因书面通知申请人。审批机关认为有必要的，可进行实地审查。

种子经营许可证的有效经营范围、经营方式及有效期限、有效区域等项目由发证机关在其管辖范围内确定。在种子经营许可证有效期限内，许可证注明项目变更的、期满后需申领新证的办理手续同种子经营许可证原申领程序，后一种情况应在期满前 3 个月持原证重新申请。种子经营者按照经营许可证规定的有效区域设立分支机构的，可以不再办理种子经营许可证，但应当在办理或者变更营业执照后 15 日内，向当地农业、林业行政主管部门和原发证机关备案。根据《种子法》第二十九条第二款的规定，持有种子经营许可证的种子经营者书面委托其他单位和个人代销其种子的，应当在其种子经营许可证的有效区域内委托。

种子生产经营企业停止生产经营活动一年以上的，应当将许可证交回发证机关。弄虚作假骗取种子生产许可证和种子经营许可证的，审批机关有权收回，并予以公告。

禁止伪造、变造、买卖、租借种子经营许可证；禁止任何单位和个人无证或者未按照许可证的规定经营种子。

种子经营者应当建立种子经营档案，载明种子来源、加工、贮藏、运输和质量检测各环节的简要说明及责任人、销售去向等内容。一年生农作物种子的经营档案要保存至种子销售后两年，多年生农作物和林木种子经营档案的保存期限由国务院农业、林业行政主管部门规定。

三、外商投资农作物种子生产经营的管理规定

为了适应对外开放的需要，保证外商投资农作物种子企业的质量，加强种质资源的管理，促进我国种子事业的健康发展，1997 年 9 月 8 日，农业部、国家计划委员会（现国家发展和改革委员会）、对外贸易经济合作部、国家工商行政管理局联合发布了《并于设立外商投资农作物种子企业审批和登记管理的规定》。该规定对申请设立外商

投资农作物种子企业的程序作出了具体规定。

1. 立项申请

中方投资者将项目建议书和可行性研究报告按现行外商投资基本建设、技术改造项目审批权限和审批程序报省级以上审批部门审批。审批部门在批准立项前，应征求省级以上农业行政主管部门的审查意见。设立粮、棉、油作物种子企业，由省级农业行政主管部门初审后，报农业部出具审查意见。未经农业行政主管部门审查同意的，不予批准立项。批准立项的，按有关规定向工商行政机关申请企业名称预先核准。

2. 申请批准书

中方投资者将合同、章程及有关文件按现行审批权限和审批程序报送省级以上审批部门审批。经审批同意的，由审批部门颁发《外商投资企业批准书》。

3. 申请许可证

中方投资者向农业部申请办理经营许可手续，农业部按有关规定核发《农作物种子经营许可证》。申请办理《农作物种子经营许可证》时，应提交：①项目建议书和可靠性研究报告的批准文件；②设立外商投资种子企业的合同、章程；③合同、章程的批准文件及审批部门颁发的《外商投资企业批准书》；④外商投资农作物种子企业董事会成员名单及各方董事委派书；⑤其他应提交的证件、文件。

4. 企业登记

中方投资者持项目建议书和可行性研究报告的批准文件、《外商投资企业批准证书》《农作物种子经营许可证》及有关文件，向国家工商行政管理局或其授权的地方工商行政管理机关申请办理企业法人登记手续。

外商投资农作物种子企业生产商品种子，应按有关规定于播种前1个月，向生产所在地省级农业行政主管部门申请领取《农作物种子生产许可证》。

四、种子质量控制

1. 种子质量标准

农作物种子，是经过人为选择的、将获得的优良基因型经扩大强范后用于农业生产的基础材料，其质量好坏直接影响着农业生产的产量、品质以及其他功能。多数种苗和苗木虽是多年生的作物，但其质量好坏也同样影响着作物生长的年限、产量和品质。因此，用于经营出售的种子和苗木必须达到一个最低的质量标准。20世纪70年代末，我国发行了《主要农作物种子分级标准》《全国农作物种子检验规程》两项国家标准。各省、市、自治区、直辖市都制定了大量地方品种标准、良种繁育规程，这些标准为提高我国种子质量起到了促进作用。

在《种子法》中规定禁止生产、经营假、劣种子，并对假种子和劣种子作了界定：假种子是指：①以非种子冒充种子或者以此品种种子冒充其他品种种子；②种子种类、品种、产地与标签标注的内容不符的。劣种子是指：①质量低于国家规定的种用标准的；②质量低于标签标注指标的；③因变质不能作种子使用的；④杂草种子比率超过规定的；⑤带有国家规定检疫对象的有害生物的。由于不可抗力原因，为生产需要必须使用低于国家或者地方规定的种用标准的农作物种子的，《种子法》规定这种情况应当经用种地县级以上地方人民政府批准，林木种子应当经用种地省、自治区、直辖市人民政府批准。国务院农业、林业行政主管部门已制定了主要农作物种子的生产、加工、包装、检验、贮藏等质量管理办法和行业标准。

2. 种子质量监督、检验

为保护农业生产，同时保护种子生产、经营和使用者的利益，促使我国的种子质量标准尽可能与国际接轨，我国修订了一系列种子（苗木）质量标准，以规范种子生产、加工和经营，保证种子质量。2005 年又制定了《农作物种子质量监督抽查管理办法》（简称《办法》），共 42 条。《办法》中所称监督抽查是指由县级以上人民政府农业行政主管部门组织有关种子管理机构和种子质量检验机构对生产、销售的农作物种子进行扦样、检验，并按规定对抽查结果公布和处理的活动。《办法》规定，农业部负责制定全国监督抽查规划和本级监督抽查计划，县级以上地方人民政府农业行政主管部门根据全国规划和当地实际情况制定相应监督抽查计划。监督抽查对象重点是当地重要农作物种子以及种子使用者、有关组织反映有质量问题的农作物种子，农业行政主管部门可以根据实际情况，对种子质量单项或几项指标进行监督抽查。不合格种子生产经营企业，由下达任务的农业行政主管部门或企业所在地农业行政主管部门，依据《种子法》有关规定予以处罚。

农业行政主管部门负责监督抽查的组织实施和结果处理。农业行政主管部门委托的种子质量检验机构和（或）种子管理机构（以下简称承检机构）负责抽查样品的扦样工作，种子质量检验机构（以下简称检验机构）负责抽查样品的检验工作。《种子法》对承担种子质量检验的机构应具备的检测条件、能力和人员进行了规定。监督抽查时，扦样人员不少于两人，扦样人员填写扦样单并封样，扦样单有扦样人员和被抽查企业负责人或者其授权的人员签字，并加盖被抽查企业的公章；检验机构可以在部分检验项目完成后，及时将检验结果通知被抽查企业。

种子（种苗）质量分级标准按国家标准或行业标准规定。依据品种纯度、种子净度、发芽率和种子水分等指标划分若干级，其中，以品种纯度为主。纯度达不到原种指标降为一级良种，达不到一级良种降为二级良种，达不到二级良种即为不合格种子。净度、发芽率、水分其中一项达不到指标的即为不合格种子。

农作物种子在大田种植后，因种子质量或者栽培、气候等原因，导致田间出苗、植株生长、作物产量、产品品质等受到影响，双方当事人对造成事故的原因或损失程度存在分歧，为确定事故原因或（和）损失程度需要进行田间现场技术鉴定活动。

为了规范农作物种子质量纠纷田间现场鉴定程序和方法，合理解决农作物种子质量纠纷，维护种子使用者和经营者的合法权益，农业部制定了《农作物种子质量纠纷田间现场鉴定办法》。该办法规定现场鉴定由田间现场所在地县级以上地方人民政府农业行政主管部门所属的种子管理机构组织实施。种子管理机构对申请人的申请进行审查，符合条件的，及时组织专家鉴定组鉴定。专家鉴定组由鉴定所涉及作物的育种、栽培、种子管理等方面的专家组成，必要时可邀请植物保护、气象、土壤肥料等方面的专家参加。专家鉴定组应为 3 人以上的单数，其名单应当征求申请人和当事人的意见，可以不受行政区域的限制。参加鉴定的专家应当具有高级以上专业技术职称、具有相应的专门知识和实际工作经验、从事相关专业领域的工作五年以上；专家签定组现场鉴定实行合议制，并制作现场鉴定书。

3. 种子企业的责任和义务

从事品种选育和种子生产、经营以及管理的单位和个人应当遵守有关植物检疫法律、行政法规的规定，防止植物危险性病、虫、杂草及其他有害生物的传播和蔓延。禁止任何单位和个人在种子生产基地从事病虫害接种试验。

农作物种子的生产者、经营者对销售的种子负有法定的保证质量的义务。《种子法》对以下情形都做出了明确规定：①进行生产、经营假、劣种子；②未取得种子生产、经营许可证或者伪造、变造、买卖、租借种子生产、经营许可证，或者未按照种子生产、经营许可证的规定生产种子；③境外制种的种子或引种试验的收获物或境外农作物种子在国内销售；④未经批准私自采集或者采伐国家重点保护的天然种质资源；⑤经营的种子未按规定包装、没有标签或者标签不合法、伪造、涂改标签或者试验、检验数据、异地设立的分支经营机构未按规定备案；⑥私自携带、运输种质资源出入境；⑦经营、推广应当审定而未经审定通过的种子；⑧抢采掠青、损坏母树或者在劣质林内和劣质母树上采种；⑨私自收购珍贵林木种子；⑩在种子生产基地进行病虫害接种试验；⑪种子质量检验机构出具虚假检验证明（与种子生产者、销售者承担连带责任）；⑫利用各种行政手段强买强卖；⑬行政主管部门违规核发种子生产、经营许可证等。一般由县级以上人民政府农业、林业行政主管部门或者工商行政管理机关责令停止生产、经营，没收种子和违法所得，吊销假种子生产许可证、种子经营许可证或者营业执照，并处以罚款；构成犯罪的，依法追究刑事责任。

种子使用者有权按照自己的意愿购买种子，任何单位和个人不得非法干预，强买强卖。由种子质量问题遭受损失的，出售种子的经营者应当予以赔偿，赔偿额包括购种价款、有关费用和可得利益损失。经营者赔偿后，属于种子生产各或者其他经营者责任的，经营者有权向生产者或者其他经营者追偿。

《农作物种子质量监督抽查管理办法》规定不合格种子生产经营企业应当按照下列要求进行整改：①限期召回已经销售的不合格种子；②立即对不合格批次种子进行封存，作非种用处理或者重新加工，经检验合格后方可销售；③企业法定代表人向全体职工通报监督抽查情况，制定整改方案，落实整改措施；④查明产生不合格种子的原因，查清质量责任，对有关责任人进行处理；⑤对未抽查批次的种子进行全面清理，不合格种子不得销售；⑥健全和完善质量保证体系，并按期提交整改报告；⑦接受农业行政主管部门组织的整改复查。拒绝接受依法监督抽查的，给予警告，责令改正；拒不改正的，被监督抽查的种子按不合格种子处理，对下达任务的农业行政主管部门予以通报。

五、农作物种子包装与标签管理

（一）农作物种子包装

作为商品销售的种子应当加工、分级、包装，不经过加工、分级、包装的种子不能在市场上流通，不能销售。《农作物商品种子加工包装规定》中规定：有性繁殖作物的籽粒、果实，包括颖果、荚果、蒴果、核果等，以及马铃薯微型脱毒种薯应当加工、包装后销售。而无性繁殖的器官和组织，包括根（块根）、茎（块茎、鳞茎、球茎、根茎）、枝、叶、芽细胞等，苗和苗木和其他不能加工、包装的可以不经加工包装进行销售。大包装或者进口种子可以分装；实行分装的，应当注明分装单位，并对种子质量负责。

（二）标签管理

为了保护种子生产者、经营者、使用者的合法权益，根据《种子法》的有关规定，在种子包装物表面及内外标注特定图案及文字说明，即标签。在我国境内经营的农作物种子必须附有标签。为加强农作物种子标签的管理，必须规范标签的制作、标注和使用行为，农业部于2001年2月26日发布了《农作物种子标签管理办法》。对于可以不经加工包装进行销售的种子，标签是指种子经营者在销售种子时向种子使用者提供的特定图案及文字说明。

1. 标注内容

农作物种子标签标注作物种类、种子类别、品种名称、产地、种子经营许可证编号、质量指标、检疫证明编号、净含量、生产年月、生产商名称、生产商地址以及联系方式。

（1）主要农作物种子应当加注种子生产许可证编号和品种审定编号；

（2）两种以上混合种子应当标注"混合种子"字样，标明各类种子的名称及比率；

（3）药剂处理的种子应当标明药剂名称、有效成分及含量、注意事项；并根据药剂毒性附骷髅或十字骨的警示标志，标注红色"有毒"字样；

（4）转基因种子应当标注"转基因"字样、农业转基因生物安全证书编号和安全控制措施；

（5）进口种子的标签应当加注进口商名称、种子进出口贸易许可证书编号和进口种子审定批文号；

（6）分装种子应注明分装单位和分装日期；

（7）种子中含有杂草种子的，应加注有害杂草的种类和比率。

种子类别按常规种和杂交种标注，类别为常规种的，可以不具体标注；同时标注种子世代类别，按育种家种子、原种、杂交亲本种子、大田用种标注，类别为大田用种的，可以不具体标注。

品种名称应当符合《中华人民共和国植物新品种保护条例》及其实施细则的有关规定，属于授权品种或审定通过的品种，应当使用批准的名称。

产地是指种子繁育所在地，按照行政区划最大标注至省级。进出口种子的产地，按《中华人民共和国海关关于进口货物原产地的暂行规定》标注。

质量指标是指生产商承诺的质量指标，按品种纯度、净度、发芽率、水分指标标注。国家标准或者行业标准对某些作物种子质量有其他指标要求的，应当加注。

检疫证明编号标注产地检疫合格证编号或者植物检疫证书编号。进口种子捡疫证明编号标注引进种子、苗木检疫审批单的编号。

生产年月是指种子收获的时间。年、月的表示方法采用下列的示例：2006年7月标注为2006－07。

净含量是指种子的实际重量或数量，以千克（kg）、克（g）、粒或株表示。

生产商是指最初的商品种子供应商。进口商是指直接从境外购买种子的单位。生产地址按种子经营许可证注明的地址标注，联系方式为电话号码或传真号码。

2. 标签的制作、使用

标签标注应当使用规范的中文，印刷清晰，字体高度不得小于 1.8mm，警示标志应当醒目。可以同时使用汉语拼音和其他文字，字体应小于相应的中文。

标签标注内容可直接印制在包装物表面，也可制成印刷品固定在包装物外或放在包装物内。作物种类、品种名称、生产商、质量指标、净含量、生产年月、警示标志和"转基因"标注内容必须直接印制在包装物表面或者制成印刷品固定在包装物外。

种子经营者向种子使用者提供的种子简要性状、主要栽培措施、使用条件说明，可以印制在标签上，也可以另行制作。可以不经加工包装进行销售的种子，标签可制成印刷品在销售种子时提供给种子使用者。

印刷品的制作材料应当有足够的强度，长和宽不应小于 12cm × 8cm。可根据种子类别使用不同的颜色，育种家种子使用白色并有紫色单对角条纹，原种使用蓝色，亲本种子使用红色，大田用种使用白色或者除蓝、红以外的单一颜色。

种子标签由种子经营者根据《农作物种子标签管理办法》印制。认证种子的标签由种子认证机构印制，认证标签没有标注的内容，由种子经营者另行印制标签标注。

本章小结

种子企业申请领取种子生产许可证、农作物种子经营许可证，必须具备《种子法》相关条款规定的条件。外商投资农作物种子企业也应符合我国有关法律、法规规定的条件、种子产业的政策及有关注册资金、投资比例、仪器设备等方面的具体规定。一个植物新品种能否进入种子市场进行大面积推广应用，《种子法》有明确规定。

品种区域试验是由有关种子管理部门组织的、在一定自然区域内（全国或本省范围）的多点、多年的品种比较试验。目前我国主要农作物品种实行国家和省（直辖市、自治区）两级区域试验制度，每个品种在审定前必须参加国家或省级统一组织的在同一生态类型区不少于两个生产周期的区域试验和一个生产周期的生产试验。申请参加区域试验的品种必须达到一定的标准，符合一定的要求，并按照一定的规划和步骤实施。

我国农作物主要品种实行国家和省（自治区、直辖市）两级审定制度。品种审定的申报一般经过以下环节。①申请者提出申请，填写国家农作物品种审定申请书，并签名盖章；②申请者所在单位审查、核实，加盖公章；③主持试验区域和生产试验的单位推荐，加盖公章；④申报国家审定的品种还必须有申请者所在地或该品种最适宜种植地省（直辖市、区）级品种审定委员会签署意见；⑤申报材料报送品种审定委员会办公室。

新品种审定通过后，可采取分片式、被流式、多点式、订单式等方式加速繁殖和推广。在推广的过程中做到根据不同品种的特性、特征等合理布局、合理搭配，当环境条件改变时，迅速生产出新的品种更换老品种，并不断生产出优质种子，保持原有优良品种的种性。对进出口的农作物种子，实施种子进出口贸易许可制度、检疫制度，加强其质量管理。

根据有关法律、办法规定，种子企业必须具备相关的条件，并获得相关的许可证才能生产和经营种子。申请办理种子生产或经营许可证的程序主要有：①申请者按规定向审核机关提出申请；②审核机关在收到申请材料之日起 30 日内完成审核工作；③审批机关在收到审核意见之日起 30 日内完成审批工作；④在种子生产许可证有效期限内，许可证注明项目变更的，应当根据规定的程序，办理变更手续，并提供相应证明材料。

我国还制定了各种法律、制度就种子的质量标准，质量监督、检验，种子企业的责任和义务等有关种子质量的内容做出了具体规定；对农作物种子的包装与标签等内容进行了规范。

复习思考题

1. 阐述种子企业申请领取种子生产许可证和农作物种子经营许可证分别需具备的条件。

2. 简述外商投资农作物种子企业的条件。

3. 简述参加品种区域性试验的有关条件、要求。

4. 阐述区域试验的任务、要求及具体实施步骤。

5. 简述申报审定品种的条件以及品种审定的申报程序。

6. 简述品种推广的主要方式。

7. 阐述申请种子生产许可证需提交的材料和遵守的程序。

8. 阐述申请种子经营许可证需提交的材料和遵守的程序。

9. 外商投资农作物种子生产经营有哪些具体规定。

10. 阐述有关种子质量控制的相关内容。

参考文献

［1］胡　晋．现代种子经营和管理［M］．北京：中国农业出版社．2004.

［2］向子钧．种子法 300 问［M］．武汉：湖北科学技术出版社．2004.

［3］张小利．我国农业种子市场规制法律问题研究［D］．西南政法大学．2012.

［4］乐明凯．我国农业种子安全的法律问题研究［D］．华中农业大学．2012.

［5］王　栋．良种繁育基地新建项目可行性及影响研究［D］．中国海洋大学．2010.

［6］阳　灿．杂交水稻种子定价策略研究［D］．湖南农业大学．2010.

［7］张　伟．中国种业产业化组织与策略研究［D］．山东农业大学．2010.

［8］徐小伟．中国种业发展模式初探［D］．河南农业大学．2010.

［9］李艳萍．我国种业企业技术创新问题研究［D］．山东农业大学．2009

［10］张志杰．我国种业发展存在问题与对策［D］．河南农业大学．2009.

［11］麻鹏波．种业企业财务风险及其防范研究［D］．山东农业大学．2009.

［12］刘九洋．种子产业化现状及我国种业的发展趋势［D］．河南农业大学．2009.

［13］李　璐．中国种业经营体制现状与发展态势分析［D］．河南农业大学．2008.

［14］崔长鹏．中国种业企业现状的探讨［D］．河南农业大学．2008.

［15］周新保．河南种子产业化现状与可持续发展对策［D］．河南农业大学．2008.

［16］谢秋云．种子产业化问题与对策研究［D］．湖南农业大学．2008.

［17］李小梅．中国种子产业发展研究［D］．西北农林科技大学．2007.

［18］陈紫封．科技创新推动种子产业国际化的研究［D］．湖南农业大学．2007.

［19］周应华．江苏种子产业竞争力问题研究［D］．南京农业大学．2007.

［20］曾松亭．中国种子企业竞争力研究［D］．中国农业科学院．2006.

［21］王　雷．中国玉米种业发展战略研究［D］．对外经济贸易大学．2006.

［22］刘玉球．杂交水稻种子产业化问题与对策研究［D］．湖南农业大学．2006.

［23］岳远彬．山东省种子产业发展对策研究［D］．山东农业大学．2006.

［24］李长健，汪　燕．基于产业安全的我国外资种子企业监管法律问题研究［J］．中国种业．2012（06）．

［25］李长健，汪　燕．我国种子市场良种补贴政策实施过程中问题分析［J］．中国种业．2012（05）．

［26］李长健，乐明凯．农业种子价格安全问题探讨［J］．中国种业．2012（01）．

［27］邢海军．种子企业人才培养中需要处理好的五种关系［J］．种子世界．2012

（05）.

[28] 刘翠君，许双全，李炫丽. 对我国种子产业质量体系的分析与思考 [J]. 湖北农业科学. 2012（03）.

[29] 文 宇. 种子公司分销渠道控制权探讨 [J]. 安徽农业科学. 2011（11）.

[30] 李长健，乐明凯，易飞云. 种业知识产权质押研究——以植物新品种权为切入点 [J]. 中国种业. 2011（09）.

[31] 李长健，汪 燕. 我国农业种子市场准入制度问题研究 [J]. 中国种业. 2011（08）.

[32] 胡长远. 加强种子质量体系建设 促进种业健康发展 [J]. 种子科技. 2011（07）.

[33] 李长健，李 元. 我国种子行政执法责任制度分析 [J]. 山西农业大学学报（社会科学版）. 2011（01）.

[34] 李 波，杨吉德，李兰华. 中国种子产业运营模式的研究 [J]. 中国种业. 2011（12）.

[35] 唐 欣，邵长勇，张晓明，等. 现阶段中国种子产业的经济学特征分析 [J]. 中国种业. 2011（12）.

[36] 陈燕娟，邓 岩. 知识产权与种子企业发展战略协同机制研究 [J]. 中国种业. 2011（11）.

[37] 王 丘，汤兵勇. 种子消费者特征与中国种业企业创新路径选择 [J]. 中国种业. 2011（10）.

[38] 梁 娜，刘 军. 浅析市场细分与目标市场选择 [J]. 商丘职业技术学院学报. 2011（04）.

[39] 弋 佳. 市场细分的四大步骤 [J]. 企业改革与管理. 2011（01）.

[40] 张云生. 对市场细分的探讨研究 [J]. 经营管理者. 2011（03）.

[41] 李 立. 市场细分在市场机会发现中的作用探讨和分析 [J]. 中国商贸. 2011（09）.

[42] 杨云霞. 浅析市场细分对企业发展的影响 [J]. 商场现代化. 2011（09）.

[43] 柳联峰. 市场营销中的市场细分研究 [J]. 企业导报. 2011（06）.

[44] 舒 萍. 企业目标市场的选择 [J]. 新疆有色金属. 2011（03）.

[45] 柴 玮. 我国种业发展几个问题的思考与建议 [J]. 中国种业. 2010（06）.

[46] 魏宏国，于宝泉. 浅析种子企业营销策略 [J]. 现代农村科技. 2010（04）.

[47] 胡瑞法，黄季焜，项 诚. 中国种子产业的发展、存在问题和政策建议 [J]. 中国科技论坛. 2010（12）.

[48] 李晓军，张 倩. 新形势下我国种业发展浅析 [J]. 科技风. 2010（01）.

[49] 孔倩妍. 农业种子营销存在的问题与推广策略 [J]. 现代农业科技. 2009（04）.

[50] 赵 刚，林源园. 我国种子产业发展遭遇严重挑战 [J]. 创新科技. 2009（06）.

[51] 夏敬源．中国种业发展的三个阶段 [J]．种子世界．2009 (06)．

[52] 佟屏亚．简述 1949 年以来中国种子产业发展历程 [J]．古今农业．2009 (1)．

[53] 马淑萍．中国种业发展现状及展望 [J]．北京农业．2009 (32)．

[54] 张会利．浅谈种业营销的渠道管理 [J]．种业导刊．2009 (07)．

[55] 张玲萍．种子企业分销渠道模式创新研究 [J]．现代农业科技．2009 (02)．

[56] 何艳琴．我国种子企业发展的形势和对策 [J]．种子世界．2009 (06)．

[57] 林　梅，陈　豪，王军华，等．把握种子商品特性 减少种子质量纠纷 [J]．中国种业．2009 (04)．

[58] 杨春凤．现代企业管理的市场调查与预测 [J]．中国新技术新产品．2009 (18)．

[59] 何　斌，纪梅梅，谢迎兰．稳定种子生产基地的关键措施 [J]．种子科技．2009 (10)．

[60] 刘利锋，马俊刚．种子企业在种子生产基地建设工作中的"硬件"与"软件"问题 [J]．种子世界．2008 (07)．

[61] 周旭明，高　伟．浅析以消费者为中心的市场营销 [J]．商场现代化．2008 (13)．

[62] 陈凤龙．基于农民视角的种子营销策略创新 [J]．中国种业．2008 (07)．

[63] 余厚理，严长发，张友建．浅析新形势下的种子市场营销管理 [J]．中国种业．2008 (05)．

[64] 石多琴，杨青年．我国种子产业现状及发展对策 [J]．甘肃农业科技．2008 (12)．

[65] 胡积送．种子营销与农技推广的思考 [J]．安徽农业科学．2008 (26)．

[66] 郭　敏，陈光辉．种子营销网络的现状与问题分析 [J]．作物研究．2008 (S1)．

[67] 赵秀珍，毛英魁，李春姣，等．小议种子企业如何加强人才建设 [J]．种子科技．2008 (03)．

[68] 徐继宽，刘丽岩，朴顺哲，等．加快建设种子流通渠道 [J]．中国种业．2008，(12)．

[69] 陈永春．中国种业存在的问题与建议 [J]．种子科技．2008 (03)．

[70] 沈　宏．加强财务管理 提高种子企业经济效益 [J]．中国种业．2007 (09)．

[71] 彭力强，王升，李红光，等．种子市场的调查与预测 [J]．内蒙古农业科技．2007 (S1)．

[72] 李国发．论企业财务风险管理 [J]．东岳论丛．2007 (04)．

[73] 李　宁，李　庆．完善种子企业内部控制提升种业竞争力 [J]．种子世界．2007 (07)．

[74] 魏秀芬．我国种子市场营销微观环境分析 [J]．北京农业．2007 (32)．

[75] 杨再春．种子行业分销渠道冲突探析 [J]．安徽农业科学．2007 (03)．

［76］杨再春．种子行业分销渠道冲突探析［J］．安徽农业科学．2007（03）．

［77］曹华国．浅谈企业财务风险管理机制［J］．时代金融．2007（04）．

［78］刘　平．企业财务风险的识别与防范方法［J］．科技经济市场．2007（04）．

［79］曹改萍．实施人才战略 重组种子企业［J］．种子科技．2007（05）．

［80］李春生，叶元林，张小惠，等．论新时期大型种业公司人才战略［J］．麦类文摘（种业导报）．2007（04）．

［81］王从亭，郑军伟，别志伟．当前种子营销趋势及市场障碍分析与对策［J］．中国种业．2007（03）．

［82］佟屏亚．中国种子产业形势及发展趋势［J］．调研世界．2007（02）．

［83］吕增良．种子产业发展的现状与思路［J］．种子世界．2007（02）

［84］赵大滨．试述目标市场营销策略的分类与选择［J］．今日科苑．2007（18）．

［85］杜新海．种子生产基地应抓好的几个环节［J］．种子科技．2007（02）．

［86］唐继荣．当前种子生产基地管理中存在的几大难题亟待破解［J］．甘肃农业．2006（01）．

［87］杨治斌．美国种子产业的成功经验与启示［J］．浙江农业科学．2006（04）．

［88］魏良民．中国种子产业现状及发展分析［J］．农业与技术．2006（02）．

［89］罗　明，张国良，薛茂军，庄义庆．国际种业发展的启示［J］．广西农业科学．2006（01）．

［90］顾克军，杨四军．我国种业公司核心竞争力构建初探［J］．安徽农业科学．2006（03）．

附录一　中国种业发展备忘录

1. 1949 年，种子工作处于农户留种阶段，农业用种计划由计划委员会审批，地方粮食部门负责粮、棉、油等农作物种子管理工作。

2. 1955 年，农业部组织起草了《农作物种子检验方法和分级标准》。

3. 1956 年 7 月，农业部成立种子管理局，然后全国各级农业部门成立了种子机构，实行行政、技术两位一体。同年制定《五年良种普及汁划》。

4. 1957 年 12 月 4 日，国务院批准，由农业部发布的《国内植物检疫试行办法》实施。

5. 1957 年，农业部举办全国种子检验培训班，对《农作物种子检验实施办法和主要农作物种子分级标准》（草稿）进行了认真修改，第一次明确了种子质量分级的四项技术指标（纯度、净度、发芽率和水分）。

6. 1958 年 2 月，国务院批准粮食部、农业部《关于成立种子机构的意见的报告》，决定成立行政、技术、经营三位一体的种子机构，由农业部接管，统一经营粮食、油料、经济作物种子及牧草、绿肥等种子，并办理从国外引进良种的经营工作。同时我国种子经营业务由粮食部门正式移交农业部门。

7. 1958 年 4 月，农业部在北京召开了全国种子工作会议，提出"四自一辅（自选、自繁、自留、自用，国家辅之以调剂）"的种子工作方针。

8. 1962 年 11 月，国务院下达了《关于加强种子工作的决定》，各省、地、县农业部门相继建立了种子站，种子站行政、技术、经营三位一体，直接管理品种审定、良种繁育和经营推广工作。

9. 1964 年，农业部重新拟定了《农作物种子检验试行办法和农作物种子分级试行标准》，进一步推动了种子检验技术和全国标准化活动。

10. 1972 年国务院批转了农林部《关于当前种子工作的报告》，重申了贯彻种子工作"四自一辅"方针，要求恢复建立在"文革"中相继被撤销的种子机构。

11. 1975 年，在总结各地多年实践经验基础上，农林部正式颁布了《主要农作物种子分级标准》和《主要农作物种子检验技术规程》行业标准。自此结束了中国种子无标准的历史，也开创了中国农业技术标准的先河。

12. 1976 年，农林部制定了主要农作物的原种、良种分级标准和原种繁育的技术规程。

13. 1978 年 5 月，国务院批转了农林部《关于加强种子工作的报告》，要求健全良种繁育推广体系，批准在全国建立各级种子公司，要逐步实现"四化一供"方针，并提出以经营手段推广良种。同年由国家原农林部成立中国种子公司，随后各省、地、县相继成立种子公司。

14. 1978 年，农林部提出种子"四化一供"的工作方针，即品种布局区域化、种子生产专业化、加工机械化和质量标准化，以县为单位组织统一供种。种子产业开始初步形成。

15. 1980 年 3 月，经农业部和国家进出口委员会批准，中国种子公司将杂交水稻技术有偿转让给美国西方石油公司所属园环公司，这是中国农业技术第一次对外转让。

16. 1981 年，农业部正式成立了"全国农作物种子标准化技术委员会"，作为一个专门标准化组织，积极完备相关规范和正式对外开展交流等。

17. 1981 年，我国成立了全国品种审定委员台，各省（直辖市、自治区）也先后建立起地方品种审定委员会。

18. 1982 年 4 月，农业部改为农牧渔业部，种子局改为事业单位性质的全国种子总站。

19. 1982 年，国家工商管理局、农牧渔业部下达了《关于农作物种子的引进、调剂、销售和推广工作由各级种子公司（站）统一经营管理的通知》，规定农作物种子由各级种子公司统一经营，非种子部门和个人不得经营。

20. 1982 年，农牧渔业部颁发了《全国农作物审定条例（试行）》，国家标准局先后颁布了《农作物种子检验规程》《牧草种子检验规程》《粮食种子》《粮食杂交种子》《油料种子》《棉花种子》《麻类种子》等国家标准。

21. 1983 年 1 月 3 日，国务院发布《植物检疫条例》，1992 年 5 月 13 日根据《国务院关于修改〈植物检疫条例〉的决定》进行修改发布。

22. 1987 年，农牧渔业部与国家工商行政管理局根据"放开、搞活、管好"的要求，为了放而不乱，管而不死，又联合做出了《关于加强农作物种子生产、经营管理的暂时规定)，规定了种子生产经营实行"三证一照"开始实行许可证管理制度。

23. 1989 年，中国农业大学（原北京农业大学）牧草种子实验室成为我国大陆唯一的国际种子检验协会（ISTA）会员实验室，每年接受 ISTA 会员实验室联合检验样品，促进了我国质捡标推同国际的接轨与应用。

24. 1989 年 3 月 13 日，国务院发布《中华人民共和国种子管理条例》，将国家对种子工作领导和管理的方针、政策，首次以法规的形式固定下来，对种质资源、品种、种子生产、种子经营、种子检验、种子储备等环节进行控制和管理，我国开始进入了有法可依、依法治种的新时期。

25. 1989 年 9 月 5 日，农业部第 7 号令发布了《中华人民共和国农作物种子检验管理办法》（试行）的规定，各级种子管理部门设立种子捡验机构负责辖区内种子质量仲裁检验。

26. 1991 年 6 月 24 日，农业部发布《中华人民共和国种子管理条例农作物种子实施细则》；1991 年 10 月 30 日第七届全国人民代表大会第二十二次会议通过《中华人民共和国进出境植物检疫法》。

27. 1992 年 5 月 13 日，根据《国务院关于修改〈植物检疫条例〉的决定》修改发布新版《植物检疫条例》。

28. 自 1993 年起，国家技术监督局每年都对玉米、水稻、棉花、茄果类蔬菜等作物种子质量进行监督抽查。

29. 1993 年 7 月 2 日，第八届全国人民代表大会常务委员会第二次会议通过《关于惩治生产销售伪劣种子犯罪的有关法规》，并于同年 9 月 1 日起开始实施。

30. 1993 年 7 月 2 日，第八届全国人民代表大会常务委员台第二次会议通过《中华人民共和国农业法》。

31. 1993 年 7 月 2 日，第八届全国人民代表大会常务委员会第二次会议通过《中华人民共和国农业技术推广法》。

32. 1993 年 11 月，农业部为加强对国外（含境外）引进种子、苗木和其他繁殖材料的检疫管理，制定了《国外引种检疫审批管理办法》。

33. 1995 年 10 月，农业部在天津召开全国种子工作会议，根据我国农业的形势和特点提出实施"种子工程"。

34. 1995 年 2 月 25 日，农业部第 5 号令发布《植物检疫条例实施细则（农业部分）》。

35. 1996 年 12 月 28 日，国家技术监督局修订发布《农作物种子质量标准》。

36. 1996 年 4 月 16 日，农业部、国家工商行政管理局发布《农作物种子生产经营管理暂行办法》。

37. 1996 年，农业部颁发了《关于开展种子质量认证试点工作的通知》，决定开展农作物种子质量认证试点工作。

38. 1997 年 10 月 10 日，农业部发布实施《全国农作物品种审定办法》。

39. 1997 年 10 月 25 日，农业部发布施行《农业行政处罚程序规定》；该规定于 2006 年 4 月 13 日农业部第 10 次常务会议修订，自 2006 年 7 月 1 日起施行，2006 年 4 月 25 日由农业部第 63 号令发布。

40. 1997 年 3 月 20 日，国务院第 13 号令发布《中华人民共和国植物新品种保护条例》，并于同年 10 月 1 日开始实施。

41. 1997 年 3 月 28 日，农业部发布施行《进出口农作物种子（苗）管理暂行办法》。

42. 1997 年 9 月 8 日，农业部、国家计划委员会、对外贸易经济合作部、国家工商行政管理局发布《关于设立外商投资农作物种子企业审批和登记管理的规定》。

43. 1997 年 9 月 27 日，农业部发布施行《农作物种子南繁工作管理办法》。

44. 1998 年 4 月，我国加入国际植物新品种保护联盟，成为该联盟的第 39 个成员国，标志着农业植物新品种保护制度在中国开始建立和实施，从而开始对植物新品种授予品种权并依法予以保护。

45. 1999 年 6 月 16 日，农业部第 13 号令发布《中华人民共和国植物新品种保护条例实施细则（农业部分）》。

46. 2000 年 7 月，8 号国务院发布《中华人民共和国种子法》，是我国第一部关于种子的专门立法，标志着我国种子产业的发展进入了一个新的历史阶段。

47. 2001 年 2 月 26 日，发布《主要农作物品种审定办法》。

48. 2001 年 2 月 26 日，农业部第 48 号令发布《农作物种子生产经营许可证管理办法》。

49. 2001 年 2 月 26 日，农业部第 49 号令发布《农作物种子标签管理办法》，在中华人民共和国境内销售（经营）的农作物种子应当附有标签，标签的制作、标注、使用和管理应遵守该办法。

50. 2001 年 2 月 26 日，农业部策 50 号令发布《农作物商品种子加工包装规定》。

51. 2003 年 6 月 26 日，农业部第 17 次常务会议审议通过《农作物种质资源管理办法》，自 2003 年 10 月 1 日起施行。

52. 2003 年 6 月 26 日，农业部第 17 次常务会议审议通过《农作物种子质置纠纷田间现场鉴定办法》，自 2003 年 8 月 1 日起施行。

53. 2004 年 8 月 28 日，第十届全国人民代表大会常务委员会第十一次会议修正《中华人民共和国种子法》。

54. 2005 年 1 月 26 日，农业部第 3 次常务会议审议通过《农作物种子质量监督抽查管理办法》，自 2005 年 5 月 1 日起施行。

55. 2005 年 8 月 12 日，农业部公告第 530 号《农作物种子检验员考核大纲》。

56. 2006 年 4 月，首批农作物种子检验员经考核合格，由农业部颁发了《种子检验员证》。

57. 2006 年 4 月 12 日，农业部、海南省人民政府农农发（2006）3 号《农作物种子南繁工作管理办法》。

58. 2006 年 4 月 29 日，第十届全国人民代表大会常务委员会第二十一次会议通过《中华人民共和国农产品质量安全法》，自 2006 年 11 月 1 日起施行。

59. 2006 年 6 月 1 日，国办发〔2006〕40 号《国务院办公厅关于推进种子管理体制改革加强市场监管的意见》。

60. 2007 年 1 月 12 日，最高人民法院公布《最高人民法院关于审理侵犯植物新品种权纠纷案件具体应用法律问题的若干规定》，2007 年 2 月 1 日起施行。

61. 2007 年 11 月 8 日，农业部令第 6 号修订《主要农作物品种审定办法》，自发布之日起施行。

62. 2011 年 4 月 10 日，国务院出台了《关于加快推进现代农作物种业发展的意见》（国发〔2011〕8 号）。

63. 2011 年 5 月 10 日，国家发展改革委发布《国家发展改革委关于完善价格政策促进蔬菜生产流通的通知》（发改价格〔2011〕958 号），2011 年 05 月 10 日实施。

64. 2011 年 9 月 25 日，《农作物种子生产经营许可管理办法》颁布实施。

65. 2012 年 12 月 26 日，《国务院办公厅关于加强林木种苗工作的意见》（国办发〔2012〕58 号）颁布实施。

66. 2013 年 12 月 20 日，《国务院办公厅关于深化种业体制改革提高创新能力的意见》（国办发〔2013〕109 号）颁布实施。

附录二 国务院办公厅关于深化种业体制改革提高创新能力的意见

国办发〔2013〕109 号【颁布时间】2013-12-20

各省、自治区、直辖市人民政府，国务院各部委、各直属机构：

根据党的十八届三中全会关于全面深化改革的战略部署，为进一步贯彻落实《国务院关于加快推进现代农作物种业发展的意见》（国发〔2011〕8 号）和《国务院办公厅关于加强林木种苗工作的意见》（国办发〔2012〕58 号），经国务院同意，现就深化种业体制改革、提高创新能力提出如下意见。

一、指导思想

深化种业体制改革，充分发挥市场在种业资源配置中的决定性作用，突出以种子企业为主体，推动育种人才、技术、资源依法向企业流动，充分调动科研人员积极性，保护科研人员发明创造的合法权益，促进产学研结合，提高企业自主创新能力，构建商业化育种体系，加快推进现代种业发展，建设种业强国，为国家粮食安全、生态安全和农林业持续稳定发展提供根本性保障。

二、强化企业技术创新主体地位

鼓励种子企业加大研发投入，建立股份制研发机构；鼓励有实力的种子企业并购转制为企业的科研机构。确定为公益性的科研院所和高等院校，在 2015 年底前实现与其所办的种子企业脱钩；其他科研院所逐步实行企业化改革。改革后，育种科研人员在科研院所和高等院校的工作年限视同企业养老保险缴费年限。新布局的国家和省部级工程技术研究中心、企业技术中心、重点实验室等种业产业化技术创新平台，要优先向符合条件的育繁推一体化种子企业倾斜。按规定开展种业领域相关研发活动后补助，调动企业技术创新的积极性。发挥现代种业发展基金的引导作用，广泛吸引社会、金融资本投入，支持企业开展商业化育种，鼓励企业"走出去"开展国际合作。

三、调动科研人员积极性

确定为公益性的科研院所和高等院校利用国家拨款发明的育种材料、新品种和技术成果，可以申请品种权、专利等知识产权，可以作价到企业投资入股，也可以上市公开交易。要研究确定种业科研成果机构与科研人员权益比例，由农业部、科技部会同财政部等部门组织在部分科研院所和高等院校试点。建立种业科技成果公开交易平台和托管中心，制定交易管理办法，禁止私下交易。支持科研院所和高等院校与企业开展合作研究。支持科研院所和高等院校通过兼职、挂职、签订合同等方式，与企业开展人才合作。鼓励科研院所和高等院校科研人员到企业从事商业化育种工作。鼓励育种科研人员创新创业。改变论文导向机制，加强种业实用型人才培养，商业化育种成果及推广面积可以作为职称评定的重要依据。支持高等院校开展企业育种研发人员培训。完善种业人才出国培养机制。支持企业建立院士工作站、博士后科研工作站。

四、加强国家良种重大科研攻关

编制水稻、玉米、油菜、大豆、蔬菜等主要农作物良种重大科研攻关五年规划，制定主要造林树种、珍贵树种等林木中长期育种计划，突破种质创新、新品种选育、高效繁育、加工流通等关键环节的核心技术，提高种业科技创新能力。国家各科研计划和专项加大对企业商业化育种的支持力度，吸引社会资本参与，重点支持育繁推一体化企业。要建立育种科研平台，公开招聘国际领军人才，打破院所和企业界限，联合国内研发力量，建立科企紧密合作、收益按比例分享的产学研联合攻关模式。要提升企业自主创新能力，逐步确立企业商业化育种的主体地位。

五、提高基础性公益性服务能力

加强种业相关学科建设，支持科研院所和高等院校重点开展育种理论、共性技术、种质资源挖掘、育种材料创新等基础性研究和常规作物、林木育种等公益性研究，构建现代分子育种新技术、新方法，创制突破性的抗逆、优质、高产的育种新材料。国家财政科研经费加大用于基础性公益性研究的投入，逐步减少用于农业科研院所和高等院校开展杂交玉米、杂交水稻、杂交油菜、杂交棉花和蔬菜商业化育种的投入。加快编制并组织实施国家农作物、林木种质资源保护与利用中长期发展规划，开展全国农作物、林木种质资源普查，建立健全国家农作物、林木种质资源保护研究、利用和管理服务体系，启动国家农作物、重点林木种质资源保存库建设。科研院所和高等院校的重大科研基础设施、国家收集保存的种质资源，要按规定向社会开放。

六、加快种子生产基地建设

加大对国家级制种基地和制种大县政策支持力度，加快农作物制种基地、林木良种基地、保障性苗圃基础设施和基本条件建设。落实制种保险、林木良种补贴政策，研究制定粮食作物制种大县奖励、林木种子贮备等政策，鼓励农业发展银行加大对种子收储加工企业的信贷支持力度。充分发挥市场机制作用，通过土地入股、租赁等方式，推动土地向制种大户、农民合作社流转，支持种子企业与制种大户、农民合作社建立长期稳定的合作关系，建立合理的利益分享机制。在海南三亚、陵水、乐东等区域划定南繁科研育种保护区，实行用途管制，纳入基本农田范围予以永久保护。研究建立中央、地方、社会资本多元化投资机制，建设南繁科研育种基地。海南省有关部门负责编制南繁科研育种基地建设项目可行性研究报告，按程序报批，国家对水、电、路等基础设施建设给予补助。科技部在安排有关科研项目时给予倾斜；国土资源部门要强化对南繁科研育种保护区用地的支持、保护和管理；海南省人民政府和农业部要加强对南繁科研育种基地的使用管理。

七、加强种子市场监管

继续严厉打击侵犯品种权和制售假劣种子等违法犯罪行为，涉嫌犯罪的，要及时向公安、检察机关移交。各级农业、林业部门查处的制售假劣种子案件，要按规定的时限及时向社会公开。要打破地方封锁，废除任何可能阻碍外地种子进入本地市场的行政规定。建立种子市场秩序行业评价机制，督促企业建立种子可追溯信息系统，完善全程可追溯管理。推行种子企业委托经营制度，规范种子营销网络。

各地区、各有关部门要加强对种业发展的领导，认真落实国务院制定的各项政策措施，及时研究解决种业发展中遇到的问题，促进现代种业健康发展。

国务院办公厅

2013 年 12 月 20 日